삶은 몸 안에 있다

의사이자 탐험가가 들려주는
몸속에 감춰진
우리 존재와 세상에 대한 여행기

삶은
몸 안에
있다

The unseen body

Jonathan Reisman

조너선 라이스먼

홍한결 옮김

김영사

삶은 몸 안에 있다

1판 1쇄 인쇄 2023. 12. 28.
1판 1쇄 발행 2024. 1. 12.

지은이 조너선 라이스먼
옮긴이 홍한결

발행인 박강휘 고세규
편집 박보람 정경윤 디자인 지은혜 마케팅 고은미 홍보 강원모
발행처 김영사

등록 1979년 5월 17일 (제406-2003-036호)
주소 경기도 파주시 문발로 197(문발동) 우편번호 10881
전화 마케팅부 031)955-3100, 편집부 031)955-3200 팩스 031)955-3111

값은 뒤표지에 있습니다.
ISBN 978-89-349-6680-7 03400

홈페이지 www.gimmyoung.com   블로그 blog.naver.com/gybook
인스타그램 instagram.com/gimmyoung   이메일 bestbook@gimmyoung.com

좋은 독자가 좋은 책을 만듭니다.
김영사는 독자 여러분의 의견에 항상 귀 기울이고 있습니다.

카이와 시에라에게
배회하고 탐구하며 모든 것에 매료되기를

차례

들어가며

내가 사람의 몸속을 처음 들여다본 것은 의대 첫날, 해부학 실습 시간 때였다. 그날 실습은 고작 등 근육까지 진행했을 뿐이지만, 사람이 팔을 움직이고 등뼈를 구부리는 신기한 원리가 눈앞에 고스란히 드러났다. 생명의 가려진 본모습을 엿보는 듯한 기분이었다. 나는 그날 실습이 끝나기도 전에, 내가 죽으면 몸을 의대 해부 실습용으로 기증하리라고 결심했다.

그 뒤로 몇 달 동안 시신을 점점 깊숙이 파고들며 내부 장기를 하나씩 살펴보았다. 우리가 살아 있는 동안 하루도 쉬지 않고 음지에서 힘쓰며 우리의 건강을 지켜주는 일꾼들이다. 간, 위, 장, 폐, 심장, 신장…. 한 세상을 새로 열어젖힐 때마다 새 주인이 모습을 드러냈다. 저마다 고유한 역할을 맡아 우리 몸을 돌아가게 만들고 있었다. 인체는 무대고, 장기들은 주연배우였다.

인간의 몸은 전체적으로 보면 복잡하게 생겼다. 둥근 머리에 대략 원통 모양의 네 팔다리, 뾰족뾰족 튀어나와 무슨 모양이라고 말하기도 어려운 뼈. 그러나 우리 몸은 간단히 둘로 나눌 수도 있다. 바깥쪽과 안쪽이다. 바깥쪽 삶은 피부 겉면에서 시작하여 외모, 대화, 공기, 자연, 타인 등 일상의 영역을 아우른다. 대부분의 사람은 평생 바깥 세계에만 관심을 두고 살지만, 의학 교육은 안쪽의 삶에 중점을 두게 되어 있다. 사람들은 대부분 무슨 병세가 나타나면 그제야 몸속에서 일어나는 미지의 작용에 덜컥 겁을 내면서 관심을 기울이곤 한다. 우리 몸속은 수술할 때나 크게 다쳤을 때가 아니면 세상의 빛을 보지 못하지만, 그곳이야말로 인체의 주역이다.

나는 신체 부위 하나하나를 공부해나갔다. 구조와 기능을 세세히 암기했고, 고무 같은 느낌의 보존 처리 표본을 살펴봤고, 세포 구조를 현미경으로 관찰했다. 병들었을 때와 건강할 때 각 기관이 어떻게 작용하는지 숙지했고, 고된 선다형 시험을 거치면서 그 상세한 스토리를 읊어내고 나면 다음 기관으로 넘어갔다. 의대 교육은 각종 장기들과의 스피드 데이트(한 장소에서 여러 이성을 돌아가면서 잠깐씩 만나보는 미팅 방식―옮긴이)였으며, 나는 모든 장기와 사랑에 빠져버렸다.

나는 처음에 의사가 될 생각이 전혀 없었다. 인체 탐구가가 되기 전에는 자연 탐구에 심취해 있었다. 내가 자연에 관심을 두게 된 계기는 묘하게도 뉴욕 맨해튼 한복판에서 대학을 다니며 수학을 공부하던 중에 찾아왔다. 도시의 삭막함과 수학의 추상적인 완벽함에 질려서였을까, 무슨 생각이었는지 센트럴파크에서 진행하는 식용 야생초 체험 프로그램에 등록했다. 어느 화창한 여름날, 우리는 멀리 우뚝 솟은 고층 빌딩을 배경으로 공원의 숲과 풀밭을 걸으며 식물을 채집했다. 다닥냉이라는 것을 뜯어서 맛을 보니 혀끝이 얼얼하고 쌉싸름했다. 맛있는 산딸기도 한 줌 땄다. 생존에 필요한 양식을 자연에서 직접 얻는다는 발상에 흥미가 동했고, 몇 가지 식물을 식별하는 방법을 배우고 나니 새로운 세상에 눈이 뜨였다.

그 첫 체험 이후로 각종 식물과 동물, 버섯 식별법을 공부했다. 숲속에서 마주칠 수 있는 것, 특히 먹을 수 있는 것 위주로 익혔다. 땅에서 나는 것으로 자급자족한다는 발상에 매료되었다. 먹을 것뿐 아니라 생존 활동에 필요한 재료도 야생에서 얻을 수 있었다. 책을 읽고서 버드나무 가지로 바구니 짜는 법, 동물 가죽으로 옷 만드는 법을 배웠다. 얼마 지나지 않아 기숙사 방은 나무 부스러기와 만들다 만 물건으로 난장판이 되었다. 세상을 돌아다니고 싶었다. 다양한 문화권 사람들이 나름의 자연환경 속에서 어떻게 살아

가는지 알아보고 싶은 갈망이 샘솟았다.

대학 졸업 후 기회를 얻어 러시아에서 살게 됐는데, 고칠 수 없는 방랑벽이 그때부터 시작됐다. 다양한 문화를 경험하고 세계관을 배우면서 자연과 생물에 관한 이해의 폭도 넓어졌다. 몇 년 동안 떠돌이 생활을 했다. 여름 캠프에서 잡일을 하거나, 연구비를 받아 러시아 극동의 원주민을 연구하면서 생계를 유지했다. 나는 인생을 어떻게 사는 게 좋을지 확신이 서지 않았다. 수공업자가 될지, 생태학을 공부할지, 황야에 정착해서 살지 고민했다.

그러다가 결국은 의사가 되는 것이 최선이라는 결론을 내렸다. 의사가 되면 문제를 분석하여 해결하고, 손으로 일하고, 세계를 꾸준히 탐험할 수 있으니 내가 좋아하는 세 가지를 모두 할 수 있고, 오지 주민들에게 의료를 제공할 수도 있다. 의대에 들어가 처음 메스를 들고 시신의 피부를 절개하면서 알게 됐는데, 인체 탐험과 외부 세계 탐험은 꽤나 비슷한 느낌이었다. 각종 장기에 관해 배우는 것은 자연 속 생물에 관해 배우는 것과 비슷했다. 장기 하나하나가 각기 다른 종의 생물처럼 고유한 생김새와 행동 특성을 지녔고, 생물이 서식지에 살듯 저마다 몸속의 고유한 공간에 들어앉아 있었다.

뉴저지주의 로버트 우드 존슨 의대를 다니면서 깨달은 것은, 자연을 관찰하는 능력은 놀랍게도 의사 일을 하는 데도 유용하다는 사실이었다. 학교 주차장 뒤에 방치된 작은 숲이 있었다. 주차장 언저리를 따라 덩굴옻나무 따위의 잡초가 무성했는데, 그 너머에 무엇이 있을지 호기심이 동해서 헤치고 들어갔다. 숲을 탐사하던 중 야생 버섯 군락을 발견했다.

처음에는 바람에 날려온 쓰레기인 줄 알았다. 그런데 가까이 가서 보니 생명체였다. 연한 주황빛을 띤 미색의 버섯들이 그늘지고 축축한 땅 위에 돋아 있었다. 그때는 버섯 식별에 아직 초보였기에 약용인지 환각성인지 독성인지 알 수 없었다. 일부 독버섯은 먹으면 급성간부전이 일어난다고 독성학 시간에 배운 적이 있었다. 어쩌면 식용일지도 모르는 일이었다. 이튿날, 버섯 식별에 쓸 도감을 샀다. 나는 의대 공부와 더불어 식용버섯의 세계에 점점 빠져들었다.

나는 지식을 차곡차곡 쌓아갔다. 날이면 날마다, 해부학 실습실에서 인체를 탐험하고 나면 메스 대신에 바구니를 들고 주차장 뒤 숲속으로 더 깊이 들어가보거나 버섯이 있을 만한 다른 땅을 둘러보았다. 나무 조각이 쌓여 있는 곳이나 물을 많이 주어 흥건한 잔디밭만 나타나면 바로 눈이 돌아갔다. 나는 노련한 버섯 채집가의 예리한 직관과 해박한 지식을 선망하게 되었다. 그 마음은 선배 의사들을 보고 느끼는 존경심과 다르지 않았다. 두 전문가 모두 어느 버섯이 식용이고 어느 버섯이 독성인지, 또는 어느 환자가 응급치료를 요하고 어느 환자가 퇴원해도 되는지와 같이 생명과 직결된 결정을 아무렇지도 않은 듯 자신 있게 내리곤 했다. 나도 언젠가는 그런 결정을 편안히 내릴 수 있을지 궁금했다. 언젠가는 자신감이 불안감을 압도하게 될까?

버섯과 질병을 식별하는 데 차츰 능숙해지면서 깨달았는데, 환자나 버섯이나 모두 일종의 진단 문제였다. 영어에서 '진단'을 뜻하는 단어 'diagnosis'의 어원은 '갈라서 알다' 또는 '구별하다'라는 뜻이다. 의사와 채집가의 공통된 임무다. 나는 푸른 들판에서든 삭막한 병원에서든, 진단 문제를 마주하면 똑같은 방식으로 해법을 모색했다. 미세한 단서를 포착하여 언뜻 비슷해 보이는 사례를 구별하는 것이다. 관찰력은 무척 중요했다. 관찰력이 좋아야 모양과 색의 미묘한 차이를 알아보고 버섯을 제대로 식별할 수 있었다. 눈보다 코가 빠를 때도 있어서, 숲속에서 과일 향 비슷한 냄새가 나면 근처에 뿔나팔버섯이 있다는 신호였다. 의대에서도 마찬가지로 세심한 관찰이 무척 중요하다는 것을 배웠다. 열이 나는 아이가 숨을 쉴 때마다 콧구멍을 벌렁거리면 단순한 감기가 아니라 폐렴일 가능성이 높다.

그러나 두 분야 모두 관찰만으로는 한계가 있다. 인체든 자연계든 제대로 이해하려면 생태학을 알아야 한다. 자연계에서 생태학은 생물들이 서로 간에 그리고 땅과 기후와 맺는 관계를 연구하는 학문을 가리킨다. 숙련된 채집가는 지역, 날씨, 계절, 최근의 강우 패턴, 주변 나무의 종류, 숲 바닥의 상태 등에 따라 어떤 버섯이 있을지 예측할 수 있다. 마찬가지로 의사는 질병이 계절과 지역이라는 생태학적 맥락 속에서 일어난다는 것을 안다. 여름에 특정 지역에서는 라임병이, 겨울에는 독감과 일산화탄소 중독이 발생하리라 예측할 수 있다. 어떤 질병을 눈여겨봐야 하는지 알면 발견하는 데 도움이 되고, 채집의 경우도 마찬가지다. 버섯이든 질병이든 '진단'하려면 깊은 지식과 예리한 관찰력이 필요하다는 점을 깨닫고 나니 선배 의사들의 솜씨가 우러러보였다. 그들은 마치 채집 사회의 원로들처럼, 교과서가 가르쳐주지 않는 지혜의 보고였다.

의대 3학년 때 강의실을 떠나 병원에서 일하면서 비로소 선다형 문제가 아닌 실제 환자를 대해보았고, 인체의 여러 요소가 어떻게 맞물려 생명을 유지하고 우리의 정체성을 형성하는지 더 깊이 이해할 수 있었다. 외과 인턴을 하면서 인체 내부를 다시 엿보게 되었다. 이번에는 살아 있는 몸이었다. 교통사고를 당한 청년이었는데, 파열된 비장을 즉시 적출해야 했다. 나는 급히 손을 박박 씻으며 수술에 들어갈 준비를 했다. 멸균 가운과 모자, 장갑, 마스크를 쓴 채 눈동자만 바삐 움직이며 수술대 옆에 서서, 외과의가 환자의 복부를 절개하는 모습을 지켜보았다. 내가 해부 실습 때 해본 동작이었다.

그러나 이번에는 피가 흘러나왔다. 솟아나는 붉은 피는 환자의 심장이 뛰고 있고, 폐가 호흡하고 있으며, 혈압이 충분함을 말해주고 있었다. 나는 복부를 벌려 여는 것을 도왔다. 살아 있는 살의 온기가 장갑 낀 손에 느껴졌다. 환자의 갑상샘과 부신에서 따뜻한 분비액이 나오는 것을 알 수 있었다. 장이 지렁이처럼 계속 꿈틀거렸다. 마치 풀밭을 갈라서 뗏장을 벗겨냈더니 그 밑에 드러난 살아 있는 흙 속에 생물이 득시글거리는 것 같았다. 청년의 활발히 움직이는 장은 영양 공급이 충분하고 전해질 균형이 맞으며 신장과 간이 제대로 기능하고 있음을 말해주었다.

살아 있는 환자의 몸을 열어 활동하는 내장 기관을 직접 보고 만져보면서, 방부 처리된 시신의 죽어 있는 조직으로는 결코 알 수 없는 사실을 깨달았다. 우리 몸의 모든 기관은 거미줄처럼 복잡하게 얽힌 불가분의 관계라는 것이다. 해부대 위에 놓인 시신만 봐서는 살아 있는 기관들이 어떻게 연동되는지 알 수 없다. 박제된 동물표본이나 압착된 식물표본만 봐서는 한 서식지의 생물종들이 어떻게 복잡하게 얽혀 있는지 알 수 없는 것과 마찬가지다. 살아 있는 환자는 어느 면을 관찰하든, 서로 떨어진 기관들이 조화롭게 협동하는 모습을 엿볼 수 있었다. 내가 하나하나 공부했던 기관들organs이 드디어 하나의 통합된 유기체organism를 이루고 있었다.

생태계의 모든 종이 저마다 생태계에서 나름의 위치에 최적화해 있는 것처럼, 우리 몸의 모든 요소는 몸의 균형(항상성)을 유지하는 데 저마다 나름의 역할을 한다. 한편 몸의 생태학을 이해하려면 개별 부위에서 한 걸음 물러나 전체적인 연결 관계를 한눈에 봐야 한다. 의학 교육을 받으며 깨달았지만, 의사, 특히 일반의는 몸의 각 부분을 깊이 알아야 할 뿐 아니라 몸 전체를 볼 줄 알아야 하고, 더불어 그 몸의 주인까지 볼 수 있어야 한다.

이 책은 여행 이야기다. 인체의 신비와 질환을 탐구하는 내 여정의 시작은 해부용 시신의 몸속을 들여다보면서 동시에 나 자신의 몸속 그리고 앞으로 만나거나 치료할 모든 사람의 몸속을 간접적으로 들여다본 경험이었다. 그 여정은 의대를 거쳐 레지던트 과정(매사추세츠 종합병원에서 내과와 소아과 수련을 받았다)으로 이어졌고, 환자 한 명 한 명을 검진할 때마다 우리 몸을 조금 더 잘 이해할 수 있었다.

레지던트 과정을 마치고 정식 의사로 일하면서, 내 커리어는 색

다른 방향으로 펼쳐졌다. 일류 대학병원에서 일하거나 전문의가 되는 대신에 전 세계의 오지와 문화적으로 독특한 지역을 찾아다니며 의료 활동을 했다. 네팔의 고지대 진료소에서 알래스카 북부의 응급실에 이르기까지 다양한 곳에서 진료하며 사람의 몸을 바라보는 새로운 문화적 관점을 접했고, 몸에 대한 이해의 깊이를 더하고 의사로서의 안목을 키울 수 있었다.

이 책은 부분을 다루지만, 부분들이 어떻게 전체를 이루는지도 살펴본다. 책의 각 장은 의사의 관점에서 특정 신체 부위나 체액에 관한 이야기를 하면서, 낯선 나라를 찾은 탐험가와 여행자의 관점에서 색다른 광경과 독특한 관습을 겪은 이야기도 전한다. 의대가 인체를 부분으로 나눌 수 있다는 것을 내게 가르쳐주었다면, 삶은 인체가 부분의 총합보다 큰 존재라는 사실을 가르쳐주었다.

우리 몸속의 숨겨진 세계도 우리를 둘러싼 자연계만큼 주목과 경탄을 받아 마땅하다. 우리 몸과 우리 삶의 진짜 이야기는, 안과 밖 모두의 이야기일 수밖에 없으니까.

목구멍
아슬아슬한 곡예사

의대에서 인체 구조를 처음 공부할 때, 목구멍이라는 신체 부위는 유독 어설프게 설계된 것처럼 보였다. 목구멍은 삼킨 음식물과 들이마신 공기가 똑같이 입을 통해 몸 안으로 들어간 후 식도와 기관氣管의 두 길로 나뉘어 들어가는 곳이다. 식도의 입구는 기관의 입구 바로 뒤에 있어서, 빨대 두 개가 고작 몇 밀리미터의 얇은 조직을 사이에 두고 나란히 붙어 있는 모습이다. 내가 배우던 교과서에는 목구멍, 의학용어로 인두咽頭가 자세한 그림으로 묘사되어 있었는데, 인두는 그야말로 중요한 분기점이다. 음식물을 삼킬 때마다 음식물이 기관 입구 위를 획 지나가면서, 기관으로 잘못 들어가는 불상사를 아슬아슬하게 피한다. 한순간의 실수로도 숨이 막혀 질식하고 사망에 이를 수 있는 구조다.

목구멍의 위험천만한 구조는 내가 그동안 배웠던 다른 인체 부위의 탁월한 설계와 극명하게 대비되었다. 예를 들어 사람의 손과 팔뚝은 뼈와 근육, 힘줄이 경이로울 정도로 정교하게 결합되어 있어 도구를 잡거나 재즈 피아노 연주를 하는 등 기막힌 움직임을 보여준다. 심장과 폐는 일사불란한 협업을 통해 몸의 구석구석까지 산소를 효율적으로 전달한다. 인체의 모든 기전은 생명 유지와 생존에 유리하게끔 지능적으로 설계된 듯이 보였지만, 목구멍만큼은 예외였다. 해부학 수업시간에 교수가 인간 인두의 '멍청한' 구조를 두고 농담할 때 나는 학우들과 함께 낄낄 웃었다.

그런데 몇 년 뒤에 입원전담의(입원 환자를 대상으로 입원부터 퇴원까지 진료를 책임지고 전담하는 전문의—옮긴이)로 일하면서 보니 웃을 일이 아니었다. 내가 맡은 진료의 상당 부분이 목구멍의 설계 결함에 따른 부작용과 씨름하는 일이었다. 음식물이 기도로 잘못 넘어가는 것을 사례, 의학용어로 '흡인'이라고 하는데, 나는 연로한 흡인 환자를 자주 치료했다.

흡인이라고 하면 큰 음식 덩어리가 갑자기 기관을 틀어막아서 질식을 일으키는 경우도 있지만, 내가 맡은 환자는 적은 양의 음식이나 음료, 침을 흡인하는 경우가 대부분이었다. 갑자기 목이 막히는 것이 아니라 몇 주, 몇 달에 걸쳐 천천히 지속적으로 흡인이 일어나 환자도 보호자도 알아차리지 못하는 경우가 많았다. 목구멍이 음식물과 공기를 잘 분리하지 못하는 탓에 호흡곤란이 일어나 병원에 입원하는 환자가 많았고, 나는 목구멍의 그 뒤엉킨 구조가 새삼 어처구니없게 느껴졌다. 그러던 중 수잔이라는 연로한 환자를 만나면서 목구멍에 대한 내 생각이 완전히 바뀌었다.

∽

수잔은 보스턴 교외에 사는 82세의 여성이었다. 평생 재봉사로 일하다가 70대 후반에 건강이 나빠지면서 비로소 일을 손에서 놓았다. 남의 손에 의지해 사는 것을 원치 않던 수잔은, 딸 데브라가 요양원에 모시려고 해도 거부했다. 몸이 급격히 쇠약해지면서 몇 차례 낙상을 입었지만 다행히 골절은 없었다. 데브라는 방문 간호사를 고용해 어머니를 자택에서 돌보게 했는데, 어머니는 곧 인지력까지 감퇴하면서 일생의 기억도, 의미 있는 말을 하는 능력도 잃고 말았다. 데브라는 집에서 어머니를 돌보는 일이 너무 힘들고 경제적으로 감당하기 어려워지자 요양원으로 옮기는 것 외에는 선택의 여지가 없었다.

그 뒤로 한 달이 지났을 때, 수잔은 가벼운 폐렴으로 병원에 입원하여 나를 처음 만났다. 며칠 동안 항생제 치료를 받고 회복하자, 나는 수잔을 퇴원시켜 요양원으로 돌려보냈다.

그런데 몇 주 후에 폐렴이 재발해 다시 입원했다. 이번에는 증상이 더 심각했다. 병실이 나기 전 응급실에서 대기 중일 때 가서 보았더니, 산소마스크를 벗지 못하도록 손목 보호대가 채워진 채 간이침대에 누워 힘없이 버둥거리고 있었다. 이를 드러낸 미소와 헝클어진 흰머리는 여전했지만, 처음 입원했을 때보다 더 야위고 허약해 보였다. 관자놀이는 움푹 들어가 퀭했고, 도드라진 갈비뼈는 가쁜 숨을 쉴 때마다 들썩거렸다.

"라이스먼 선생 또 왔습니다. 저 보고 싶으셨어요?" 내가 농담을 건넸다. 수잔이 뭐라고 웅얼거렸는데, 산소의 쉭쉭거리는 소리와 목에 걸린 가래 끓는 소리에 묻혀 들릴락 말락 했다. 이미 알츠하이머성 치매로 온전치 못한 정신이 폐렴을 앓으면서 더욱 흐릿해진 듯, 지난번에 퇴원할 때보다 주의력이 떨어져 보였다. 청진기를 폐에 갖다 대니 걸쭉한 죽에 빨대로 바람을 불어 넣는 듯한 소리가 들렸다.

내가 치료한 다른 많은 흡인 환자들과 마찬가지로 수잔도 식사 중에 기침을 하면서 쇠약해지기 시작했다. 그전부터 인지 기능 저하와 치매는 꾸준히 진행되고 있었지만, 기침을 하면서 몸무게가 점점 줄었고 신체와 정신이 급격히 쇠약해졌다. 3주 전 폐렴으로 입원했을 때 식사 중에 흡인하는 것을 발견했는데, 그게 기침의 원인이었다.

수잔의 근본적인 문제는 음식물을 삼키는 동작에 있었다. 삼키는 동작은 우리가 목구멍에서 매일 수백 번씩 자연스럽게 수행하지만, 결코 간단하지 않다. 음식물을 기도로 새어들지 않게 삼키려면 혀, 입천장, 인두, 턱이 신경과 근육의 정교한 협업을 통해 수축과 일그러짐을 반복해야 한다. 음식물이 기관에 접근하여 곧 숨을 막을 것 같은 순간, 여러 근육이 연동하여 후두라고 하는 기관 상단부를 들어 올린다. 곁에서 보면 목의 울대뼈가 위로 씰룩거리는 동작이다. 이때 기도의 열린 입구가 혀 밑에 밀착되면서 후두덮개가 마치 맨홀 뚜껑처럼 후두를 틀어막는다. 그러면 음식물이 기도를 안전하게 피해 식도로 넘어갈 수 있다. 음식물이 지나가고 나면 후두는 다시 내려와 원위치인 목 중간쯤으로 돌아간다.

음식물을 삼키려면 5개의 뇌신경과 20여 개의 근육이 협력해야 한다. 목구멍의 위험천만한 구조를 보완하려다 보니 이렇게 복잡한 기전이 됐지만, 중대한 문제의 해법치고는 너무 거추장스럽고 복잡한 방식이라 탈이 나기 쉽다. 특히 먹으면서 말을 할 때는 식도와 기도를 동시에 열려고 하니 오작동이 일어나기 쉽다. 해마다 질식해서 사망하는 사람이 그렇게 많은 것도 이상하지 않다.

설상가상으로, 세계적으로 폐렴을 가장 많이 일으키는 원인균이 목구멍 뒤쪽, 기도 입구 바로 위에 서식한다. 이 균은 우리 일생 대부분을 그곳에서 살면서, 언제든 폐로 침투할 준비가 된 상태에서 기도의 경계가 느슨해지는 순간을 기다린다. 건강한 사람의 몸은 이 균을 손쉽게 자동으로 차단하기 때문에 딱히 문제 될 게 없다. 그러나 수잔은 치매로 인해 몸의 방어 능력이 떨어졌고, 노쇠로 인해 목구멍 근육이 약해졌으며, 신경 기능 저하로 인해 삼키는 동작을 수행하는 능력이 떨어졌다. 심지어 기관에 공기 이외의 이

물질이 들어오는 것을 막는 구역질 반사도 미약하여 제구실을 하지 못했다.

결국 흡인한 음식물과 침이 또다시 목구멍의 균을 폐로 옮겼고, 폐에서 균이 증식해 '흡인폐렴'을 재발시키면서 다시 입원하게 됐다. 이 병은 수잔 같은 알츠하이머 환자뿐만 아니라 뇌졸중이나 파킨슨병 등 다른 신경변성질환을 앓는 사람에게도 매우 흔하게 일어난다. 발작 중에 흡인하거나 약물 또는 음주로 인한 혼미 상태에서 흡인하여 폐렴이 된 사례도 봤다.

나는 아침마다 입원 환자를 차례로 회진하면서 수잔을 진찰했다. 주근깨투성이의 얇은 등 피부에 청진기를 대고 폐의 소리를 듣고 인지 상태도 살폈다. 흡인이 언제든 또 일어날 수 있었고, 그러면 다시 폐렴으로 진행되거나 호흡 튜브를 긴급히 삽입해야 할 수도 있었다. 아니면 순식간에 질식하여 사망할 수도 있었다. 인체 구조의 그 위험한 특성 때문에, 내 환자들은 상태가 허약할수록 상황이 악화할 위험이 높았다.

뭔가 좀 부당하고 똑똑하지 못한 설계처럼 생각되었다.

수잔은 사흘 동안 항생제를 투여받으며 호흡이 개선된 덕분에 산소 공급 장치를 뗄 수 있게 되었다. 매일 아침 숨소리가 차츰 맑아지는 것을 확인할 수 있었고, 인지 상태도 평소 수준으로 돌아왔다. 여전히 어리둥절해하고 의사소통은 불가능했지만, 의식이 조금 더 또렷하고 주의력이 약간 높아져 있었다. 나는 언어치료실 소속 상담사들의 도움을 받아 환자의 흡인 위험을 줄이기 위해 물이나 주스처럼 후두덮개를 쉽게 피해갈 수 있는 묽은 액체는 피하고, 환자의 어눌한 목구멍이 식도로 더 쉽게 넘길 수 있도록 걸쭉한 음식물만 제공하게 했다.

하루는 회진을 마친 뒤 어머니의 병상 곁에 있던 데브라와 이야기를 나눴다. 병동 의료 보조원이 오트밀과 걸쭉한 액체로 된 점심을 천천히 숟가락으로 떠먹이고 있었다. 이전에 비슷한 환자들의 가족들에게 늘 했던 설명을 데브라에게도 했다. 흡인 위험을 완전히 없앨 수는 없다. 목구멍을 완전히 우회하려면, 피부를 통해 위장까지 튜브를 영구적으로 삽입해 영양을 공급할 수는 있다. 그렇지만 튜브를 통해 위장에 넣어준 음식물도 식도로 역류할 가능성이 있기 때문에, 폐로 들어가 숨을 막거나 폐렴을 일으킬 수 있다.

데브라는 어머니가 튜브에 의존하는 것을 원치 않으리라고 결연히 말했다. 수잔이 아직 인지능력이 충분할 때 서명한 사전의료지시서라는 법적 문서에도 그렇게 명시되어 있었다. 어머니의 삶의 질이 정신 능력과 함께 쇠퇴하는 모습을 지켜본 딸은 침습적 의료 개입(의료 장비를 체내 조직에 삽입하는 행위―옮긴이)을 하지 말아달라는 어머니의 뜻을 분명히, 확고하게 지지했다.

"어머니만큼 강한 사람은 살면서 본 적이 없어요." 이미 사라진 지 오래인 어머니의 옛 모습을 떠올리는 데브라의 목소리가 갈라졌다. "무엇을 원하거나 원하지 않는다는 의사 표현이 늘 분명하셨어요."

데브라와 이야기를 나누는 동안 의료 보조원은 수잔에게 삼킬 시간을 충분히 주며 최대한 천천히 음식을 먹였다. 수잔은 음식을 입안에 머금는 버릇이 있어서 흡인 위험이 더 높았다. 열이 떨어지면서 식욕은 나아졌지만 여전히 식사 중에 기침을 가끔 했다. 위험이 지속되고 있다는 신호였다.

기침은 흡인으로 탈이 나는 것을 막기 위한 우리 몸의 중요한 기전이다. 코에 재채기가 있고 위장에 구토가 있다면, 폐에는 기침이 있어서 불필요한 이물질을 몸 밖으로 밀어내는 구실을 한다. 기침은 유아에게도 나타나는 반사작용으로, 민감한 기관과 기관지에 이물질이 닿으면 자동으로 촉발되는 반응이다.

누구나 살다 보면 흡인을 하게 되며, 기침은 우리 몸이 불가피하게 일어나는 흡인을 해소하려는 행동이다. 건강한 사람의 경우 기침은 꽤 효과적이어서, 음식물이 기도로 넘어갔을 때 기침이 발작

적으로 일어나면서 폐에 침입한 물질이 손쉽게 배출되고 폐렴으로 번질 위험이 해소되는 것이 보통이다. 기도에 남아 있는 잔여물은 '점액섬모운동'이라는 폐의 자가 청소 기전에 따라 천천히 위로 올라와 밖으로 배출된다. 우리 몸이 목구멍의 결점을 보완하는 방법의 또 다른 예다.

그러나 기침을 효과적으로 하려면 어느 정도 힘이 필요한데, 수잔은 그럴 힘이 없었다. 기침을 해도 미약한 시늉에 그쳐서, 점액을 움직이는 데 필요한 힘과 울림이 부족했다. 기침을 하려면 일단 가슴과 배의 근육을 꽉 조이고 후두에 위치한 성대를 닫아 공기가 새어나오지 못하게 막아야 한다. 그러면 가슴 내부의 압력이 높아진다. 이때 성대가 갑자기 열리면 압력이 해소되면서 이물질이 밀려 나온다. 수잔은 그럴 힘을 내지 못했다. 몸의 방어 기능이 모두 무력해져 제구실을 하지 못했다.

수잔이 입원한 지 나흘째 되던 날, 회진을 마칠 무렵 호출기가 삑삑거렸다. 급히 와달라는 간호사의 요청이었다. 병실에 가보니 수잔이 숨을 헐떡이고 있었다. 간호사가 다시 씌워놓은 산소마스크를 통해 숨을 들이마시려고 목과 가슴 근육이 힘겹게 움직였다. 아침 식사 중에 흡인을 한 것이었다. 우려하면서 계속 예상하고 있던 일이었다. 딸은 그렁그렁한 눈으로 병상 곁에 서서 어머니의 가느다란 손과 헝클어진 머리카락을 어루만지고 있었다.

모니터가 삑삑거리며 깜박이는 화면으로 산소 농도가 위험 수준임을 알리고 있었다. 간호사의 도움을 받아 환자 몸을 앞으로 기울이고 폐 소리를 들어보았다. 지난 며칠 동안 서서히 맑아졌던 소리가 다시 죽 끓는 소리로 돌아가 있었다. 흡인이 더 일어나지 않도록 목구멍에 남아 있는 음식물을 카테터(장기 속에 삽입하여 액체를 주입하거나 빼내는 관—옮긴이)로 모두 빨아냈다. 이렇게 마스크로 순수한 산소를 공급하고 있어도 산소 농도가 낮은 경우 다음 수순은 기관내삽관이다. 목구멍을 통해서 기관으로 튜브를 삽입하여 인공호흡기에 호흡을 맡기는 것이다.

나는 데브라에게 전에 했던 설명을 급히 반복했다. 삽관팀에 연락하고 수잔을 중환자실로 옮기는 방법이 있고, 연명치료를 하지 않고 편안하게 해드리는 데 주력하는 방법이 있다.

"어머니는 기계에 의존해 연명하는 걸 원치 않으실 거예요." 데브라가 단호하게 말했다. 나는 질식 공포를 덜어주는 약물을 투여하라고 간호사에게 지시했다. 사전에 명시된 치료 목표에 부합하는 완화 의료 조치였다. 간호사는 병실 밖으로 나가서 주사기에 투명한 액체 몇 밀리미터를 담아 돌아왔고, 환자의 팔 정맥에 약물을 주사했다. 수잔의 눈에 어려 있던 공포가 몇 분 만에 누그러졌고, 가쁜 호흡 패턴은 약간 느려진 채로 유지됐다.

나는 의사로서 질병과 죽음에 맞서 끊임없이 싸우고, 흡인을 포함한 인체의 결함과 끝없이 씨름하도록 훈련받았다. 그렇지만 환자에 따라서는 우선순위를 바꿔야 할 때가 오기도 한다. 어려운 결정이고, 언제나 환자와 가족이 의료진과 상의하여 사적으로 내리는 결정이다.

신체 기능의 쇠퇴는 다양한 양상으로 나타나며, 의료 개입을 받아들일지 포기할지 선택은 환자마다 다르다. 수잔은 쇠약해져 가는 자기 몸을 돌볼 정신적 능력을 알츠하이머로 잃었으며, 그런 삶을 오래 살지 않겠다고 벌써 몇 년 전에 결심했다. 그러나 어떤 식으로든 수명을 연장하는 것을 중요하게 여기는 환자도 있는데, 특히 정신 기능이 온전한 경우에 그러기 쉽다.

한 예로, 내 부모님의 친구가 근위축측삭경화증(루게릭병)을 앓았다. 근력이 서서히 소실되어 결국 온몸이 마비되는 치명적 신경 질환이지만 정신 기능 저하는 전혀 수반되지 않는다. 알츠하이머성 치매나 그 밖의 치매 환자와 달리, 그는 신체가 쇠약해져 가면서도 정신은 완벽히 멀쩡했다. 흡인이 자꾸 일어나 더는 입으로 식사할 수 없게 되자, 수잔과 달리 위장에 영양 튜브를 삽입하는 방법을 택했다.

곧 폐로 공기를 들이마시는 힘조차 내지 못해 그는 호흡이 어려워졌다. 말기 징후였다. 그는 목에 구멍을 뚫어 호흡 튜브를 영구적으로 삽입하는 방법을 택했다. 생명을 연장할 수는 있지만 신체적 퇴행을 늦추지는 못하는 의료 개입이었다. 그러나 쇠약해져 가는 육체에 갇힌 정신이 손주들의 모습에 여전히 즐거워할 수 있다면, 그에게는 그럴 만한 가치가 있었다. 그는 휠체어에 앉아 완전히 마비된 몸으로 생의 마지막 나날을 보냈지만, 사랑하는 가족들의 포옹과 입맞춤을 만끽할 수 있었다.

입원전담의로 일할 때, 환자의 치료 목표를 놓고 대화를 나누는 것이 내 일상 업무였다. 내가 맡은 고령의 흑인 환자들은 공격적 치료에 대한 찬반 의사를 스스로 표명하지 못해 법적 문서와 가족의 의견이 서로 충돌하거나 가족들 간에 의견이 엇갈리는 경우가 많았다. 오랫동안 소원했던 성인 자녀가 죽어가는 노부모 앞에 비로소 나타나서는 회복에 대한 비현실적 희망을 품는 것을 여러 번 보았다. 반면 노쇠해가는 부모 곁을 여러 해 동안 지키며 외래 진료와 입원을 수없이 동행했던 성인 자녀는, 이제 보내드려야 할 때가 왔다는 것을 아는 경우가 많았다.

죽어가는 환자는 가족 내의 불편한 역동 관계를 드러낼 때가 많다. 나는 수십 년간 악화한 형제자매 관계가 마침내 고름이 악취를 풍기며 터지듯 폭발하는 모습을 자주 목격했다. 육체와 정신이 나이가 들면서 쇠약해지는 것처럼 인간관계도 세월이 흐르면서 삐걱거리고 틀어진다. 성격은 동맥처럼 굳어지고, 바쁜 일상에 쫓기다 보면 피치 못하게 쌓이는 오해와 갈등을 헤쳐나갈 기력은 사라진다. 완전히 타인인 내가 의사로서 할 일은, 생을 마감하는 인체의 고통과 아픔을 덜어주듯 가족 간의 갈등을 중재하고 달래는 것뿐이었다.

목구멍은 음식물과 공기를 흡입하는 곳일 뿐 아니라, 폐에서 내쉬는 공기가 후두를 통해 목소리로 바뀌는 곳이기도 하다. 목구멍을 통해 우리는 생각을 표현하고, 수잔처럼 의지가 강하고 독립적인 사람들은 소망을 피력하기도 한다. 의사로서 내가 할 일은 환자의 말에 귀 기울이는 것이고, 특히 환자가 더 이상 스스로를 대변하지 못할 때는 더욱 그렇다. 삶의 마지막 시기에 병원에서 침습적 의료 행위에 고통받을까 봐 두려운 사람은, 어떤 치료를 금할지를 명시한 사전의료지시서에 서명해두어야 한다. 연구에 따르면 의사들은 자신이 말기 환자가 되면 공격적 치료를 포기하려는 경향이 높은데, 그 이유는 아마도 삶의 질과 편안함을 희생해가며 이루어지는 무의미한 학대를 본인들이 자주 목격하고 직접 시행하기 때문일 것이다. 일생 동안 사람은 누구나 스스로를 대변하지만, 육체와 목소리가 제구실을 하지 못하게 되면 가족과 친구 또는 사전의료지시서와 같은 문서에 의존하여 자신을 대변할 수밖에 없다.

수잔의 딸은 어머니가 필연적으로 걷게 될 여정을 보기 드물 정도로 잘 이해하는 보호자였다. 게다가 수잔의 의향을 반영한 사전

의료지시서가 있었기에 내 일은 그만큼 수월했다. 수잔을 돌봤던 시간은 내가 그때까지 함께했던 환자의 마지막 시기 중 가장 평온했고, 젊은 의사였던 내게 지워지지 않는 기억을 남겼다. 몇 년 동안 어머니의 간호를 맡아온 데브라는, 우리가 어떤 노력을 기울이든 어머니의 임종이 머지않았음을 나만큼이나 잘 알고 있었다.

수잔은 첫 흡인을 무사히 이겨냈지만, 그 후 이틀 동안 고열이 재발하고 산소 수치가 더 떨어졌다. 목구멍의 균이 폐에 다시 침투하여 폐렴을 일으키고 있다는 징후였다. 항생제를 강력하게 투여했지만 상태는 나빠졌다.

그날 늦게, 수잔은 며칠 전 입원했을 때처럼 산소마스크를 스스로 벗었다. 그러나 이번에는 의료진이 저지하지 않았다. 목에 찬 가래가 숨 쉴 때마다 그르렁거리기 시작했다. 신체의 마지막 방어선이 허물어지고 있다는 신호였다. 많은 가족들이 병상을 에워싼 가운데 수잔의 호흡이 점점 빨라지더니, 서서히 느려지다가 마침내 멈췄다.

우리 몸의 구조는 자궁 속에서 배아가 생겨나면서 미시적으로 형성된다. 우리는 누구나 세포로 이루어진 평평한 원반으로 태아의 삶을 시작한다. 원반은 수정 후 몇 주 만에 동그랗게 말려서 원통 모양이 된다. 이 원통이 인체의 기본 얼개를 이룬다. 한쪽 끝에 입구가 있고 다른 쪽 끝에 출구가 있는 관 형태다. 우리 몸은 여기서부터 성장하여 모습을 갖춰가며 구조적으로 엄청나게 복잡해진다. 그렇지만 처음의 관 모양 구조는 평생 그대로 남는다. 성장한 우리 몸은 앞쪽에 음식물과 공기가 들어오는 입구가 있고 뒤쪽에 출구가 모여 있는, 호화롭게 장식된 하나의 관에 지나지 않는다.

목구멍의 생김새는 이 관 모양의 구조에서 기인한다. 배아가 발달함에 따라 앞쪽에 있던 하나의 입구가 나란히 붙은 두 개의 관으로 나뉘어 각각 음식물과 공기를 맡으면서, 질식이나 흡인의 위험이 그때부터 상존하게 된다. 우리 몸은 이를 보완하고자 입구로 들어오는 물질을 잘 가려내기 위한 얼굴과 뇌를 만들어내고, 삼키기·기침·구역질 등 보호 기전을 발달시킨다. 그 같은 보호 기전은 거의 항상 제구실을 한다.

태어나서 첫 숨을 쉬는 순간부터 공기와 음식물은 목구멍에서 정확하게 나뉘어 들어가며, 목구멍의 이 아슬아슬한 곡예는 평생 동안 이어진다. 음식물이 기도로 넘어가지 않게 하는 것은 우리 몸의 가장 기본적인 임무에 속하지만, 뇌졸중이나 알츠하이머로 쇠약해진 환자의 목구멍이 더는 곡예를 지속할 수 없게 되면 몸은 흡인과 함께 제 수명을 다한다. 흡인은 그런 환자의 가장 흔한 사망 원인 가운데 하나다.

나는 목구멍의 구조를 의대생 시절에는 웃음거리로 삼았고, 젊은 입원전담의 시절에는 환자의 생명을 위협하는 심각한 요인으로 여겼다. 그러나 여러 해 동안 의사로 일하면서, 그것이 바로 우리 몸이 생명을 내려놓는 수단이라는 생각에 이르렀다. 과거에 흡인폐렴이 '노인의 친구'로 일컬어진 이유는 연로하고 병든 이들의 오랜 고통을 존엄하게 마무리해주곤 했기 때문이다. 마치 목걸이에 넣어 걸고 다니는 청산가리 알약처럼, 목구멍의 위태로운 구조는 쇠락한 신체의 탈출구 구실을 한다. 우리는 사랑하는 사람이 조금이라도 더 버텨주기를 간절히 바란다. 파킨슨병을 앓던 내 아내의 할아버지도 폐렴이 잇따라 재발하면서 입원을 수없이 반복해야 했다. 그러나 마지막 순간을 더는 미룰 수 없을 때도 있다. 때로는 몸이 우리 대신 알아서 결정하기도 한다.

　나는 수잔과 같은 환자를 돌보면서, 목구멍의 설계에도 지혜가 깃들어 있음을 깨달았다.

2

심장
여정의 시작과 끝

우리 몸은 수많은 물길과 도관으로 이루어진 깊고 복잡한 동굴이며, 통로마다 특정한 종류의 체액이 흐르고 있다. 내가 공부하고 외웠던 방대한 질병 목록은 한마디로 체액의 흐름에 문제가 생기는 온갖 유형을 망라한 것이다. 소변 흐름이 막히면 신부전과 요로감염증이 발생한다. 가운데귀에 점액이 고이면 중이염이 생기고, 부비동염도 같은 원리다. 폐에서 점액이 제대로 배출되지 않으면 폐렴이 유발된다. 담낭, 신장, 침샘, 속귀의 전정기관에 결석이 생기면 체액의 흐름이 막혀 이루 말할 수 없는 고통을 초래한다. 충수염, 곁주머니염, 농양, 변비 등은 모두 체내의 관 속 어디가 막힌 탓에 체액이 흐르지 못하는 데서 직접 기인한다.

흐름이 중요하다는 개념은 기의 흐름이 막히는 것을 대다수 질병의 원인으로 보는 전통 중국 의학의 원리와 비슷하다. 알고 보면

서양 의학에도 같은 원리가 깔려 있다. 우리 몸의 건강은 체액의 안정적이고 지속적인 흐름에 달려 있다는 것이다. 그러므로 병을 치료하기 위해 의사가 할 일은 막힌 곳을 풀어주고 체액이 다시 제대로 돌게 해주는 것이다. 다시 말해, 의료 행위의 대부분은 배관 수리다.

우리 몸의 배관 문제 중 가장 치명적인 것으로 심근경색을 꼽을 수 있다. 처음 단독으로 심근경색 진단을 내렸을 때, 나는 퇴근할 생각에 마음이 급하던 참이었다. 레지던트 과정을 마친 지 몇 달밖에 되지 않았던 나는 보스턴 외곽의 긴급진료센터에서 신참 의사로 일하고 있었다. 바쁘고 긴 하루를 보내고 지쳐 있었기에, 한 중년 부부가 마감 시간 직전에 문을 열고 들어오자 간호사에게 투덜거렸다.

재러드는 그날의 마지막 환자였다. 나는 되도록 얼른 진료를 끝내고 싶은 마음에, 환자를 따라 진료칸으로 들어가 인사를 하고 어디가 불편해서 왔는지 물었다. 그날 아침부터 가슴에 이상한 느낌이 있다고 했다. 처음에는 그냥 위산 역류로 생각해서 병원에 가보라는 아내의 말을 듣지 않았다. 그러나 이상한 느낌이 가시지 않더니 급기야 통증으로 번졌고, 통증이 가슴에서 양쪽 어깨로 퍼졌다. 그날 늦게야 아내의 간청에 못 이겨 집에서 가까운 진료소를 찾아온 것이었다.

간호사가 환자의 왼쪽 가슴과 양쪽 팔다리에 심전도 전극을 부착하는 동안, 나는 통증의 원인을 좁혀보기 위해 더 자세히 질문했다. 날에 베이는 듯하거나 타는 듯한 느낌인지? 아니면 뭐에 짓눌리는 느낌인지? 신체 활동을 하면 통증이 심해지는지? 식은땀이 나거나 호흡곤란이 함께 오는지?

가슴통증은 돌연사와 연관 짓기 가장 쉬운 증상이다 보니, 사람들이 병원을 찾는 가장 흔한 이유 중 하나다. 그렇지만 대부분의 가슴통증은 심각하거나 치명적인 질환 때문이 아니다. 나는 이 재러드라는 환자가 심근경색이라는 위험한 상황인지, 아니면 위산 역류나 갈비연골염처럼 경미한 질환인지 구분할 수 있을 만한 단서를 모색했다. 환자가 하는 말로 볼 때는 심근경색일 수도 있어서 염려스러웠다. 계단을 오를 때 통증이 심해지고, 쉬면 나아진다고 했다. 통증이 가슴에서 어깨로 퍼졌다는 점이 특히 우려스러웠다. 증상을 이야기하는 남편을 아내가 쏘아보고 있었다. 그 뒤로도 숱하게 보아온, 고집 센 환자의 배우자에게서 흔히 나타나는 표정이었다.

환자가 도착한 지 3분 만에 심전도계가 결과를 출력하기 시작했다. 심장 속을 흐르면서 심장근육을 자극하여 규칙적으로 수축시키는 전기신호를 그래프로 나타내는 것이다. 반들거리는 빨간색 종이에 꼬불꼬불한 검은색 곡선이 그려졌다. 종이를 손에 쥐고 들여다보며 전압의 파형을 살폈다.

나는 눈이 휘둥그레지면서 그 자리에 얼어붙었다. 심전도 결과에는 미세하지만 분명한 심근경색 징후가 나타나 있었다.

당황한 기색을 환자 부부에게 보이지 않으려고 종이에서 시선을 떼지 않았다. 내 판단이 맞는지 의심스러워 결과지를 다시 눈으로 훑었다. 레지던트 시절에는 지도, 감독해주는 선배 의사가 있어서 내 진단 소견이 맞는다거나 틀렸다고 확인해주곤 했다. 이제 의지할 사람이 없는 상황에서, 나는 눈앞에 빤히 나타나 있는 결론을 확정 짓지 못하고 머뭇거렸다. 심근경색 진단을 내리면 곧바로 일련의 과정을 진행해야 했다. 간호사에게 아스피린 투약과 정맥주사를 지시하고, 보스턴에 있는 큰 병원의 심장전문의에게 알려 5인 또는 그 이상으로 이루어진 심장카테터삽입수술팀을 가동하고, 구급차를 불러 환자를 급히 이송해야 했다. 그러려면 먼저 치러야 할, 두려운 첫 단계가 있었다. 재러드와 그의 아내에게 사실을 알리는 일이다.

그 모든 장면이 머릿속을 스쳐 지나갔다. 나는 고개를 들고 말했다. "심근경색입니다."

재러드 아내의 눈에서 순간 분노가 사라지고 두려움이 그 자리를 차지했다.

진단을 내릴 때는 시간을 낭비하거나 난해한 의학용어로 얼버무리지 말고 직설적으로 명확하게 말하라고 배웠지만, 속마음은 불안하고 초조했다. 심전도에 나타난 메시지는 분명했지만 마음 한구석에는 내가 완전히 잘못 짚었을지도 모른다는 두려움이 남아 있었다. 의사로서 내가 할 일은 환자 몸속 장기의 상태에 관해 사실을 알리는 것이고, 설령 자신감이 부족하다 해도 자신감을 보여야만 했다. 그래야만 누구보다 사실을 잘 알아야 할 당사자와 가족에게 확실하게 정보를 전달할 수 있다.

∽

　구급차를 기다리는 동안 간호사는 환자의 몸을 심전도 모니터에 연결하여 심장의 전기신호가 화면에 연속적으로 표시되게 했다. 심근경색은 그 자체로 응급 상황이지만, 나는 화면을 주시하면서 언제라도 닥칠 수 있는 한층 더 절박한 상황에 대비했다. 바로 심정지다. 둘 다 응급 상황이지만 전혀 다른 종류의 심장 문제다.

　심근경색은 배관의 문제다. 관상동맥을 이루는 혈관 중 하나에 연필심만 한 혈전(피떡)이 생기면서 심장근육 일부에 산소와 영양을 공급하는 혈류가 통하지 않아 발생한다.

　반면 심정지는 전기적인 문제다. 환자의 심장이 멎고 박동이 그치는 것으로, 진단은 간단하다. 맥박이 뛰지 않으면 심정지로 판정된다. 그런데 심근경색이 심정지를 유발할 수 있다. 혈류가 통하지 않는 심장근육에 무리가 가면서 전기 계통의 조율이 어그러질 수 있다. 해당 부위의 전기적 교란이 심한 경우 심장 전체의 전기 리듬이 완전히 꼬이기도 한다. 결국 심장의 한 부위에 생긴 문제 탓에 박동 자체가 멈춰버린다.

심장박동은 우리 몸의 생명을 유지하는 근간이므로, 심정지 환자는 임상적으로 사망한 것으로 본다. 그렇지만 심폐소생술CPR과 전기충격을 통해 소생할 가능성이 있다. 심폐소생술은 가슴을 압박하여 심장에서 혈액을 밀어냄으로써 멈춘 심장박동을 대신하는 방법이고, 전기충격은 마치 방전된 자동차의 시동을 거는 것처럼 정상적인 전기 리듬을 회복시킬 수 있다. 그렇게 하여 되살아나는 환자도 많다. 그러나 환자의 심장이 다시 뛸 가능성이 점점 희박해지면 나는 최종 판단을 내리고 "압박 중지!"라고 외친다. 그리고 벽에 걸린 시계의 시각을 소리 내어 읽는다. 심장 소생을 포기하는 순간이 곧 사망을 공식적으로 선언하는 순간이기 때문이다.

심근경색 환자 중에서도 재러드와 같은 경우는 심장의 산소 공급이 부분적으로 막혔지만 박동은 정상인 상황이다(아니었다면 의식을 유지한 채 나와 대화하고 내 질문에 대답할 수 없었을 것이다). 심근경색은 몇 분의 차이가 중요하지만, 심정지는 몇 초의 차이가 중요하다. '코드 블루'라고도 불리는 심정지는 모든 의료 분야를 통틀어 가장 긴급한 응급 상황이기에, 병원에서 유일하게 안내 방송으로 알리는 진단이기도 하다. 다른 장기의 기능이 멈추면 보통 몇 분, 몇 시간 또는 며칠 후에 죽음이 찾아오지만(뇌사의 경우는 몇 년 동안 살기도 한다), 심정지가 발생하면 임상적으로는 그 순간 사망한 것으로 본다. 심장의 죽음이 곧 우리의 죽음이다.

만약 재러드의 심장에 생긴 긴급한 배관 문제가 한층 더 긴급한 전기 문제로 악화하면 심전도 모니터에서 경고음이 울리게 되어 있었다. 그렇게 되면 나는 간호사들과 함께 재러드의 가슴을 압박하고 심장충격기로 전기충격을 가할 준비가 되어 있었다.

심장에 작은 문제만 생겨도 순식간에 목숨을 잃을 수 있다는 사실은 심장이 우리 몸에서 얼마나 중요한 기관인지 잘 보여준다. 의사들이 심장병으로 사람이 죽는 원리를 깨닫기 오래전부터 시인, 연인, 철학자들은 심장의 중요성을 알고 있었다. 인체의 해부학적 구조와 생리에 관한 지식이 발전한 오늘날에도 우리는 여전히 연애편지와 문자 메시지에 심장을 양 날개 모양의 만화 같은 기호로 그려 넣는다. 생물학적 사실보다는 밸런타인데이 마케팅과 더 관련이 있는, 해부학적으로 부정확한 그림이다. 예쁜 상징이긴 하지만 실제 사람의 심장은 커다란 아보카도와 더 닮았다.

우리는 좌심실에서 대동맥으로 피를 뿜어내듯 '심장heart'에서 사랑과 열정이 샘솟는 것처럼 말하지만, 그저 펌프에 지나지 않는 기계에 너무 많은 의미를 부여하는 것인지도 모른다. 감정을 심장과 연관 짓는 것은 심장이 어떤 기관인지 잘 모르던 시절의 유산이다. 그때는 물론 전기도 몰랐고 심장이 전기로 작동한다는 사실도 몰랐다. 왜 그런 연상작용을 하는지는 이해가 된다. 내가 의대 시절 한 학우와 사랑에 빠졌을 때, 마치 꼭 실제 심장의 통증처럼 타는 듯한 압박감이 가슴에 느껴졌다. 옛날 사람들 눈에 붉은빛의 심장은 뺨을 붉게 물들이는 감정의 원천으로 보였을 수도 있다.

과학이 발달한 지금도 우리는 인체의 장기를 옛날 방식으로 바라보며 시적 표현 수단으로 삼고 있다. 영적 지도자 람 다스는 제자들에게 '머리brain'가 아닌 '가슴heart'으로 살라고 말했다. 바쁜 두뇌는 끊임없이 매사를 판단하고 장황한 독백만 늘어놓을 뿐이다. 다스는 심장에 초점을 두고 그곳을 훨씬 더 깊은 자각의 터전으로 보았다. 그리고 우리 몸의 그 말없는 중심부를 '가슴 중심 heart center'이라고 일컬었다.

해부학적으로나 생리학적으로 말이 되는 이야기다. 심장은 흉곽 한가운데, 팽창과 수축을 반복하는 두 개의 폐 사이에 있다. 주먹만 한 크기의 속이 빈 근육 덩어리가, 열렸다 닫혔다 하는 판막을 통해 혈액을 뿜어내면서 평생을 쉬지 않고 뛴다. 심장은 신체 건강을 시시각각 유지하는 데 다른 어떤 기관보다 더 핵심적인 역할을 한다.

또한 심장은 스스로를 돌보는 것이 주요 기능인 유일한 내장 기관이기도 하다. 심장은 리드미컬하게 수축하며 동맥을 통해 산소가 가득한 혈액을 뿜어내 몸 구석구석의 모든 세포에 영양을 공급한다. 그뿐 아니라 관상동맥을 통해 혈액을 스스로에게도 뿜어주는데, 이는 우리 몸의 몇 안 되는 재귀 루프 중 하나다. 자기 꼬리를 물고 있는 뱀의 모습을 한 신화 속의 우로보로스처럼, 체내 순환의 중심인 심장도 '자성自省'과 내적 성찰의 상징으로 적합하다. 재귀 루프의 또 다른 예로는 뇌가 스스로의 기능에 대해 생각하는 경우가 있다. 뇌의 기능이 아무리 훌륭할지라도 더 근원적인 기관은 심장이다. 심장박동 없이는 뇌도 기능할 수 없기 때문이다.

위치로 보나 기능으로 보나, 심장은 우리 몸의 중심이 맞다.

재러드는 긴급진료센터에서 구급차에 실려, 심장전문의가 대기하고 있는 매사추세츠 종합병원으로 이송됐다. 관상동맥의 막힌 혈류를 신속하게 터주지 않으면 그 부위의 심근 세포가 죽어 심장 기능에 영구적 손상이 일어날 가능성이 높다. 모든 전문의는 자기가 맡은 장기의 배관 구조를 훤히 알고 있다. 심장전문의는 심장의 유체역학을 연구한다. 그중에는 카테터 삽입을 통해 막힌 곳을 뚫는 것을 전문으로 하는 의사도 있다. 관상동맥에 조영제를 주입하고 X선 촬영을 하면 심장 표면을 따라 나무뿌리처럼 뻗은 혈관의 영상을 얻을 수 있고, 막힌 곳을 눈으로 직접 확인할 수 있다. 그런 다음 사타구니 동맥을 통해 카테터라고 하는 길고 유연한 관을 삽입해 심장까지 밀어 넣는다.

나중에 알았는데, 재러드의 몸에 카테터를 삽입해 X선 촬영을 해보니 관상동맥의 어느 혈관 중간에서 조영제가 멈춘 것이 확인되었다. 막힌 곳이 발견된 것이다. 의사는 와이어를 삽입해 막힌 곳을 관통하게 한 다음 혈전을 빨아들여 피를 다시 흐르게 했다. 배관공이 배수관을 뚫는 방법과 똑같다.

재러드는 내게 가슴통증을 호소한 지 한 시간이 안 되어 관상동맥에 스텐트 두 개를 삽입하는 시술을 받았다. 스텐트는 막힌 혈류를 풀어주고 혈관을 계속 열어주는 역할을 한다. 내가 귀가해 저녁을 먹고 있을 무렵, 문제의 심장 부위에 드디어 피가 다시 통하기 시작했다. 단수되어 물이 나오지 않던 수도가 탈탈거리고 꾸르륵거리면서 다시 가동을 시작한 것이다.

혈류를 장기적으로 원활하게 유지하기 위해 심장전문의는 재러드에게 몇 가지 약을 처방했다. 매일 아스피린과 함께 클로피도그렐을 복용하면 혈전 생성을 억제하는 효과가 있고, 스타틴을 복용하면 혈관에 찌꺼기가 쌓이는 것을 막을 수 있다. 배수관을 뚫어주는 '펑크린' 같은 역할을 하는 약들로, 식이요법·운동과 함께 투약을 병행하면 동맥벽을 깨끗이 유지하고 막히는 일이 없도록 관리하는 데 도움이 될 수 있다.

퇴원 전 재러드는 우울증과 불안증에 대한 상담도 받았다. 심근경색을 겪은 환자에게 매우 흔히 나타나는 증상이다. 심근경색 같은 질환은 한 사람의 인생에서 분수령이 될 수 있다. 회복해도 여러 가지 신체적 제약이 따르고 재발의 우려를 안고 살게 되는데, 둘 다 심리적 고통을 유발하는 요인이다. 몸의 건강이 원활한 흐름에 달려 있듯이, 마음의 건강도 그렇다. 두려움, 슬픔, 걱정을 억누르고 마음속에 담아두면 맑은 시냇물이 고립과 분노의 고인 늪으로 변한다. 배관을 잘 정비하지 않으면 정신 건강이 나빠지고 인간관계도 나빠진다. 재러드는 그다음 주에 심리상담을 예약했다. 심리적 문제는 그냥 이야기를 하면서 다른 사람과 소통의 물길을 트고 건강한 흐름을 회복함으로써 치료될 때가 많다.

나는 의사가 되기 전에 세계를 여행했는데, 비행기를 탔을 때 가장 좋았던 것이 이륙 직후와 착륙 직전에 보이는 지상의 풍경이었다. 하늘 위에서 지표면의 모습을 찬찬히 뜯어보는 재미가 쏠쏠했다. 건물이 다닥다닥 모여 있는 도회지, 가지런한 농지와 드문드문 보이는 숲, 이따금 굴뚝으로 연기를 뿜어내는 공장 등이 있었다. 그러나 무엇보다 내 눈길을 사로잡은 것은 지표면을 구불구불 수놓은 물길이었다. 물길은 농지와 도회지가 그리는 인위적인 도형 사이를 대담하게 휘저으며 굽이굽이 흐르고 있었다.

상공에서 내려다보니 강 수계의 갈라지고 합쳐지는 구조가 한눈에 들어왔다. 작은 시내가 모여 큰 물줄기가 되고, 물줄기는 다시 다른 물줄기와 합쳐지면서 점점 커졌다. 어떤 물줄기도 홀로 오래 흐르지 않았고, 이내 하나의 지류로 편입되었다. 가지처럼 갈라진 프랙털 패턴이 높은 산에서 바닷가에 이르기까지 어디에서나 나타났다. 비행하는 시간이 일출이나 일몰 무렵이면 비스듬한 햇살을 받아 지형이 한층 더 두드러졌고, 땅의 모양에 따라 물의 흐름이 어떻게 달라지는지 명확하게 보였다. 하나의 수계를 이루는 유역의 범위를 가늠할 수 있었다. 유역은 여러 물이 한 물줄기로 흘러드는 일정 범위의 땅을 가리키는 말이다.

나는 의대에 가기 전에도 내 몸에 똑같은 패턴이 있다는 것을 알고 있었다. 비행기의 작은 창을 통해 땅 위를 구불구불 흐르는 물줄기를 내려다볼 때, 팔걸이에 올려놓은 내 팔뚝 위에도 퍼런 정맥이 구불구불 뻗어 있었다. 개천이 강으로 흘러들듯이, 혈관들은 팔을 타고 올라오면서 점점 큰 혈관으로 합쳐졌다.

한번은 러시아 극동에 있을 때 물길을 더 가까이에서 살펴볼 기회가 있었다. 물길을 따라가는 여행이었다. 캄차카에 머무르며 그곳 원주민을 주제로 인류학 연구를 수행하던 중, 어느 라무트족 가족과 함께 일주일 동안 말을 타고 여행했다. 목적지는 가족의 사냥용 여름 오두막이었다. 작은 키에 광대뼈가 두드러지고 턱수염이 까칠하게 난 서른여섯 살의 바실리가 작은 말을 타고 앞장섰다. 그의 아내 올가가 역시 말을 타고 뒤를 따랐고, 볼이 통통하고 발그레한 다섯 살배기 아들 안드레는 엄마 뒤에 앉아 엄마의 옷자락을 붙잡고 있었다. 나도 내 말을 타고 맨 뒤에서 따라갔다. 우리는 캄차카 중부의 가장 큰 마을인 에소를 떠나 주변의 넓은 골짜기로 나아갔다. 하얗게 출렁이는 비스트라야강을 따라 상류로 거슬러 올라갔다. 안드레는 말에 앉은 채 가끔 뒤를 돌아보며 나에게 장난스러운 표정을 지어 보였다.

출발한 지 몇 시간 후, 우리는 비스트라야강에서 작은 지류가 갈라지는 합류점에 도달했다. 오른쪽으로 방향을 틀어 작은 지류를 조금 따라가다가 강가에서 첫날 밤을 묵었다. 강 둔덕에 텐트를 치고, 강물로 저녁을 짓고 차를 끓였다. 이튿날 야영지를 정리하고 상류로 계속 올라가니 또 다른 합류점이 나오면서 앞서보다 더 작은 지류가 갈라져 나갔다. 이번에도 방향을 틀어 작은 쪽 지류를 따라갔다. 그렇게 점점 작아지는 물줄기를 따라 산을 계속 올랐다. 바실리는 가는 길을 훤히 꿰고 있었고, 마주치는 물길의 이름을 하나하나 내게 알려주었다. 우리를 인도하던 물줄기는 마침내 찔끔찔끔 흐르는 실개울이 되었는데, 거기에는 이름도 없다고 했다. 골짜기 끝의 비탈을 타고 능선길에 올라서서 보니, 실개울은 툰드라의 널브러진 바위 밑으로 아예 흔적조차 없이 사라졌다.

우리 앞에는 발 아래로 광대한 골짜기가 새롭게 펼쳐져 있었다. 방금 올라온 골짜기를 그대로 뒤집어놓은 듯, 새로운 실개울이 이쪽과 정반대 방향으로 흘러내려 갔다. 능선길이 두 유역의 경계, 즉 분수령을 이루는 것을 알 수 있었다. 저 밑으로 찔끔찔끔 흘러내려 가는 물줄기는 또 다른 수계의 시작이었다. 우리는 다시 새 물길을 따라 내려갔다. 그 뒤로 며칠 동안 물길이 새 지류와 합쳐져 계속 커져가는 모습을 보며, 하나의 유역을 이루는 땅의 생김새가 직관적으로 이해되기 시작했다. 또한 이렇게 길도 없는 외진 산을 지나다니려면 바실리처럼 유역의 지형을 손바닥처럼 훤히 아는 사람이 꼭 필요하다는 것을 절감했다.

몇 주 뒤, 캄차카 북부의 차일리노 강변에 앉아 흐르는 물을 거슬러 올라가는 연어 떼를 바라보며 내 미래에 대한 여러 생각이 하나로 이어지고 합쳐졌다. 지구상에서 가장 외딴 곳이자 아름다운 곳에서 여행이 끝나가고 있었다. 언젠가 여행객이 아닌 의사로서, 그동안 후의와 환대를 베풀어준 주민들을 도울 수 있는 사람이 되어 다시 찾아오는 상상을 했다. 그 강가에서 나는 귀국하면 의대에 지원하기로 결심했다. 내 인생의 분수령이 된 순간이었다.

의대에 들어가 인체해부학을 배우면서 우리 몸 곳곳에도 유역이 있다는 것을 알게 되었다. 담즙은 간에서 미세한 관으로 배출되어 점점 더 큰 흐름으로 합쳐지고, 이것이 췌장에서 같은 식으로 배출된 소화효소의 흐름과 합쳐진 뒤에 소장으로 흘러들어 간다. 침샘과 젖샘의 배출도 비슷한 식으로 이루어진다. 나는 인체의 지형도와 체액의 물길을 모두 외웠다.

그중에서도 내 기억에 가장 강하게 각인된 것은 심혈관계의 지도로, 캄차카 여행에서 배운 것들을 떠올리게 했다. 우리가 비스트라야강을 따라 거슬러 올라갔던 길은 심장을 떠난 혈구 하나하나가 체내의 각 조직을 찾아가는 여정과 비슷했다. 심장에서 뿜어져 나온 혈액 한 방울 한 방울은 먼저 인체의 가장 큰 강인 대동맥으로 들어간다. 합류점에 도달할 때마다 동맥의 지류로 접어들면서 점점 더 작은 가지로 향하고, 체내의 목적지에 점점 가까워진다.

우리 몸의 가장 가는 혈관인 모세혈관을 공부할 때는 바실리와 함께 서서 구경했던, 능선 근처의 이름 없는 실개울이 떠올랐다. 우리 몸의 큰 혈관과 중간 크기의 혈관에는 모두 이름이 있지만, 몸의 깊숙한 오지에 흐르는 미세한 모세혈관은 아무리 상세한 의학 교과서에도 이름이 나오지 않는다.

영양을 세포에 직접 전달해주는 모세혈관은 우리 몸의 능선길인 셈이다. 동맥 유역을 흐르던 혈액은 대칭관계에 있는 정맥 유역으로 넘어가 귀환길에 오르는데, 그 전환점이 모세혈관이다. 실개울 같은 정맥혈이 서로 합쳐지면서 점점 더 큰 혈관을 이룬다. 팔뚝을 타고 올라가는 퍼런 정맥은 손의 근육, 뼈, 힘줄, 피부로 이루어진 유역에서 실개울들이 흘러나오며 합쳐지는 모습이다. 땅에 떨어지는 모든 빗방울이 결국 하천으로 흘러들듯, 신체의 모든 부위는 혈류가 흐르는 유역의 일부다. 인체의 가장 외떨어진 곳에서 흘러나오는 정맥혈 한 방울 한 방울도 결국 대정맥으로 흘러들어 간다.

우리 몸의 혈관도 지상의 물길처럼 유동적이어서 어디가 막히면 그 주위로 새로 생겨난다. 관상동맥질환이 생기면 심장 세포로 가는 혈류를 회복하기 위해 수년에 걸쳐 우회로가 새로 만들어지곤 한다. 산사태로 물줄기가 막히면 물이 결국 우회로를 찾는 것처럼, 우리 몸의 심혈관계도 새 혈로를 만들고 옛 혈로는 '우각호牛角湖'가 되어 퇴화한다.

나는 우리 몸속을 지나는 거의 모든 혈관의 이름, 경로, 분기점을 공부하면서, 바실리가 고향 산의 물길을 훤히 알았던 것처럼 숙지하려고 노력했다.

인체의 배관을 큰 틀에서 보면, 내과에서는 막힌 곳을 주로 치료하고 외상외과에서는 새는 곳을 주로 치료한다. 우리 몸을 비롯해 모든 배관계의 필수 요소는 압력이다. 누출, 즉 출혈이 발생하면 배관계 전체의 압력이 떨어져 사망에 이르기도 한다.

인체는 아파트와 비슷하다. 아파트는 마실 수 있는 깨끗한 물이 압력에 의해 세대 하나하나에 꾸준히 공급되어야 하고, 오직 중력에 의해 오수를 배출하는 설비도 갖춰져 있어야 한다. 그리고 수압이 충분히 높아서 세대의 모든 수도꼭지와 샤워기에서 물이 세게 나와야 한다. 마찬가지로 인체의 모든 세포에는 산소를 머금은 깨끗한 피가 꾸준히 공급되어야 하며, 동맥압은 충분히 높아서 펜트하우스에 위치한 뇌를 비롯해 몸 곳곳에 혈액을 보낼 수 있어야 한다. 그것이 바로 심장이 하는 일인데, 심장은 수축을 통해 혈액을 동맥으로 강하게 뿜어냄으로써 심혈관계 전체의 압력을 생성한다. 그러나 배관 파이프에서 혈액이 새면 심장은 임무를 수행할 수 없다.

치명적인 누출은 출혈성 위궤양이나 절단된 팔다리 등 신체의 모든 부위에서 발생할 수 있지만, 가장 보수하기 어려운 것은 심장 자체가 새는 경우다. 외상외과 의사가 환자의 심장에 난 총알구멍을 봉합하는 광경을 본 적이 있다. 청년의 몸은 가슴과 등에 난 구멍에서 흘러나오는 피로 범벅이 되어 있었고, 맥박이나 뚜렷한 심장 활동이 감지되지 않았다. 피부는 싸늘한 회색빛을 띠었다. 몸의 모든 수도꼭지가 수압이 떨어지면서, 피부에 발그레한 빛이 돌게 하는 혈류를 포함해 모든 혈류가 제대로 흐르지 못하고 있었다. 환자를 수술실로 옮길 시간이 없었기에 병상에서 바로 수술에 들어갔다.

집도의는 총알이 심장을 관통했을 것으로 보고, 재빨리 환자의 왼쪽 갈비뼈 두 개 사이를 긴 호 모양으로 절개하여 가슴을 열었다. 갈비뼈 사이를 벌려 가슴 속을 드러내니 심장이 보였다. 붉은 살덩어리 심장벽에 난 총알구멍에서 피가 줄줄 새어 나오고 있었다. 응급실에서 심장을 직접 보는 것은 드문 일이었다. 외과의사는 통제된 수술실 환경에서가 아니면 심장을 공기 중에 노출시키는 것을 꺼린다. 그러나 맥박이 감지되지 않았으니 심정지 상태처럼 몇 초가 시급했다. 환자의 가슴을 여는 것은 심장에 직접 손을 대어 누출을 차단하기 위한 최후의 수단이었다.

어시스턴트가 심장을 움직이지 않게 붙잡았고, 집도의는 피가 새는 구멍을 꿰맸다. 그런데 봉합을 마친 뒤에 심장 밑바닥을 살펴보니 처음 구멍보다 큰 구멍이 세 개 더 있었다. 정맥주사를 통해 긴급 수혈을 하고 있었지만 구멍에서 피가 계속 새어 나왔고, 환자의 몸은 마치 거름망처럼 별다른 저항력을 발휘하지 못했다. 심장 자체에서 피가 새면 심장이 아무리 강하게 뛰어도 충분한 혈압이 생성되지 않아 몸 곳곳에 혈액을 공급할 수 없다. 환자의 몸은 심혈관계의 기능을 상실한 상태였다.

환자의 심장이 소생 불가능하다고 판단한 의사는 수술을 포기했고, 환자에게는 그 순간 사망 선고가 내려졌다. 사냥꾼들은 심장을 직접 겨냥하는 것이 가장 효과적인 사살 방법이라는 사실을 잘 알고 있다. 작은 총알이 심장에 맞으면 아무리 큰 동물도 오래 버티지 못한다. 마찬가지로, 관상동맥에 생긴 조그만 혈전이 사람을 쓰러뜨릴 수 있다. 우리 몸의 배관계에 생긴 문제를 항상 고칠 수 있는 것은 아니다.

나는 인체에 관해 또 무슨 통찰을 얻을 수 있지 않을까 싶어서 배관공의 노하우를 배워보기로 했다. 리처드 블레이크슬리는 내가 근무했던 어느 병원의 시설 관리 책임자로, 병원의 배관계에 관해서라면 심장전문의와 외상외과의의 역할을 모두 맡고 있다. 그리고 의사와 똑같은 방식으로 문제를 해결한다.

어느 날, 한 병동에서 수돗물이 나오지 않는다는 전화를 받자마자 그는 무전으로 병원 내 다른 곳에 있는 직원들에게 다른 병동도 같은 상황인지 물어보았다. 그리고 내게 이유를 설명해주었다. 병원 전체에 수돗물이 동시에 끊겼다면 해법은 간단하다고 했다. 병원으로 들어오는 상수도에 문제가 있는 것이므로 관할 구청에 연락하면 된다.

그런데 병원 내의 다른 병동은 다 물이 잘 나온다고 직원들이 무전으로 알려주었다. 병원 전체적인 문제가 아니라 배관계의 한 구간에만 나타나는 국소적인 문제였다. 그는 병원의 모든 급수관에 대해 그 경로와 분기점, 연결된 유역이 어느 범위인지까지 속속들이 알고 있었다. 복잡하게 분기되고 뒤얽힌 배관도를 훤히 알고 있었기에 항상 어디가 막혔는지 추정할 수 있었다.

그는 밸브실로 가서, 머릿속에 들어 있는 배관도를 토대로 짐작되는 문제 지점으로 곧장 걸어갔다. 해당 병동으로 들어가는 파이프가 메인 급수관에서 분기되는 지점에서 문제의 원인을 찾아냈다. 밸브가 오작동하여 흐름을 제어하는 게이트가 닫히면서, 심근경색을 일으키는 혈전처럼 길목을 완전히 막아버린 것이었다. 밸브를 교체하자 심장 스텐트를 삽입한 것처럼 문제가 해결되었고, 병동에는 수돗물이 다시 공급되었다.

근무를 마친 어느 날, 리처드가 나를 데리고 계단 통로의 처음 보는 문 안으로 들어갔다. 밸브실이었다. 리드미컬하게 윙윙거리는 모터 소리가 요란한 가운데 리처드가 큰 목소리로 외치며 이곳저곳을 가리켰다. 때 묻은 흰색 파이프가 바닥에서 천장까지 온통 구불구불하게 이어져 있고, 커다란 빨간 휠을 돌려 여닫게 되어 있는 밸브가 곳곳에 달려 있었다. 내가 보고 있는 것은 병원의 심장이었다. 깨끗한 물을 병원 곳곳에 보내는 파이프가 사방으로 뻗어 있는 모습은, 심장 위에서 활 모양으로 굽어지며 교차하는 굵은 대동맥 혈관들을 연상케 했다.

건물 배관의 유역처럼 인체의 유역도 유기적으로 연결된 하나의 수계이므로, 나도 환자 몸속의 막힌 곳을 파악할 때 리처드와 똑같은 식으로 판단한다. 관상동맥의 한 혈관에 혈전이 생기면 그 혈관이 담당한 세포로 가는 혈류만 막히고 심장의 다른 부위에는 혈류가 계속 원활하게 공급된다. 그러나 상황을 정확히 파악하기는 쉽지 않다. 심장은 살과 뼈로 이루어진 불투명한 흉벽 뒤에 숨어 있으니 직원에게 무전으로 각 지점의 급수 상태를 물어볼 수도 없고, 밸브실에 들어가 육안으로 살펴볼 수도 없다. 그래서 유용한 것이 심전도다. 심전도를 통해 심장을 들여다보고 각 부위의 혈액 공급 상태를 알아볼 수 있다. 그리고 심전도를 해석하려면 유역에 관한 이해가 필요하다.

표준 심전도 장비의 12개 전극은 심장근육에 흐르는 전류를 기록하는데, 각 전극은 심장의 각기 다른 부위에 대응된다. 심장 조직으로 가는 혈류가 멈추면 그로 인한 전기적 교란이 심전도 그래프에 나타나는데, 이때 문제가 전체적으로 일어나는지 국소적으로 일어나는지를 확인하는 것이 중요하다. 가슴통증 환자의 심전도를 볼 때 내가 맨 먼저 확인하는 사항은 리처드와 똑같다. 교란이 지역적 패턴을 보이느냐 하는 것이다.

심전도 그래프에 담긴 메시지가 재러드의 경우처럼 늘 간단명료하지는 않다. 심전도의 미묘한 신호를 해석하기 위해 나는 의대에서 외웠던 관상동맥의 구조도를 떠올린다. 심장의 각 부위는 관상동맥의 어느 한 혈관에서 혈액을 공급받는다. 심전도에 나타난 전기적 교란이 심장의 동일 부위에 대응되는 전극에 집중되어 있다면 우려스러운 상황이다. 한 유역에만 국한된 국소적 문제라면, 가슴통증의 원인은 경미한 질환이 아니라 심근경색일 가능성이 높다.

배관 문제를 해결하는 리처드처럼, 산을 넘나드는 바실리와 올가처럼, 의사는 지형과 지류를 훤히 알고 있어야 한다. 카테터를 삽입하는 심장전문의도 비슷한 기술을 구사한다. 카테터를 관상동맥으로 밀어 넣어 심근경색을 일으킨 혈전을 찾아갈 때, 분기점에 이를 때마다 적절한 길을 택하면서 점점 더 작은 혈관으로 접어들다가 드디어 조영제가 멈춘 지점에 도달한다. 까다로운 배관 문제를 해결하고, 치명적인 질환을 치료하고, 오지의 험한 산을 지나다니려면 배관공, 의사, 산행자는 하나의 물길에서 한 발짝 물러나 흐름이 맞물리고 갈라지는 큰 그림을 봐야 한다. 유역을 손바닥처럼 알고 있어야 한다.

∽

재러드와 대화한 뒤로 나는 여러 환자의 심근경색을 진단했고, 일련의 과정을 주저 없이 진행시키는 데 익숙해졌다. 다년간 검사를 했더니 이제 심전도를 해석할 때는 수없이 누볐던 익숙한 지형을 지나가는 기분이다.

우리 몸의 혈류가 땅의 물길이나 건물의 하수관과 궁극적으로 크게 다른 점이 하나 있다. 땅에 흐르는 물은 큰 강물로 합쳐지고 마침내 바다로 흘러들어가 여정을 마무리한다. 마찬가지로 건물의 배관계에서 나오는 하수는 큰 파이프로 모여들어 결국 하수처리장이라는 종착점에 닿는다.

그러나 혈액은 다르다. 혈액은 심장에서 시작하여 무한히 갈라지는 혈관을 따라 흐르면서 모든 세포를 만난 후 다시 합쳐지고, 결국 여정의 유일한 시작점이면서 종착점이자 우리 몸의 진정한 중심인 심장으로 되돌아온다.

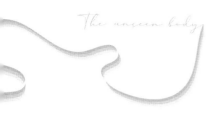

대변
감춰진 뒷면의 이야기

의사 교육을 받으며 배운 각종 검사 중에서 가장 부담스러웠던 것은 직장검사였다. 검사하는 모습을 본 적이 있는데, 의사에게는 기술적으로 어렵지 않고 환자에게는 약간 불편한 정도의 검사 같았다. 그러나 나는 검사 행위 자체도 그렇지만 환자에게 그 이야기를 꺼내는 것이 특히 두려웠다. 이 통과의례를 두고 학우들과 농담을 종종 했는데, 다들 내키지 않아 했다.

언젠가 해야 할 검사라는 것을 알고 있었지만, 내 통과의례의 날은 예상보다 일찍 찾아왔다. 의대 3학년 때 내과 로테이션을 하면서 병동에서 근무하던 중이었다. 전날 밤 어느 노년 여성이 가슴통증이 사라지지 않아 응급실에 왔는데, 1차 검사 결과 심근경색 여부가 명확하지 않아서 추가 모니터링과 검사를 위해 입원실로 옮겨졌다. 아침에 내가 검사 결과를 확인하면서 보니 헤모글로빈 수치가 10에서 8로 떨어져 있었다. 심한 급성빈혈이니 즉시 조치해야 하는 상황이다. 그달에 내 일을 감독하던 레지던트에게 보고하자 한숨을 내쉬었다. 그러잖아도 바쁜 아침에 일이 하나 더 늘어난 것이다.

"위장관출혈일 수도 있어." 식도, 위, 장 등 위장관의 어딘가에서 일어난 출혈로 헤모글로빈 수치가 떨어졌을 가능성이 있다는 말이었다.

"직장검사 해봐. 결과 나오면 알려주고." 레지던트는 무뚝뚝하게 말하고는 다시 컴퓨터 화면을 보며 타이핑을 했다. 드디어 올게 왔다.

병실 문을 살살 노크하고 들어갔다. 환자는 피곤한 눈을 하고 흰머리가 부스스한 채 누워 있었다. 문득 환자가 불쌍했다. 심근경색이나 위장관출혈일 수도 있는 데다가, 직장검사를 처음 해보는 나에게 검사받는 것으로 하루를 시작하게 되었으니. 병실의 다른 침대는 비어 있었다. 허둥지둥하면서 환자와 서로 창피해하는 모습을 볼 사람이 없어서 다행이었다.

"헤모글로빈 수치가 어제보다 오늘 더 떨어졌어요. 장에서 출혈이 있는지 알아봐야 할 것 같습니다. 제가 검사를 좀, 그러니까⋯." 나는 말을 잇지 못했다. 그다음으로 떠오른 단어들(항문, 직장, 대변, 똥)이 하나같이 우스꽝스럽게 느껴져서, 오늘 처음 보는 점잖은 할머니 앞에서 도저히 입 밖에 내기 어려웠다. 나는 손에 들고 있던 의료용 윤활제 박스를 내려다보다가 마침내 불쑥 말했다. "직장검사를 해야겠어요."

나는 환자가 거부하거나 최소한 거세게 항의할 게 틀림없다고 생각했다.

"해야 되면 해야죠." 환자는 약간 언짢은 목소리로 대답했다. 그리고 내가 아무 요청도 하지 않았는데 옆으로 돌아누웠다. 아마 처음이 아닌 듯했다.

"자, 팬티 벗으시고요." 순간 내가 한 말이 너무 바보 같아서 머리를 쥐어뜯고 싶었다. 환자가 속옷을 내리는 것을 힘들어해서 내가 도와주었다. "무릎을 가슴 쪽으로 올려주세요." 작업 각도를 최적화하기 위해 요청했다. 침상 아래 바닥에 무릎을 꿇고 장갑을 낀 다음 흰 가운의 주머니에서 작은 종이 카드를 꺼냈다. 내가 할 일은 환자의 항문에 손가락을 넣어 대변 덩어리를 꺼낸 다음 카드에 떨구어 피가 섞여 있는지 확인하는 것이었다.

항문의 구조는 잘 알고 있었다. 쪼글쪼글한 출구 안쪽으로 여러 겹의 괄약근이 있고, 그 끝에 주름 잡힌 내벽이 있다. 그 너머로 손가락을 집어넣으면 대변이 들어 있는 직장에 도달한다. 그런데 환자의 연약한 엉덩이 한쪽을 들어 올리니, 항문이 있어야 할 자리에 항문 대신 살색의 혹이 무더기로 모여 있었다. 그 후로 지금까지도 그렇게 심한 치질은 본 적이 없다. 끈적끈적한 윤활제를 묻힌 손가락 끝으로 치질 덩어리를 헤집다가 입구를 찾으니 손가락이 쑥 들어갔다. 의외로 휑뎅그렁한 직장 속에서 굳기가 점토 정도인 물질이 느껴졌고, 손가락을 빼자 새까만 타르 같은 변이 묻어 나왔다.

갑자기 흥분이 밀려왔다. 흑색변이 틀림없었다. 검은색 대변은 상부 위장관, 그중에서도 보통 위에 출혈이 있다는 신호다. 그 전해에 흑색변에 관한 사지선다형 문제를 많이 풀긴 했지만 눈으로 직접 본 것은 처음이었다. 생각했던 것보다 끈적끈적했다. 변을 카드에 묻히고 가운 주머니에서 조그만 병을 꺼내 투명한 액체를 몇 방울 떨어뜨렸더니, 변이 파란색으로 변했다. 레지던트 말대로 위장관출혈이 분명했다.

오물이 어디에도 묻지 않게끔 장갑을 조심스레 벗으면서 환자에게 검사 소견과 염려되는 점을 서둘러 설명했다. 손을 비누로 씻고, 긴장된 목소리로 무엇이 고마운지 고맙다는 인사를 건넨 뒤 병실을 급히 빠져나왔다.

레지던트에게 검사 소견을 보고하자, 레지던트는 환자에게 강력한 제산제를 정맥투여하고, 6시간마다 헤모글로빈 수치를 재확인하고, 소화기내과 팀과 협의하고, 출혈이 계속되어 긴급 수혈이 필요할 경우에 대비해 혈액형 검사를 하라고 지시했다. 이튿날, 소화기내과 전문의는 환자의 입으로 내시경을 삽입하고 식도를 통해 내려보내 위를 들여다보았다. 나중에 내게 결과를 전해주었는데, 출혈성 위궤양이 발견되었고 내시경을 이용해 궤양 부위에 클립을 물려 지혈했다고 했다. 한편 심장 검사 결과는 모두 정상으로 나왔으며, 환자의 가슴통증은 심근경색이 아닌 위궤양이 원인이었던 것으로 추정됐다. 헤모글로빈 수치가 더는 떨어지지 않았고, 환자는 안정된 상태로 퇴원했다.

나는 이 환자의 사례를 통해 의료 행위에서 대변이 차지하는 중요성에 눈을 떴다. 배설물은 환자 몸속의 보이지 않는 장기에 관해 중요한 정보를 제공하여 임상 현장에서 진단과 치료 방향을 결정하는 데 큰 도움이 될 수 있다. 일단 첫걸음을 떼고 나니 다음 직장 검사도 할 만하다는 생각이 들었다.

환자들과 대변을 주제로 대화할 일이 없던 의대 첫 2년 동안은 대변을 해부학적·생리학적 관점에서 배웠다. 배아기에 만들어진 관 모양 구조에서 비롯된, 입에서 항문까지 이어지는 위장관을 공부했다. 소화관이라고도 하는 위장관의 양쪽 끝에는 인체의 두 극점이 위치하며, 그 둘을 잇는 위장관을 축으로 우리 삶이 돌아간다. 우리가 섭취한 음식물은 입으로 들어가 위를 거쳐 소장으로 이동한 다음 대장을 통과한다. 우리 몸은 필요한 영양소만 흡수하고 나머지는 연동운동을 통해 계속 밑으로 흘려보낸다.

이 과정에서 음식물은 적혈구 분해의 부산물로 인해 특유의 갈색을 띠면서 대변으로 변하고, 종착점에서 다시 바깥 세계로 돌아간다. 맛과 향이 좋은 영양분이 신체의 건강한 앞면인 얼굴을 통해 몸속으로 들어간 후, 냄새나는 배설물로 변해 부끄럽고 감춰진 뒷면을 통해 몸 밖으로 배출된다.

위생의 기본 원칙은 몸의 두 극점이 절대 만나서는 안 되며, 대변과 음식은 항상 분리되어야 한다고 말한다. 사람의 대변은 세균과 그 밖의 감염성 미생물이 득실거리는 전염원이며, 각종 감염병을 사람에게서 사람으로 옮기는 매개체다. 대변은 불쾌하고 싫은 것의 전형이고, 대변을 배출하는 구멍인 항문은 인간의 몸에서 가장 불경스러운 부위로 여겨진다.

그런데 해부학과 생리학 교과서로 대변을 공부하는 것만으로는 대비할 수 없는 업무가 있었으니, 그것은 알고 보면 내 직무의 큰 부분을 차지하는, 모르는 사람에게 변 이야기를 꺼내는 일이었다. 배변은 역겨움을 유발하고 감염 위험이 따를 뿐 아니라, 우리 몸의 가장 개인적인 활동 중 하나이기도 하다. 그러나 의사와 환자가 일대일로 대화할 때는 사회적으로 부적절한 대화 주제도 심층적인 탐색을 위해 꼭 필요한 주제가 된다. 환자의 건강을 위해서라면 대변을 둘러싼 사회적 통념은 검사실 문 밖에 버리고 들어가야 한다.

일을 해보니 역겨움과 어색함은 금방 쉽게 극복할 수 있었다. 첫 직장검사를 한 지 몇 주 만에 몇 번을 더 했고, 수십 명의 환자와 대변 문제를 놓고 자세한 이야기를 나눴다. 이제 시선을 돌리지 않고 이야기를 꺼낼 수 있게 되었고, 윤활제와 카드, 환자의 엉덩이를 동시에 다루는 손놀림도 퍽 능숙해졌다. 검사를 마친 후 장갑을 벗는 요령도 생겨서, 한쪽을 뒤집어 벗는 동시에 다른 쪽을 감싸면서 말끔하게 한 번의 동작으로 쓰레기통에 버릴 수 있게 됐다. 머릿속에서 대변의 사회적 의미가 의학적 의미에 묻히면서 변 이야기를 하는 것이 나는 점점 편해졌지만, 환자들은 그렇지 않았다. 내가 거침없이 질문을 던지고 태연하게 직장검사를 거론하면 환자는 뺨이 붉어지고 눈이 휘둥그레진 적이 한두 번이 아니었다.

환자의 배변 습관에 대한 나의 거침없는 질문은 주로 변의 색깔, 빈도, 굳기, 더 나아가 냄새 등 대변의 다양한 특성에 관한 것이었다. 모든 대변은 냄새가 독하다고 생각하는 사람이 많지만, 각종 장질환을 진료하면서 건강한 사람의 일반적인 변보다 훨씬 고약한 냄새를 많이 맡아봤다. 장이 편모충에 감염되면 대변에서 독특한 유황 냄새가 난다. 크론병이나 복강병에 걸리면 장이 음식물에서 지방을 흡수하지 못해 변이 기름기가 많아지면서 변기 물 위에 뜨고 물을 내려도 잘 내려가지 않는다. 변에서 상한 버터 냄새가 나기도 한다.

변의 굳기와 빈도는 까다로운 문제였다. 변비와 설사는 경계가 명확지 않아서 사람마다 의미가 다르다. 같은 변을 놓고 부드럽고 횟수가 잦다고 하는 사람도 있고, 단단하고 횟수가 적다고 하는 사람도 있으며, 정상과 비정상을 가르는 일관된 기준이 없다. 격일로 대변을 보면서 변비라고 호소하는 환자도 있고, 그 정도는 정상이라고 생각하는 사람도 있다. 환자에게 단순히 변비냐고 묻는 것은 임상의학을 통틀어 가장 쓸모없는 질문이라고 할 수 있다. 나는 확실하게 파악하기 위해 변을 볼 때 힘을 주는 정도와 변의 형태 등을 세세히 캐물어야 했고, 때로는 소프트아이스크림 같은 음식의 굳기와 비교해 묻기도 했다.

　설사도 마찬가지다. 의사 수련 초기에 무척 존경하던 선배 의사가 명쾌한 조언을 해주었다. "환자가 설사인지 확실히 알려면 '엉덩이로 오줌 누시느냐'고 물어봐." 그 표현은 내 단골 멘트가 됐고, 실제로 설사하는 환자는 그 말을 들으면 거의 예외 없이 웃음을 터뜨리며 수긍했다.

　내과 로테이션을 시작한 지 몇 주가 지난 어느 날 아침에 회진을 마무리하는데, 어느 병실에서 고함이 들려왔다. 병실 문 앞으로 가서 들여다보니 밝은 노란색 가운을 입은 간호사가 연로한 남성 환자의 침대 곁에 서 있었다. 간호사는 한 손으로는 환자의 옆구리를 받쳐 들고 다른 한 손으로는 더러워진 침구를 닦느라 진땀을 빼고 있었다. 환자는 불편한 듯 고함을 질러댔다. 우리 팀에서 담당하는 환자가 아니었지만, 의욕 넘치는 풋내기 의학도였던 나는 병실에 들어가 돕겠다고 자청했다. 간호사는 내게 고맙다는 말을 연신 반복했다.

환자는 극심한 설사를 앓고 있었다. 클로스트리듐 디피실레(약칭 C. 디피실레)라는 세균에 의한 감염병이었다. C. 디피실레에 관해서는 수업 시간에 배워서, 심각한 급성 감염병이며 치료에 내성을 보일 수 있다는 것을 알고 있었다. 엄청난 감염력으로 악명이 높아 병동 전체를 광풍처럼 휩쓸기도 하며 심하면 대장을 통째로 절제하는 것밖에 치료법이 없는 경우도 있다. 간호사가 근무복 위에 입은 노란색 가운은 병원 방침에 따른 것으로, 감염력이 최고 수준인 질병의 환자를 돌볼 때만 추가로 착용하는 보호 장구였다. C. 디피실레 환자를 실제로 본 것은 처음이었는데, 냄새가 그야말로 엄청났다. 돕겠다고 나선 것이 큰 실수였음을 바로 깨달았다.

나도 똑같은 노란색 가운과 장갑을 착용하고 간호사 맞은편에 자리를 잡았다. 한 손은 환자의 어깨를 잡고 한 손은 고관절 부근을 잡아 모로 누운 자세를 유지시켰고, 그동안 간호사는 양손으로 환자 몸과 침구를 닦았다. 환자는 계속 신음 소리를 냈으며, 걷잡을 수 없는 설사에 지친 듯 몸이 축 처지고 기운이 없었다. 침구와 환자 몸을 적신 암갈색 물변에서 지독한 냄새가 코를 찔렀고, 나는 고개를 옆으로 돌린 채 나도 모르게 얼굴을 잔뜩 찌푸렸다. 사람 몸에서 아무리 고약한 냄새가 나더라도 프로다운 태도를 유지해야 한다는 교훈을 톡톡히 깨닫는 시간이었다.

간호사는 환자의 몸을 닦고 침대 시트를 갈면서 하소연을 했다. 담당 의사가 왜 직장 튜브 사용을 지시하지 않았는지 모르겠다는 것이었다. 직장 튜브는 직장에 삽입, 고정하여 환자의 배설물을 수집 백에 깔끔히 모으는 장치다. 그것만 달면 이렇게 계속 닦아줄 필요도 없는데, 한 사람이 하기엔 벅찬 일이라고 했다. 나는 담당 레지던트에게 건의해보겠다는 말을 우물거렸다.

간호사가 한참 닦다 말고 나를 올려다보았다. "정말 고마운 분이시네요!" 간호사가 탄성을 지르고는 하던 일을 계속하는데, 얼굴은 미소를 머금고 있었다. 간호사는 짧은 갈색 머리에 분홍색으로 하이라이트 염색을 한 중년 여성이었다. 나는 고약한 냄새에 숨을 참으며 간호사가 일을 빨리 끝내기만 기다렸다.

간호사가 깨끗한 새 기저귀를 펴면서 불쑥 물었다. "퇴근 후에 뭐 하세요?" 양손으로 여전히 환자를 붙든 채 바라보니 말없이 새침한 미소만 짓고 있다. 설마 데이트 신청인지 믿기지 않아 잠시 멍하니 쳐다보았다. 간호사가 씩 웃으며 말했다. "시간 되시면 식사나 같이 할까 해서요." 뺨이 화끈 달아올랐고, 환자가 이 황당한 대화를 듣고 있으면 어쩌나 하는 생각밖에 들지 않았다.

나는 처음 겪는 일이었지만, 숙련된 의료 종사자인 그 간호사에게는 아무리 심한 악취를 풍기는 변도 일상적인 임상 현장이었을 뿐이다. 자기 생각에는 회사 휴게실에서 커피 마시며 잡담하다가 데이트를 신청한 것과 다를 바 없었을 것이다. 그때 나는 싱글이 아니어서 거절했지만, C. 디피실레 설사의 냄새도 분위기를 띄우는 데 도움이 되지 않았다.

ↈ

　이듬해에는 의대 3학년을 마치고 4학년이 되기 전에 해외임상실습 선택과목을 개별적으로 수행하기 위해 인도로 떠났다. 내가 떠난 이유는 대다수 미국 의대생들과 다르지 않았다. 다른 문화권의 의료 현장을 경험할 기회이기도 했고, 해외여행을 갈 구실이기도 했다.

　나는 뭄바이의 큰 공립병원에서 일했는데, 병동은 붐비고 복도는 가난한 환자와 가족들로 발 디딜 틈이 없었다. 내가 있던 뉴저지의 의대 부속병원과는 사뭇 다른 풍경이었다. 결핵, 장티푸스, 류머티스성 심장병, 나병, 소아마비 등 미국에서는 의사가 평생 한 번도 보기 어려운 질병을 앓는 환자들을 검진하면서 병리학 교과서 속의 내용이 눈앞에 현실로 펼쳐지는 것을 목격했다.

　그러나 인체와 의료를 바라보는 내 시각이 가장 크게 바뀐 계기는 설사를 앓은 일이었다. 인도를 찾은 서양인 여행자에게 전염성 설사는 늘 위협적인 질환이다. 많은 방문객이 설사를 하게 되고,

장기간 체류하는 경우에는 여러 차례 앓기도 한다. '델리 벨리Delhi belly'라고도 하는 인도 여행자의 설사는 어찌나 흔한지, 설사 이야기가 민망하다는 생각조차 잊게 된다. 인도에서 지내는 서양인들끼리는 대변이 날씨만큼이나 일상적인 대화 주제가 되곤 했다. 아예 상태를 날씨에 빗대기도 했다. 양호한 변은 맑음, 무른 변은 약간 흐림, 더부룩함은 잔뜩 흐림이고, 거기서 더 잘못되면 천둥을 동반한 폭우('엉덩이로 오줌 누는' 현상에 해당하는 날씨)라고 하는 식이다. 배변에 관한 온갖 지저분한 이야기를 거침없이 터놓고 하는 두 집단이 있으니, 바로 인도의 서양인 여행자와 의료 종사자다. 나는 둘 다에 속했다.

인도에 간 후 처음 3주 동안은 장 건강을 철저히 사수했다. 양치질은 생수로만 했고, 샤워할 때는 입에 물이 들어가지 않게 각별히 주의했으며, 식사는 지나치게 청결한 외국인용 레스토랑에서만 했다. 길거리 노점의 음식 냄새는 너무나 유혹적이었고, 남자 기숙사에서 함께 생활하는 인도 의대생들이 파니푸리, 파니르 티카 마살라, 비리야니를 맛있게 먹는 모습을 부러운 눈으로 지켜보았다.

마침내 나는 무슨 근거에서인지 내 장이 인도에 적응했다고 결론짓고는 어느 식당에서 테이블 위의 금속 컵에 담긴 수돗물을 마셨다. 그리하여 인도 음식의 매운맛을 섭취 과정에서뿐만 아니라 배출 과정에서도 제대로 느끼게 되었다.

내 위장의 튼튼함을 과신한 이튿날, 날씨는 후텁지근한데 몸이 오들오들 떨렸다. 아침부터 배 속이 불길하게 꾸르륵거리더니 점심 무렵이 되자 설사가 맹렬히 쏟아졌다. 기숙사 화장실에 유일하게 설치된 변기는 바닥에 세라믹 재질의 구멍을 뚫어놓은 형태였다. 어색하게 쪼그려 앉아 있는데 몸이 사시나무처럼 떨려서, 조금이나마 온기를 느끼려고 무릎을 꽉 껴안았다. 환자들에게 오한 증상이 있냐고 수백 번은 물어봤지만 내가 직접 오한을 겪어본 것은 그때가 처음이었다.

인도 사람들에게는 너무나 자연스러운 듯한 쪼그려 앉는 자세가 나는 쉽지 않았다. 구부린 무릎의 인대가 터질 듯 팽팽해졌고, 발꿈치를 바닥에 붙이려고 용을 쓰자 허벅지가 타는 듯 화끈거렸다. 평소에도 균형을 잡으려면 안간힘을 써야 했는데, 탈수되어 기진맥진한 상태였으니 한층 더 힘들었다.

어둑해지는 뭄바이의 저녁 하늘에 큰 박쥐와 솔개가 뒤섞여 날아다닐 때까지 화장실에 들락거려야 했다. 그나마 다행인 점은 대변에서 심각한 세균이나 아메바 감염의 징후일 수 있는 피나 점액이 보이지 않았다는 것이다. 뻐근한 다리를 펴며 기숙사 주변 거리를 걷다가 또다시 갑작스러운 신호가 찾아와 그날 여섯 번째로 화장실에 달려갔다. 몸도 탈진했지만 항문도 지쳐 있었다. 전문 매장에서 특별히 부드러운 화장지를 사서 썼는데도 뒤가 쓰라리고 피가 나서 더는 닦을 엄두가 나지 않았다. 괴로워하다가 그때까지는 꿈에도 생각해보지 않았던 방법이 문득 떠올랐다. 인도식 뒤처리 방법이었다.

내가 인도 사람들의 일반적인 뒤처리 방법을 정확히 알게 된 것은 뭄바이에 온 첫날이었다. 기숙사 시설을 안내받던 중 화장실에 아무리 봐도 휴지가 없기에 물어봤더니 KK라는 별명으로 불리던 인도인 의대생이 자세히 알려주었다. 남부 케랄라주 출신으로 동그란 존 레넌 안경을 쓴 그가 설명하기를, 인도 사람은 오른손으로 항문 부위에 직접 물줄기를 흘리면서 왼손 손가락으로 항문을 문질러 닦는다고 했다. 물로 씻는다는 점에서는 비데와 비슷한데, 우리 몸의 가장 불경한 부위를 손으로 직접 닦는 수동식이었다. 위생면에서 우려는 없는지 물었더니 인도 사람들은 세정 후에 손을 비누로 씻는다고 KK가 설명해주었다.

그리고 "왼손으로는 절대 악수하거나 음식을 먹지 말라"고 내게 당부했다. 변에 관한 대화를 스스럼없이 하고 직장검사도 익숙한 나였지만, 손으로 뒤처리를 한다는 것은 너무 파격적인 듯했다. 화장지 없이는 기숙사 방 밖으로 나가지 않으리라 다짐했다.

그러나 한 달 가까이 지난 그때, 나는 설사와 화장지의 아픔에 지칠 대로 지쳐 있었다. 인도식으로 닦아보기로 결심했다. 화장실 한 귀퉁이 벽에는 발목 높이에 작은 수도꼭지가 달려 있고, 그 밑에는 주둥이가 뾰족한 작은 플라스틱 물통이 놓여 있었다. 수도꼭지를 틀어 물통에 물을 채웠다. 오른손에 물통을 들고 등 뒤로 가져가 천천히 기울였다. 부어져 나오는 물이 허리를 타고 의도한 지점으로 흘러내렸고, 내 왼손은 해야 할 일을 부지런히 했다.

그 순간 바로 깨달았다. 시원한 물줄기를 졸졸 부어주니 까슬한 마른 휴지로 문질러대는 것보다 훨씬 느낌이 좋았다. 일은 금방 끝났다. 깨끗해질 때까지 닦고 또 닦을 필요가 없었다. 일을 치른 후에 비누와 물로 손을 깨끗이 씻으니 다른 사람에게 병을 옮길 염려도 없었다.

미국에서는 화장지를 사용하는데도 장 감염이 쉽게 퍼지는 이유를 생각해봤는데, 화장지는 손을 미생물에서 보호하는 효과는 거의 없고 항문과 심리적 거리를 두는 기능만 할 뿐이라는 결론에 이르렀다. 그날 밤 일곱 번째, 여덟 번째로 화장실에 갔을 때도 물을 사용했고 내 조준 실력은 더 좋아졌다. 이걸 왜 몰랐지 싶을 만큼 빠르고 확실하며 부드러운 방법이었다. 수치심과 망설임은 눈 녹듯 사라졌다.

설사는 드디어 잦아들었지만, 나는 인도식 뒤처리 방법을 계속 썼다. 손을 바라보는 인도인의 관점이 무의식 속에 자리 잡으면서 내 몸에 대한 인식도 서서히 바뀌었다. 내가 왼손과 오른손을 언제 어떻게 쓰는지 차츰 예민하게 의식하게 됐으며, 두 손이 절대 서로 만나서는 안 될 신체의 양극처럼 느껴졌다.

장 감염은 세계적으로 가장 흔한 인체의 질병에 속한다. 설사가 미생물의 전파와 인체 감염 전략으로 탁월하다는 것이 한 가지 이유다. 결핵균이나 코로나바이러스가 폐를 간지럽혀 기침을 일으킴으로써 공기 중에 퍼지고 매독이나 임질 같은 성병이 인간의 성관계 욕구에 편승하는 것처럼, 장 감염은 대변을 묽고 양이 많게 만듦으로써 상수도에 섞여들거나 사람의 손을 통해 다른 사람에게 퍼진다.

미국의 의대에서 소아과 로테이션을 하면서 설사와 탈수증을 앓는 아이들을 많이 진료했다. 하루나 이틀쯤 수액주사를 맞히다가 스스로 물을 마시고 몸의 수분을 유지할 수 있게 되면 퇴원시켰다. 설사는 모든 병을 통틀어 가장 평범한 병에 들었다.

그런데 인도에서는 설사로 인한 탈수로 해마다 약 30만 명의 아동이 사망한다는 사실을 알고 크게 놀랐다. 깨끗한 물, 간단한 경구 수액, 비누로 손 씻기라는 조건만 충족되어도 상당 부분 막을 수 있는 비극이다. 뭄바이의 병원에 설사로 입원해 내가 진료한 아이들은 행운아들이었다. 너무 늦지 않게 병원에 왔고, 아이의 가족은 내가 당연시하는 수액주사를 감당할 여력이 있었다. 20세기의 의학 발달로 예방과 치료에 혁신이 일어나면서 세계 많은 지역 사람들의 건강과 삶이 획기적으로 향상되었지만, 설사라는 병의 세계적 현실을 보면 그 혜택이 아직도 대다수 인류에게는 미치지 못했다는 점을 알 수 있다.

나는 왼손과 오른손을 구분하는 인도인의 관점이 그 같은 감염병의 확산을 막는 수단이자 생물학적 필요성에 문화적으로 대응하는 하나의 방식임을 알게 되었다. 그 같은 감염병에 걸리는 경로는 결국 한 가지뿐이다. 병원성 미생물이 가득한 타인의 대변을 실수로 섭취하는 것이다. 인간의 두 손은 해부학적으로 대칭을 이루지만, 인도의 전통적 관점에서는 설사의 확산을 손쉽게 줄이는 수단으로서 극히 비대칭적인 존재가 된다. 그러나 왼손을 터부시하는 것도 확산 방지에 대단한 효과는 없고, 화장지 사용도 마찬가지다.

볼일 보는 방식과 뒤처리 방식은 문화적 여건에 따라서도 다르지만 사회경제적 여건에 따라서도 다를 수 있다. 인도에서 지내는 동안 용변 방식을 둘러싼 계급적 차이를 뚜렷이 확인할 수 있었다. 처음에는 모든 인도인의 용변 습관이 같을 줄 알았는데, 나중에 KK를 비롯한 몇몇 인도 학생은 쪼그려 앉지 못한다는 사실을 알았다. 부유한 인도인들은 쪼그려 앉는 변기가 아닌 '양변기'를 어릴 때부터 썼기 때문이다. KK는 발목과 무릎이 굽혀지지 않았고, 심지어 나보다도 몸이 뻣뻣해서 발꿈치를 든 채로 균형을 잡아야 했다. 쪼그려 앉지 못한다는 것은 지위와 교육 수준을 나타내는 지표였다. 용변 볼 때 취하는 자세에 성장 환경, 문화, 사회경제적 조건이 복합적으로 반영되는 것이다.

화장지를 여유롭게 쓰는 호사를 누리는 사람은 세계 인구의 극히 일부에 불과하다. 세계 인구의 상당수가 용변 후 뒤처리를 인도식으로 하며, 지역에 따라서는 물을 쓰는 것조차 사치로 여긴다. 동료 의사 중에 탄자니아 시골에서 자란 사람이 있는데, 어렸을 때 물로 몸을 닦는다는 건 상상조차 할 수 없었다고 했다.

"저 사람 완전히 돌았다고 했을 것"이라며 그는 낄낄 웃었다. 자기 마을에서는 수풀 속에 들어가 대변을 봤고, 볼일을 보고 나면 나뭇잎이나 돌멩이 또는 "뭐든 손에 잡히는 것"을 가지고 뒤처리를 했다고.

설사 겪은 일을 계기로 내가 놓인 사회경제적 배변 여건의 고마움을 깨달았지만, 동시에 내 의료 활동에도 영향을 받았다. 지금은 변비나 그로 인한 치질, 치열 등이 있는 환자에게 경우에 따라 쪼그려 앉아 용변 보는 자세를 권장한다. 쪼그려 앉으면 우리 몸의 구조상 배변할 때 힘을 덜 줘도 된다. 무릎을 직각보다 약간 더 구부리기만 해도 변이 쉽게 나오는 데 도움이 될 수 있다. 그런 환자에게는 또 위생을 개선하고 자극을 줄이기 위해 물로 세척하라고 한다. 미국에는 비데가 흔하지 않기 때문에 손으로 짜서 분사하는 플라스틱 용기를 사용하라고 권한다. 인도에 처음 갔을 무렵 내가 품고 있던 관념을 돌이켜볼 때, 손을 쓰라고 하면 환자들이 꺼릴 것 같다. 이야기를 꺼내기가 민망한 측면도 있다.

인도 여행에서 얻은 수확이 또 하나 있다면 화장지가 동나는 사태를 걱정할 필요가 없어졌다는 것이다. 2020년 코로나바이러스 팬데믹으로 유례없는 화장지 품귀 현상이 벌어졌을 때, 내게는 언제나 쓸 수 있는 예비 수단이 있었다. 게다가 여러모로 더 나은 방법이었다.

❧

인도에 다녀오고 몇 년 뒤, 매사추세츠 종합병원에서 입원전담의로 일할 때였다. 환자 중 C. 디피실레에 걸려 지옥 같은 나날을 보내던 폴이라는 사람이 있었다. 머리에 분홍색 하이라이트 염색을 했던 간호사가 태연히 데이트 신청 구실로 삼았던 그 고약한 감염병이었다. 폴은 통상적인 항생제 치료가 이미 세 번이나 실패해서 이제 달리 손써볼 방법이 없었다. 얼굴은 수척하고 눈은 푹 꺼진 초췌한 모습으로 탈수 상태가 되어 입원했다.

치료 방향을 병원의 감염병 전문의인 리비 호먼 선생과 상의했다. 선생이 폴과 같은 환자를 위해 실험적 치료법을 개발 중이라는 것을 들어서 알고 있었다. 호먼 선생은 전화로 내게 항생제를 모두 끊으라고 권했다. 내가 알기로 항생제를 쓰지 않으면 다음 수순은 대장 절제밖에 없었다. 선생은 항생제가 환자 몸에서 깨끗이 빠져나간 게 확실해지면 새 치료법을 갖고 오겠다고 했다.

이틀 뒤에 다른 환자의 병실을 나오면서 보니, 샌들을 신고 체구가 작은 중년 여성이 같은 복도에 있는 폴의 병실 앞에 서 있었다.

"라이스먼 선생이세요?" 내가 고개를 끄덕이자 두 손에 든 스티로폼 박스를 들어 보인다. "이거예요." 분과 전문의가 환자의 병실로 약을 직접 가져오는 것은 처음 보는 광경이었는데, 그만큼 각별히 귀한 치료제인 것 같았다. 나는 호먼 선생을 따라 폴의 병실로 들어갔고, 선생은 침대 옆에 서서 박스 뚜껑을 열었다. 평범한 주황색 반투명 약병 하나가 드라이아이스 위에 놓여 있었다. 약병에 든 캡슐 하나하나의 내용물은, 다름 아닌 사람의 대변이었다.

'분변 미생물군 이식fecal microbiota transplant', 약칭 FMT라고 하는 이 신종 치료법은 인체 구석구석에 서식하는 미생물의 총체('마이크로바이옴microbiome')를 바라보는 완전히 새로운 관점을 반영한다. 우리 몸속의 미생물 생태계는 건강 유지에 필수적인 역할을 하는데, 감염 치료에 쓰이는 항생제는 질병의 원인균을 제거하면서 대장에 서식하는 유익한 균까지 없애버리는 경우가 많다. 폴은 몇 달 전에 기도감염으로 광범위 항생제 치료를 받았는데, 내가 차트를 검토해보니 사실 감염 원인은 세균이 아니라 바이러스가 아니었을까 싶었다. 일차진료의가 처방한 항생제는 아무 득이 되지 않았고, 오히려 대장 내 미생물을 죽여 C. 디피실레가 서식할 길을 열어주었을 것이다.

건강한 사람의 대변을 채취해 아픈 사람의 대장에 넣어줌으로써 사멸한 미생물을 복원한다는 것은 이론상으로는 완벽하게 말이 된다. 호먼이 FMT 치료 이틀 전에 항생제 투여를 모두 중단시킨 이유는 캡슐에 든 유익한 미생물이 입에서 대장까지 이동하는 동안 죽지 않게 하기 위해서였다. 아직 실험 단계이긴 하지만 FMT는 C. 디피실레 같은 난치병의 치료법으로 서서히 인정받고 있다.

일반적으로 섭취 대상이 아닌 것을 섭취하는 일에 대해 어떻게 생각하는지 폴에게 물었다.

"효과가 있기만 바라야죠." 폴이 한숨지었다. 호먼은 폴에게 큼직한 캡슐을 한 번에 하나씩 건네주었고, 폴은 총 15개의 캡슐을 묵묵히 삼켰다. 이튿날 아침에 15개를 더 삼켰다. 이틀 만에 설사가 호전되기 시작했고, 경련성 복통도 줄어들었다. FMT를 시작한 지 사흘이 되니 창백하고 병약했던 모습이 많이 나아지고, 퇴원할 수 있을 정도로 건강해졌다. 보통은 사람이 할 일로 여겨지지 않는, 타인의 대변을 섭취하는 행위가 그를 구원해준 것이다.

나는 호먼에게 연구팀이 FMT 캡슐을 만드는 연구실을 구경시켜 달라 청했고, 몇 주 후 매사추세츠 종합병원의 여러 연구동 가운데 한 건물의 엘리베이터를 타고 올라갔다. 호먼을 뒤따라가며 연구실을 거의 꽉 채운 평범한 실험대를 따라 걸었다. 실험대 맨 끝에는 분쇄기와 스테인리스 거름망 따위의 도구들이 널려 건조되고 있었다. 선생은 그 부근에 놓인 커다란 흰색 냉동고를 가리키며 대변을 보관하는 곳이라고 알려주었다. 아쉽게도 내가 방문한 날에는 시료가 들어 있지 않았다. 놀랍게도 연구실에서는 공중화장실 같은 냄새가 전혀 나지 않았다.

호먼이 주방 기구 비슷한 도구들 옆에서 캡슐 만드는 방법을 설명해줬다. 치료 전날 밤에 냉동 대변을 해동해놓고, 아침에 소금물을 약간 첨가하여 분쇄기에 넣고 돌린다. 만들어진 걸쭉한 물질을 큼직한 스테인리스 거름망에 걸러 이물질과 덩어리를 제거하고, 완성된 물질을 환자가 삼킬 수 있는 젤라틴 캡슐에 주입한다. 마치 진한 프랑스 디저트를 만드는 레시피처럼 들렸다.

호먼의 사무실로 가서 자리에 앉아 이야기를 나누던 중, 호먼이 폴을 치료할 때 가져왔던 것과 똑같은 스티로폼 박스를 내게 건넸다. 박스 안에는 약병 세 개가 들어 있고, 약병에 든 캡슐에는 갈색 물질이 조금씩 들어 있었다. 투명 캡슐은 환자에게 대변이 보여서 이상적이지는 않지만, 불투명 캡슐은 훨씬 더 비싸기 때문에 한정된 연구 예산으로는 그런 세세한 부분에까지 돈을 들일 여유가 없다고 했다.

투명 캡슐에는 또 한 가지 난제가 따랐는데, 인간의 대변과 흡사해 보이는 물질을 마련하는 일이었다. 모든 의약품의 임상시험은 효과를 정확히 비교하기 위해 대조군 환자에게 위약을 투여해야 한다. 다양한 그레이비소스와 초콜릿을 가지고 실험한 끝에 코코아 가루와 젤라틴을 섞어서 쓰기로 했다. 그러나 내가 보고 있는 캡슐에 든 물질은 진짜라고 선생은 강조했다.

워낙 새롭고 실험적인 치료법이다 보니 호먼은 대변을 구하려면 대변 기증자를 통해 직접 받는 방법밖에 없었다. 예비 기증자는 다양한 감염 검사를 광범위하게 받는데, 여기에는 인도 등지에서 흔한 각종 설사병의 대부분이 포함된다. 호먼의 말을 빌리면 기증자는 "무진장 건강"해야 하며, 최근 1년 동안 인도 등의 나라를 방문한 적도 없어야 한다. 나는 다녀온 지 2년이 됐으므로 기증해도 되는지 물었더니, 의사를 비롯한 모든 의료 종사자는 C. 디피실레에 자주 노출되기 때문에 기증이 허용되지 않는다고 한다. 현명한 처사라고 생각했다. 또 이식 수혜자가 알레르기가 있을 경우에 대비해 기증 전 며칠 동안 기증자에게 땅콩 섭취를 금한다고 한다.

호먼이 자신의 연구에서 나타난 통계수치를 들려주었다. 난치성 C. 디피실레 감염 환자의 경우 통상적인 항생제 요법으로는 치료율이 절반에도 미치지 못한다. FMT로는 치료율이 훨씬 높아서, 이틀간의 첫 치료 후 87%, 두 번째 치료 후 92%였다. 그러나 이러한 성과에도 호먼의 연구는 홍보 부족으로 어려움을 겪고 있었다. 매사추세츠 종합병원 관리자들은 호먼의 연구 프로젝트 제안을 처음 접하고 "끔찍해서 말이 안 나온다"는 반응을 보이곤 했다. 환자들도 참여를 꺼렸다. FMT를 받느니 "차라리 죽겠다"는 환자까지 있었다. 정말로 사망한 경우도 없지 않았을 것이다.

호먼은 연구를 확대해 C. 디피실레 재발 환자뿐 아니라 초발 환자도 대상으로 삼기를 희망하지만, 참여를 설득하기가 쉽지 않았다. 환자들은 심한 설사치레를 거듭하면서 삶이 극도로 피폐해진 뒤에야 통상적인 항생제 대신 FMT 쪽으로 마음이 기울곤 했다. 인도에서 내가 경험한 바를 돌이켜보면, 심한 설사에는 사람의 몸과 배설물을 다시 보게 하는 특별한 힘이 있다는 말이 새삼 놀랍지 않았다.

"만약 선생님이 C. 디피실레에 걸렸다면 어느 치료법을 택하시겠어요?" 내가 호먼에게 물었다. 호먼은 단번에 대답했다. "FMT죠." 나도 망설임 없이 말했다. "저도요." 아마 의료 종사자들은 그 질문을 일반 대중과는 다르게 받아들일 것 같다. 호먼과 나는 비슷한 전문교육을 받았고 항생제 같은 일상 요법의 위험성을 잘 알고 있다. 또한 이쪽 직업에 종사하다 보면 타인의 대변에 남다른 편안함을 느끼게 되기 마련이다.

인간은 항상 동물·식물·균류 등 자연에서 의약품을 얻어왔으며, 인체 역시 자연의 일부로서 의약품의 원천이 된다. 사람의 혈액은 수혈을 통해 생명을 구한다. 사람의 혈청에 들어 있는 항체는 코로나바이러스·간염·광견병 등의 감염 환자를 치료할 수 있다. 각종 말기 장기 부전을 치료하려면 장기 기증에 의존하는 수밖에 없는 현실이다. 이제 피와 살과 더불어 대변도 우리 몸에서 얻을 수 있는 생명의 구원 수단으로 떠오르고 있다.

FMT는 언뜻 들으면 의사가 환자에게 권할 만한 방법으로는 생각되지 않는다. 의료인들이 늘 강조해온 위생과 건강 수칙에 정면으로 반하는 치료법이니까. 해마다 전 세계에서 수십만 명이 타인의 대변을 의도치 않게 섭취하여 목숨을 잃고 있지만, 그 불쾌한 행위가 생명을 구할 수도 있다는 것이 이제 분명해졌다. FMT는 C. 디피실레 감염 치료의 성공을 발판 삼아 현재 다양한 질환을 대상으로 시험되고 있으며, 심지어 위장관 이외의 질환에 대해서도 치료가 시도되고 있다. 그러나 FMT가 제대로 활용되기 위해서는 먼저 사람들의 인식이 바뀌어야 할 것이다.

대변도, 우리가 직접 볼 수 없는 신체 부위인 항문도, 우리 몸이 가진 본연의 모습이다. 그러나 몸을 바라보는 우리의 시각은 바뀌기도 한다. 내가 의사 수련을 받으면서 그랬고 또 인도에서 지내면서 그랬듯이, 아무리 더럽게 여겨지는 신체 부위와 활동이라 할지라도 다시 보게 될 때가 있다. 앞으로는 의사와 환자 모두 건강을 유지하고 질병을 치료하기 위해 우리 몸과 대변의 관계를 더욱 폭넓게 이해할 필요가 있을 것이다. 어쩌면 대변을 먹는 개와 그 밖의 동물들은 생각처럼 미련하고 야만스러운 존재가 아니라 미생물의 총체를 공유하는 건강한 습관을 실천하고 있는지도 모른다. 그러한 전략에서 인간도 많은 것을 배울 수 있겠지만, 그러려면 우선 사회적으로 학습된 불쾌하고 역겹다는 관념을 극복할 수 있어야 한다.

4

생식기
생명을 향한 리듬

소아과 레지던트 시절, 병원 분만실에서 나는 초면인 산모들의 질 입구를 뚫어지게 바라보며 많은 시간을 보냈다. 산모가 마지막 몇 센티미터를 밀어내려고 안간힘을 쓰고 아기의 머리가 세상을 향해 꾸물꾸물 움직일 때, 나는 한쪽에 서서 초조하게 기다렸다. 아기는 태어나기 전까지는 엄밀히 말해 산과의사 담당이었지만, 태어난 순간부터는 내 담당이었다. 신생아가 세상이라는 무대에 입장할 생명의 문을 계속 주시하며, 마음속으로 나도 조치에 나설 준비를 했다.

출산은 우리 몸이 연출하는 가장 흥분되고 긴박한 순간이자 의료 현장에서 가장 치열한 순간 중 하나다. 나는 보통 산과의사가 태아의 상태와 관련해 염려스러운 징후를 감지하면 분만실로 불려가곤 했다. 이를테면 양수가 터졌는데 색깔이 탁한 경우, 태아가 자궁 안에서 대변을 본 것일 수 있어 위험하다. 또 진통 중인 산모의 배에 두른 태아 심박 모니터에 박동이 비정상적으로 느리게 나타나는 경우도 있었다. 내 호출기에 삐삐 소리와 함께 분만실 번호와 호출 사유가 표시되면, 아기가 나오는 순간 그 자리에서 대기하고 있어야 하므로 부리나케 달려갔다.

신생아는 결국 생식기의 산물이다. 생식기는 새로운 인간 개체를 만드는 기능에 특화한 우리 몸의 기관이다. 출생이라는 순간은 태아가 엄마의 생식기관 안에서 무럭무럭 자라나는 아홉 달 동안의 여정이 마무리되는 정점이다. 그 순간 내가 즉시 수행해야 할 임무이자 산과 의사가 나를 호출한 주된 이유는, 아기가 숨을 쉬게 하는 것이었다. 아기는 태어나는 순간 세상의 공기를 처음으로 맞닥뜨리는데, 갓난아기가 그 엄청난 변화에 적응할 수 있게 돕는 것이 내가 맡은 일이었다.

대다수 아기는 설령 심각한 징후를 보였을지라도 태어나자마자 울음을 터뜨려주었는데, 리듬감 있는 울음소리는 아기가 숨을 제대로 들이쉬고 내쉬고 있다는 신호였다. 그 소리가 나면 분만실에서 내가 할 일은 시작하기도 전에 끝난 셈이었다. 울음소리가 들릴 때마다 나는 깨끗한 장갑을 벗고 새 부모에게 축하 인사를 건넸고, 아기에게는 손도 대지 않은 채, 지켜보며 기다린 것만으로 임무를 다하고 분만실을 나섰다.

바쁘게 야간 근무를 하던 어느 날이었다. 신생아들이 팝콘 터지 듯 쏟아져 나왔고, 나는 호출을 받고 가서 이 산모 저 산모의 질 입구 바라보기를 쉴 새 없이 반복했다. 아기가 나올 때마다 어떻게 될지 확신할 수 없었다. 스스로 숨을 쉴까, 아니면 숨을 쉬지 못해 도움이 필요할까?

한 신생아가 불길한 정적 속에서 태어났다. 분만 담당의는 재빨리 탯줄을 집게로 집고 자른 다음 미동 없는 생명을 내게 건네주었다. 아기의 팔다리는 헝겊 인형처럼 힘이 없었고, 아기를 체온 유지 장치의 따뜻한 조명 아래에 놓고 보니 본래 갈색이어야 할 피부가 새파란 빛을 띠었다. 아기의 가슴은 호흡하는 기색 없이 가만히 멈춰 있었다. 생존 가능성을 최대한 높이려면 60초 안에 호흡을 시작하게 해줘야 했다.

타월을 집어 들고 아기의 척추를 따라 문지르며 호흡을 유도했다. 대개는 그런 식으로 가볍게 자극하면 신생아의 폐가 활동을 시작한다. 그러나 아무 반응이 없었다. 코와 입에 고무 마스크를 씌운 다음 연결된 공기 주머니를 쥐어짜서 조그만 폐에 미량의 바람을 불어 넣었다. 한 번 더 쥐어짜자 아기가 드디어 움직였다. 살아 있다는 듯 팔다리를 미미하게 굽혔고, 고무 마스크에 덮인 얼굴에서 희미한 울음소리가 새어 나왔다. 공기 주머니를 한 번 더 꽉 쥐자 우렁찬 울음이 터져 나왔고, 바로 마스크를 떼어냈다.

리드미컬한 호흡이 본격적으로 시작되자 아기의 피붓빛이 파란색에서 분홍색으로 빠르게 바뀌었다. 폐가 제 역할을 하고 있으며, 소중한 공기가 몸속 곳곳에 제대로 전해지고 있다는 신호였다. 신생아의 숨을 터주는 것은 잔디 깎는 기계의 시동을 걸어주는 것과 비슷하다. 시동 줄을 한 번 잡아당기면 박동이 시작되면서 아기는 스스로 호흡해나간다. 모터가 자동으로 돌아가면서 호흡의 리듬이 평생 멈추지 않고 이어진다.

이만하면 아기가 숨 쉬는 법을 터득했다고 판단한 나는 새 부모에게 축하 인사를 건네고, 아기가 기운이 넘치고 건강하다고 말해준 뒤 분만실을 나섰다. 그리고 진료 차트에 생명의 박동을 시작시킨 기록을 남겼다.

하나의 인체가 새로 만들어지면 폐의 호흡 외에도 여러 가지 리듬이 개시되어야 한다. 아기의 심장은 출생 몇 달 전부터 박동을 시작한다. 나는 보통 신생아의 심박수를 잴 때 젤리 같은 탯줄 잔여물을 엄지와 검지로 집는다. 탯줄 속을 지나는 혈관은 출생 후 며칠이면 저절로 막히지만, 그동안은 잠깐이나마 이 방법으로 신생아의 맥박을 쉽게 잴 수 있다. 잠들고 깨기, 식사와 배변, 울음과 진정을 비롯한 그 밖의 신체 리듬도 출생 후 며칠에 걸쳐 자리를 잡는다.

우리는 시계처럼 박자에 맞춰 움직이는 존재다. 내가 의대에서 인체에 관해 배운 것은 리듬이 거의 전부였다. 어른의 심장은 1초에 한 번 정도 뛰어 시계의 초침과 박자가 비슷하고, 폐가 숨을 들이쉬고 내쉬는 리듬은 파도가 해안에 밀려오고 밀려가는 리듬을 닮았다. 둘은 신체의 가장 근본적인 리듬으로, 병원을 찾는 환자에 대해 기본적으로 검사하는 '활력징후(바이탈 사인)'에 포함된다. 팔뚝에 압박대를 감싸 혈압을 재고, 심장과 폐의 리드미컬한 북소리를 살펴 기초적인 건강을 확인한다.

그 밖에도 우리 몸에는 수많은 박동이 있으며, 하나하나가 나름의 속도로 움직이는 생체시계라고 할 수 있다. 눈은 몇 초마다 깜박이고 혈구는 약 5분마다 혈관을 순환한다. 식사를 규칙적으로 하면 방광과 장이 날마다 반복적으로 채워지고 비워지면서 배변도 대개 규칙적으로 이루어진다. 중독성 물질을 규칙적인 주기로 섭취하는 사람도 많다. 매시간 담배를 한 대씩 피워 니코틴을 흡입하고, 하루에 몇 번씩 헤로인 주사를 맞고, 매일 저녁 꼬박꼬박 술을 마시는 식이다. 우리 몸은 습관화한 리듬에 따라 움직인다. 약물의 주기적 섭취까지 포함해 거의 모든 리듬에 적응하고 의존하게 될 수 있다.

우리의 삶은 하루하루가 지나고 시간이 흐르면서 선형적으로 나아가는 것처럼 보이지만, 인간의 몸은 연속적인 단일 과정보다는 마치 음악처럼 여러 박자가 겹치고 맞물리면서 복잡하게 순환하는 현상으로 이해하는 것이 가장 좋다. 생체 항상성은 한마디로 여러 박동을 정교하게 아우르는 활동이다. 그 속에서 각각의 멜로디가 돌고 돌면서 템포가 변하곤 한다.

인체에서 가장 특이한 리듬이자 모든 면에서 예외처럼 보이는 것이 생식기와 관련된 리듬이다. 여성 생식기관의 박동에 해당하는 월경은 자궁의 내막이 벗겨져 배출되는 것으로, 신체 일부가 일정한 주기로 생겨났다가 사라지는 독특한 생리현상이다. 월경 리듬의 지휘자 역할을 하는 뇌하수체는 호르몬을 혈류로 분비하여 난소와 자궁이라는 연주자가 주기에 맞춰 연주하게끔 유도한다.

한 달에 한 번씩 일어나는 월경은 우리 몸에서 가장 느린 리듬이면서 가장 늦게 시작되는 리듬 중 하나이기도 하다. 보통 월경이 시작되려면 출생 후 10년 이상이 지나야 한다. 남성의 생식기관도 고유한 리듬이 있다. 고환의 테스토스테론 분비는 1일 주기로 이루어지고, 역시 여성과 비슷한 시기인 10대에 박동을 시작한다. 사춘기는 우리 몸에 봄이 오는 시기다. 생식기관이 꽃처럼 피어나고 섹스와 자위 등 비길 데 없는 신체적 쾌락을 처음 경험할 수 있게 되는 때다. 자위는 자신의 손이나 손가락으로 섹스를 흉내 내어 성기를 속이는, 전적으로 자연스러운 행위다. 사춘기에 많은 이들이 깨닫는 편리한 사실이지만, 인간의 성기는 대단히 잘 속는다.

월경은 남성 생식기관의 리듬보다 훨씬 잘 알려진 신체 리듬이며, 훨씬 더 신화화해 있기도 하다. 월경은 한 달에 한 번씩 일어나기 때문에 달의 위상 변화와 일치한다고 생각하는 사람이 많았고, '월경menses', '달moon', '월month' 등의 단어가 모두 같은 어원에서 나온 것도 그래서다. 자궁내막은 실제로 달처럼 차고 이지러지는 모습을 보인다. 그러나 연구에 따르면 그 리듬이 매우 일정한 여성이라 할지라도 달의 위상 변화와 일치하는 경우는 많지 않다. 함께 생활하는 여성들의 월경주기가 일치한다는 설도 연구 결과와 잘 부합하지 않는 것으로 나타난다.

생식기의 리듬이 인체의 다른 리듬과 결정적으로 다른 점이 또 하나 있다. 생존에 필수적이지 않다는 점이다. 다른 리듬은 모두 건강 유지에 직접적인 역할을 하지만 생식기는 그렇지 않다. 그 점에서 생식기는 꽃과 비슷하다. 꽃은 식물의 번식에 특화한 기관이지만, 식물에 직접적으로 도움이 되지는 않는다. 생식기도 물론 인간의 종족 보존에 반드시 필요하지만, 개개인의 건강에 반드시 필요하지는 않다. 생식기는 유일하게 미래 지향적인 신체 부위로, 그 설계 목적은 언젠가 우리를 부모가 되게 해주는 것뿐이다.

생식기는 우리 몸이 살아가는 데 꼭 필요하진 않지만 삶의 질을 크게 높여준다는 점에서 음악과 비슷하다. 많은 사람이 그렇듯, 내가 10대에 내 생식기를 예민하게 인식하기 시작한 시기는 음악에 대한 인식이 깊어진 시기와 비슷했다. 그 질풍노도의 시기에는 체내 호르몬 수치가 폭발적으로 증가하고 생식기가 성숙해지며, 사람에 따라서는 음악이 일생의 정서 형성에 지대한 영향을 미치기도 한다.

나는 그 무렵 기타를 처음 배웠고 친구들과 정기적으로 모여 연주했다. 밴드를 결성하지는 않았지만 박자 맞추는 법을 익혔고, 여러 악기가 조화를 이루는 이치를 깨닫기 시작했다. 발을 타닥거리면서 리듬을 느끼고 맞추는 연습을 했고, 코드와 멜로디의 어울림을 판별할 수 있도록 귀를 훈련했다. 음악은 여러 요소가 엮여서 부분의 합보다 더 큰 무언가를 이루는 것임을 깨달았다. 악기 연주나 밴드 활동을 계기로 섹스와 성적인 세계에 입문하여 보람과 후회를 느끼는 사람도 많지만, 나는 고등학교를 졸업하고 한참 뒤까지 그런 운이 없었다. 그러나 리듬과 음악에 조예를 쌓을 수 있었고, 의사로 일하면서도 그쪽 소양을 유지했다.

의대에서 나는 환자가 건강한지 병이 있는지 구별하는 중요한 방법 하나가 몸의 리듬을 느끼는 것임을 알게 되었다. 환자의 손목이나 목에 두 손가락을 대어 맥박을 느끼고 맥박수 세는 법을 배웠다. 같은 방법으로 환자의 호흡수를 세기도 했는데 그건 더 어려웠다. 사람은 자신의 호흡을 어느 정도 제어할 수 있어서, 그쪽으로 주의를 끌면 리듬이 변하기 쉽기 때문이다. 의술을 배운다는 것은 곧 몸의 음악을 배운다는 것이었고, 그러려면 리듬에 친숙해지고 리듬을 바로 파악할 수 있어야 했다.

모든 리듬이 정상범위 내에 있으면 건강한 것이지만, 질병 때문에 신체 리듬이 흔들리는 것도 감지할 수 있어야 했다. 맥박을 체크해보면 심장이 테크노 음악처럼 쿵쾅거리면서 위험할 만큼 빠르게 뛰는 환자도 있었고, 반대로 심장이 너무 느리게 뛰어서 메트로놈 역할을 하는 박동조율기를 긴급히 이식해야 하는 환자도 있었다. 때로는 심장의 리듬이 완전히 틀어져서 재즈 드러머가 음을 당겼다 밀었다 하는 것처럼 변덕스럽게 뛰는 환자도 있었다. 마찬가지로 호흡 리듬이 너무 느리면 인공호흡기를 장착해야 할 수도 있고, 너무 빠르면 호흡곤란의 중요한 징후가 된다.

나는 그런 식으로 모든 환자의 리듬을 파악했다. 배변 리듬이 빨라지다 보면 설사를 할 수 있고, 느려지다 보면 변비가 될 수 있다. 배뇨 리듬이 빠르면 당뇨병이나 요로감염증의 징후일 수 있고, 느리면 탈수증이거나 전립선비대증으로 소변 흐름이 막혔을 수 있다. 익숙한 노래의 템포가 바뀌면 대부분의 사람이 쉽게 알아차리듯이, 나도 인체의 리듬에 익숙해졌고 리듬이 깨지면 알 수 있었다. 한 기관계의 박자가 흐트러지면 몸의 전체적인 조화가 깨질 수 있다.

물론 가장 우려스러운 사태는 신체 리듬이 아예 멈추는 것이다. 리듬은 곧 생명이다. 리듬이 멈추면, 예컨대 심장이 뛰지 않거나 폐가 호흡하지 않으면 보통 죽음이 뒤따른다. 그러나 생식기관은 그 점에서도 예외다. 정자와 난자가 만나서 결합하여 태아로 자라기 시작하면 여성 생식기관의 규칙적인 박동이 멈춘다. 월경이 갑작스럽게 멈추는 현상은 장기가 기능을 못 하는 것이 아니라 오히려 장기가 기능을 잘 수행한 결과다. 우리 몸의 여느 리듬과 달리, 애초부터 끊기기 위해 존재했던 리듬이기 때문이다. 월경의 박동이 멈추면 몸은 평소의 생체주기에서 벗어나 전혀 다른 생리적 과정인 임신에 접어든다.

생식을 향한 나의 여정은 훗날 내 아내가 될 여자, 애나를 만나면서 시작됐다. '익스플로러스 클럽Explorers Club'이라는 단체의 모임에서 처음 만난 우리는 연인이 되기 전에 오지 탐험 애호가로 마음이 맞았다.

우리는 만난 지 얼마 지나지 않아 세르비아로 함께 여행을 가서, 일명 '세계 고환 요리 대회'라고도 불리는 '테스트 페스트Test Fest'

라는 행사에 참석했다. 세르비아 시골의 휑한 벌판에서 열리는 행사였는데, 그 전해까지 4년 동안 내 새 여자친구가 심사위원장이었다. 온갖 종류의 고환 스튜와 엄청난 양의 알코올이 어우러진 기괴한 축제였다.

참석한 남성들은 고환을 먹으면 정력이 좋아진다고 주장했다. 사람들이 워낙 취해 있어서 굳이 말하지는 않았지만, 섭취한 테스토스테론은 간에서 완전히 대사되므로 혈류에 전혀 도달하지 않는다. 테스토스테론 보충제를 주사로 맞거나 크림 형태로 피부에 바르는 것은 그런 이유에서다. 반면 여성 호르몬인 에스트로겐과 프로게스테론은 입으로 복용해도 온전히 유지된다. 그래서 존재하는 것이 경구피임약으로, 복용하기만 하면 난소를 속여 배란을 억제하는 효과가 있다. 행사에 참석한 세르비아인들이 그 사실을 알면 많이들 실망했겠지만, 애나가 올해 처음으로 남자친구와 함께 나타난 것만으로도 이미 어지간히 실망한 듯했다.

몇 년 뒤에 다른 외국의 산악지대를 함께 여행하던 중, 평소 규칙적이던 애나의 월경이 시작되지 않았다. 한 달 주기의 박동이 멈춘 것이었고, 임신이 분명했다.

내 아내가 임신이라는 특별한 생리적 과정을 치르는 모습을 지켜보기 전, 나는 의대생 시절 산부인과 로테이션을 하면서 임산부들을 돌본 적이 있었다. 그때 임신은 인체의 모든 과정 중에서 단연 가장 특이하다는 생각을 했다. 우리 몸의 다른 박동 기전과 달리 임신은 한 방향으로만 나아간다. 일정한 박자로 계속 뛰는 것이 아니라, 서서히 고조되다가 마침내 폭발적인 절정에 이르면서 배 속의 아기를 바깥세상으로 쑥 배출한다. 나는 임신한 환자들의 불러오는 배 크기를 종이 자로 측정하면서 절정을 향해 나아가는 팽창 과정을 눈으로 확인할 수 있었다.

일반적인 질환의 경우 내가 배운 치료의 방향은 환자의 몸을 이전 상태로 되돌리는 것이었다. 병동에서든 외래진료실에서든 내가 할 일은 발진을 가라앉히거나, 증상을 완화하거나, 문제로 인해 손상된 장기의 기능을 회복하는 것이었다. 그러나 출산이라는 이름의, 분출을 향한 임신의 거침없는 행진 앞에서 임상 진료의 방향은 반대로 뒤집혔다.

임신에 관련된 일은 모두 묘하게 폭발적인 느낌이었다. 그 시작도 몸의 또 다른 절정을 거친다. 섹스는 출산으로 치닫는 도화선에 불을 붙이는 행위로, 처음에는 리드미컬하게 시작했다가 쾌감과 욕구가 잇따라 고조되면서 점점 격렬해진다. 그러다가 오르가슴이라는 절정에 이르면 정자와 정자의 여행에 필요한 영양분으로 이루어진 정액이 분출된다.

오르가슴이 가능한 것은 성기 특유의 민감성 덕분이지만, 오르가슴은 골반 부근에서만 일어나는 현상이 아니라 뇌와 부신에서 일어나는 현상이기도 하다. 오르가슴에 이르면 부신에서 아드레날린이 대량으로 분비된다. 심장이 고동치고, 뇌는 정신이 완전히 쏠려 잠시 무용지물이 된다. 절정 후에 오르가슴의 파도는 빠르게 지나간다. 아드레날린은 썰물처럼 빠져나가고 심박수와 혈압이 정상으로 돌아온다. 뇌하수체에서 프로락틴과 옥시토신 같은 호르몬을 혈류로 분비해 평온함을 유도하고, 방금 전까지 격렬하게 요동쳤던 욕구는 온데간데없이 사라진다. 여기서 우리 몸은 평소에 거의 절대 나타나지 않는 현상을 보이는데, 바로 몸의 상태를 순식간에 전환하는 것이다. 폭발이 지나가면 모든 것이 이전과 달라 보인다.

난소에서 난자를 배출하는 배란 때도 비슷한 식의 분출이 일어난다. 호르몬이 급증하면서 폭발이 일어나고, 미세한 난자가 자궁관(나팔관)을 통해 자궁으로 돌진한다. 정자와 비슷하게 난자도, 짝을 찾아 날아다니는 꽃가루처럼 불확실한 세상 속으로 날아간다. 의대 시절 그 모든 과정을 공부하면서 이것이 그야말로 무수한 난관을 뚫어야 하는 일이라는 것을 알게 되었고, 광활한 암흑 속에서 정자와 난자가 서로 만난다는 사실 자체가 경이롭게 느껴졌다. 물론 매일같이 수많은 아기들이 태어나는 것을 보면, 소아과 야간 근무로 바쁠 때는 그런 생각이 더 들었는데, 인간은 섹스를 충분히 많이 함으로써 생물학적으로 불가능한 일도 필연에 가깝게 만든다는 것을 알 수 있었다.

정자와 난자라는 두 꽃가루 알갱이가 용케 만나 결합하면 이윽고 태아가 엄마 몸속에서 자라게 된다. 꽃가루받이가 되면 열매가

맺히지만 그 식물 개체에는 직접적인 이득이 없는 것과 비슷하다. 아내가 임신한 동안 나는 임신에 따르는 각종 기이한 증상과 불편을 그저 신기하게 지켜볼 수밖에 없는 구경꾼이었다. 임신 초기에서 중기로, 중기에서 말기로 넘어갈 때마다 전에 없던 특이한 통증과 신체적 제약이 새로 생겼다. 아내는 평소 좋아하던 음식도 먹지 못했고, 나중엔 허리를 전혀 굽히지조차 못했다.

9개월 가까이 지나자 아내의 자궁이 리드미컬하게 수축하기 시작했다. 절정이 다가오고 있다는 첫 신호였다. 우리는 며칠 동안 불규칙한 수축 리듬을 주의 깊게 관찰했다. 수축이 주기적으로 강하게 일어나면 병원에 가야 했다. 임신이 막바지에 이르러 진통이 점점 심해지면 이제 사태는 되돌릴 수 없다. 아기는 어떤 식으로든 엄마 몸에서 나오게 된다.

생명의 본질은 리듬이다. 임신을 위해 월경이 멈추는 것처럼 인체가 평소의 리듬에서 벗어날 때도 있지만, 그 역시 인류 생식기관의 순환, 즉 종의 번식과 보존이라는 순환의 일부다. 각 개인의 몸과 그 안에서 진행되는 모든 리듬은 한 세대가 다음 세대로 이어지는 더 큰 순환에 속하며, 각 세대는 지구에 생명이 시작된 이래 이어져온 거대한 리듬 속에서 하나의 박동을 이룬다. 생식기관은 신체의 평소 리듬을 깨는 기관이지만, 궁극적으로는 음악이 끊기지 않게 이어주는 기관이다. 아이가 태어나면 모든 것이 전과 같지 않지만, 인간의 생명 활동은 시간의 유구한 순환 속에서 언제나 그러듯 계속 이어지며 실제로 변한 것은 아무것도 없다.

나는 수없이 많은 출산을 지켜봤는데, 그 대부분은 기억 속에서 희미해져, 기다림 끝에 피가 쏟아지고 아기가 울던 모습만 흐릿하게 남아 있다. 그렇지만 내 아이의 출생은 기억이 선명하다. 출산이라는 절정의 순간만 지켜본 것이 아니라, 아내의 자궁경부가 확장되어 입원할 수 있을 때까지 집에서 나흘간의 고통스러운 진통 과정을 함께했다.

아기가 생명의 문 밖으로 나오기를 초조하게 기다렸던 모든 순간 중에서 내 아들이 태어날 때가 단연 가장 오래 걸렸다. 진통이 길어지고 아내가 고통과 불편함을 견디며 힘을 쓰는 동안 나는 아이가 곧바로 숨을 쉴 수 있을지 걱정했다. 드디어 밖으로 나온 아기는 바로 울음을 터뜨리더니 계속 울었다. 다른 신생아들과 마찬가지로, 그 순간 아이는 세상에 던져진 씨앗이었다. 바람에 흩날리는 민들레 솜털처럼, 적당한 땅에 내려앉아 뿌리 내리고 자랄 수 있기를 바라는 존재였다. 그 울음소리는 아이의 몸이 비옥한 땅, 즉 폐로 호흡할 공기를 찾았으며, 나 같은 소아과 의사의 도움 없이도 생명을 유지해나가리라는 것을 의미했다.

처음으로 나는, 신생아의 리듬이 자리를 잡은 뒤에도 분만실을 떠나지 않았다. 이번에는 머무르면서 엄마 품에 안긴 내 아이를 바라보았다. 그리고 예감했다. 우리에겐 이제 모든 것이 예전과 같지 않으리라.

간
먹는 것과 공감하는 것

내가 인간의 간을 처음 접한 것은 의대 해부학 실습시간 때였다. 자갈색으로 번들거리는 장기가 해부용 시신의 흉곽 바로 밑, 복부 오른쪽 위에 자리 잡고 있었다. 간은 자신이 관할하는 모든 소화기관 위에 군림하는 듯이 보였다. 간의 살찐 모퉁이 밑으로 살짝 엿보이는 것은 간의 조수인 담낭이었다. 담낭은 간에서 생성된 담즙을 저장하고, 담즙은 장에서 영양분의 소화와 흡수를 돕는다.

그 후 몇 달 동안 간에 관해서 엄청나게 자세히 알게 되었다. 다른 장기나 조직과의 해부학적 관계를 모두 외웠다. 간 뒤에는 오른쪽 신장이 있고, 간 밑에는 장이 똬리를 틀고 있으며, 간을 혈관계와 연결하는 동맥과 정맥이 있다. 조직학(조직을 현미경으로 관찰하는 학문) 시간에는 간의 여러 구조적 특징을 확대해 관찰했다. 생화학 과목에서는 간이 우리 몸의 물질대사와 복잡한 각종 균형 상태를 주도적으로 섬세하게 조절하는 작용을 배웠다. 간은 또한 우리 몸의 문지기 역할을 한다. 우리가 섭취해 장으로 흡수하는 모든 음식물은 간을 거친다. 간은 영양소를 분류, 포장하고 대사시켜 몸 구석구석으로 보내는 검문소다.

다른 각종 기관처럼 간도 속속들이 다 알게 된 것 같았고 친숙하게 느껴졌다. 머릿속으로는 간을 부분과 요소로 분해하고 다시 온전한 장기로 재구성할 수 있었다. 그렇지만 간은 여전히 추상적인 존재였다. 간에 관해 알아야 할 정보를 모두 외운 뒤에도 간을 알아가는 여정은 이어졌고, 마침내는 간을 구성하는 세포에서 간을 품은 환자의 몸 전체에 이르기까지 모든 차원에서 간을 더 깊이 알게 되었다. 그 과정에서 질병과 삶을 대하는 내 관점이 바뀌었고, 놀랍게도 음식을 바라보는 관점까지 바뀌었다.

병원에서 일하면서 간질환 환자를 치료하게 되니, 이제 비인격적인 장기에 환자의 얼굴을 부여할 수 있었다.

후안이라는 환자의 얼굴에는 간부전의 증세가 역력했다. 눈은 형광펜의 샛노란 빛을 띠었고 이목구비는 송장 같았다. 다른 신체 부위도 마찬가지여서, 복부는 체액이 가득 차서 부풀어 있고 누런 피부는 얼룩덜룩한 보라색 멍투성이였다. 피부가 누레지는 황달은 간이 빌리루빈이라는 노폐물을 배출하지 못해 나타난 증상이었다. 빌리루빈은 노화한 적혈구가 분해되고 남는 물질이다. 배 속에 고인 액체는 간이 혈액 속 단백질을 합성하지 못하고 간으로 들어가는 혈류가 막힌 것이 원인이었다. 멍은 간이 혈액응고를 돕는 기능을 전혀 하지 못해서 생긴 것이었다. 간이 고장 나면 사실상 모든 것이 엉망이 된다.

내가 레지던트로 있던 병원에서는 간 이식이 활발했기에 나는 후안처럼 간이 막바지 상태에 이른 환자를 많이 돌봤다. 환자 대부분은 간이 여러 해에 걸쳐 서서히 손상된 상태였으며, 원인은 대개 음주였다. 드물지만 갑자기 치명적인 간 기능장애가 발생한 환자도 있었다. 더운 날 마라톤을 하다가 쓰러진 청년이 있었는데, 극심한 열사병으로 인해 간 조직이 급속히 손상된 경우였다. 또 타이레놀 과다 복용으로 자살을 시도한 20대 여성도 있었다. 타이레놀을 과량으로 복용하면 간이 망가질 수 있다. 간은 혈류를 해독하는 기관이기 때문이다.

후안도 급성간부전을 앓고 있었다. 일차진료의에게서 통상적인 항생제를 처방받았는데, 복용하고 나서 돌연 간 기능이 치명적으로 악화하기 시작했다. 간혹 일부 항생제가 간에 가벼운 염증을 유발하기도 하지만, 후안과 같은 전면적 간부전은 극히 드물면서 불운한 부작용이었고 해독제도 없었다. 후안은 40대였는데, 술은 평생 입에 대본 적도 없었다. 내가 그 병동에서 로테이션 근무를 시작했을 때 후안은 몇 주째 입원 중이었다. 피부는 누렇고 배는 부풀었으며 혼자 서 있기도 힘들 만큼 쇠약했다. 전임 레지던트는 후안을 내게 인계하면서, 후안이 간 이식 대기자 명단에서 상위 순번에 있으며, 내가 할 일은 그저 이식받을 때까지 어떻게든 버티게 하는 것이라고 했다.

그 뒤로 한 달 동안 나는 예상되는 합병증의 징후를 매일 모니터링했다. 후안과 같은 환자가 출혈로 사망하는 것을 전에 본 적이 있었다. 후안의 피부는 쉽게 멍이 들었으니 극도로 면밀히 주시하면서 혈액검사를 수시로 해야만 했다. 어느 날 후안이 커피 찌꺼기 같은 것을 토했다. 피가 위산과 섞여서 생긴 것으로, 위장관출혈이 있다는 신호다. 나는 정맥주사로 제산제를 즉시 투여하게 하고, 소화기내과에 협진을 요청하고, 추가적인 검사와 모니터링을 지시했다.

배 속의 액체가 내장과 골반 인대를 팽창시키고 압박하면서 통증이 거의 항상 지속됐다. 간이 기능을 하지 못해 대부분의 약물을 제대로 대사할 수 없으므로 진통제를 통상적인 수준보다 소량으로 처방했다. 통증이 감당할 수 없을 만큼 심해지면 큰 바늘을 피부에 꽂아 복부에서 체액을 빼냈는데, 그때마다 큰 유리병 여러 개에 거품이 낀 버터 같은 액체를 몇 리터씩 채웠다. 그렇게 하면 통증은 약간 줄었지만, 배는 곧바로 다시 차올랐다. 내가 한 모든 조치는 이식을 받을 때까지 임시로 취한 방편이었다.

한 고비를 넘으면 또 다음 고비가 찾아왔다. 우리 몸속의 가장 큰 장기가 멈추면서 몸에 미치는 여파는 실로 광범위했다. 나는 합병증의 조짐이 나타날 때마다 조치하면서 날마다 이식 팀에서 좋은 소식이 오기만 기다렸다. 후안은 내가 맡은 환자 중 단연 가장 위중한 환자였고 무척 세심한 주의를 기울여야 했다. 아침에 회진하면서 그가 전날 발생한 심각한 합병증을 밤새 버티고 여전히 살아 있다는 사실에 놀란 적이 많았다. 혈액검사 결과가 계속 나빠지는데도 생명을 유지하는 모습이 경이로웠다.

후안을 치료하는 일은 집 전체가 활활 타는데 작은 불을 끄려고 뛰어다니는 느낌이었다. 아무래도 후안은 간을 기다리다 죽을 것 같았다.

한 달간의 내 로테이션이 끝날 때까지 간이 온다는 소식은 기미마저 없었다. 하긴 대부분의 환자는 몇 달을 기다려야 하는 일이었다. 다만 후안 같은 급성간부전 환자는 순번이 더 빨리 오는 게 보통이라 희망을 품을 뿐이었다. 내가 다른 병동으로 옮길 준비를 할 때 후안은 처음 봤을 때보다 병색이 더욱 짙어지고 죽음의 문턱에 더 가까워져 있었다. 몸은 더욱 쇠약해졌고 거의 없던 식욕은 이제 하나도 남아 있지 않았다. 병동 근무 마지막 날, 나는 후안과 매일같이 병상을 지킨 그의 아내 애나에게 작별 인사를 했다. 내 삶의 길이 두 사람의 삶의 길과 겹친 것은 잠시였지만, 그동안 많은 우여곡절을 함께 겪었기에 마음이 무거웠다.

응급 상황이 벌어져 후안의 병실에 불려갔던 모든 순간이 떠올랐다. 그때마다 나는 서둘러 진찰하고 상황을 판단한 뒤 계획을 세웠으며, 아내는 걱정스러운 눈으로, 남편은 노란 눈으로 나를 바라보았다. 나는 두 사람과 함께 걱정했고, 이식이 이루어지길 한마음으로 기원했다. 부부의 힘겨운 투병은 계속되겠지만, 나는 그 귀결을 알지 못하고 떠나야 했다. 로테이션을 도는 레지던트는 보통 감정을 한곳에 많이 쓰지 않는다. 하지만 나는 두 사람과 특별한 유대감을 형성한 느낌이었고, 후안이 살기를 아픈 마음으로 기원했다.

후임 레지던트에게 환자들을 인계하면서 후안은 이제 거의 끝인 것 같다고 말해주었다. 그래도 이식 받을 때까지 살게 해달라고 했다. 나는 다른 병동에서 근무를 시작했고, 새 환자들을 맡으면서 후안의 일은 내 기억 깊숙이 묻혔다.

사실 나는 의대를 다니기 오래전에 벌써 간을 접했다. 다진 간은 어린 시절 우리 집에서 명절 필수 요리였고, 종교적 축일이나 특별한 날이면 모두들 음식에 맛있게 발라 먹었다. 그런데 유독 나는 끔찍이도 싫어했다. 역한 분홍색이 섞인 칙칙한 베이지색, 오돌토돌한 질감, 혀끝을 쏘는 썩은 쇠 같은 맛…. 내게는 도무지 먹을 수 있는 음식 같지가 않았다.

내가 느낀 거부감은 간이 내장이라는 사실과는 관계가 없었다. 간이라는 게 정확히 무엇인지 생각해본 적도 없었고, 어머니의 프라이팬에서 양파와 함께 지글지글 볶아지기 전까지 어떤 동물의 배 속에 있던 것이라는 생각도 해본 적이 없었다. 한때 그 간에 의존해 살았던 생명체에게도 아무런 감정을 느끼지 않았다. 내 혐오감은 그 생김새, 냄새, 맛에 대한 무의식적이고 본능적인 반응이었다. 내겐 그것이 아무리 봐도 의심의 여지없이 '역겹다'고 생각되었다.

그러나 의대에서 간을 잘 알게 된 뒤로는 보는 생각이 바뀌었다. 의대 2학년 때 추수감사절 가족 모임을 위해 집에 갔더니 다진 간 한 접시가 칠면조 고기, 크랜베리소스와 함께 식탁 위 평소 자리에 놓여 있었다. 여느 때처럼 가족들이 마요네즈 섞은 그 곤죽을 크래커에 듬뿍 발라 맛있게 먹는 모습을 보노라니 역한 느낌이 치밀어 올랐다.

하지만 이번에는 간의 온갖 생물학적 기능이 뇌리를 스쳐 지나갔다. 1년 넘게 간을 공부한 뒤여서 내 머릿속은 간에 관한 정보로 가득 차, 마치 푸아그라가 되기 직전 거위의 간처럼 빵빵했다. 간이 우리 몸속에서 그리고 이 요리가 되기 위해 생을 마쳐야 했던 동물들의 몸속에서 생명 유지를 위해 수행하는 막중한 기능을 생각하니, 눈앞에 놓인 다진 간이 갑자기 다르게 보였다. 그 복잡한 생물학적 구조가 단순한 음식 덩어리로 축소되었다는 것은 거의 마술 같은 변화로 느껴졌다. 처음으로 먹어보고 싶은 충동이 들었다.

베이지색 덩어리 한 숟가락을 크래커에 발라 입에 가져다 대는 순간, 간의 포도당과 혈액응고 단백질 생성 기능에 대해 암기한 도표가 머릿속을 맴돌았다. 습관화한 거부감과 간에서 나는 개 사료 냄새와 싸우며 크래커를 입에 넣었다. 미네랄과 고기 맛이 강하게 느껴졌고, 기억했던 것만큼 고약한 맛은 아니었다. 구역질하지 않고 꿀꺽 삼켰다. 크래커 하나를 또 집었다. 그리고 또 집었다. 맛에 반했다고는 할 수 없었지만, 내가 알고 있는 생체 기관이 음식에 발라 먹는 스프레드가 되었다는 사실에 매료되었다. 내가 받은 의학 교육이 전통 음식을 가족과 함께 즐길 수 있게 해준 촉매제가 된 셈이다.

다진 간을 먹을 수 있게 되면서, 사람의 입맛이라는 것을 새로운 관점으로 보게 되었다. 누구나 '먹을 수 있는 것'에 대한 나름의 기준이 있고, '역겨운 것'에 대한 관점이 다르다. 그런데 먹을 수 있는 것과 역겨운 것의 경계선을 어디에 긋느냐 하는 문제는 개인의 습관에 따른 것일 뿐이다. 그럼에도 해부학의 세계와 식욕의 세계를 서로 철저히 분리하지 않으면 도무지 식욕이 생기지 않는 사람이 많다.

나도 그랬다. 내가 어렸을 때는 고기라는 것을 추상화되고 해체된 붉은색 덩어리로만 알았다. 고기는 스티로폼 용기에 담기고 랩으로 싸여 마트 진열대에 놓인 음식이었다. 모든 음식은 마트에서 온다고 생각했고, 음식이 어떻게 마트에 오게 됐는지에 대해서는 아무 생각이 없었다. 그렇게 좁은 인식 속에 안전하게 갇혀 있었던 탓에, 때로 비위를 거스르는 육류의 유래에 관해서는 새까맣게 몰랐다. 지금도 고기를 맛있게 즐기려면 그 동물적 기원에는 신경을 꺼야 한다는 생각을 충분히 이해한다.

그러나 인체를 샅샅이 배우게 되자, 동물의 근육을 먹는 일상적인 행위도 꽤 흥미롭게 느껴졌다. 소고기의 부위를 인체의 근육군과 비교해보니 소와 사람의 해부학적 구조는 이름만 다를 뿐 매우 비슷했다. 소고기의 안심은 사람의 엉덩허리근에 해당하며, 소고기의 등심은 사람의 척주기립근에 해당한다. 살아 있을 때 몸의 움직임을 담당하는 근육이, 죽으면 갑자기 고기가 된다. 무슨 생물학적 차이가 있어서가 아니라 보는 관점이 바뀌었을 뿐이다.

나는 추수감사절에 겪은 일을 계기로 각종 음식을 향한 호기심이 발동했다. 간을 경험해보고 나니 다른 해부학적 부위도 과감하게 경험해보고 싶은 욕구가 점점 커지면서, 의학과 요리에 대한 이해가 함께 깊어졌다. 신장학 시간에 신장을 공부하고 나서는 인근 음식점에서 소의 살코기와 콩팥으로 만든 스테이크 앤드 키드니 파이를 먹어봤는데, 콩팥은 속이 사구체라는 미세한 여과장치로 꽉 차 있어 푸짐하고 쫄깃한 식감이 느껴졌다. 내분비계에서 췌장이 하는 역할을 배우고 나서는 처음으로 스위트브레드라고 하는 췌장 요리를 먹어봤다. 췌장은 보통 먹지 않고 버리는 내장이지만, 풍미가 좋고 속이 든든했다.

면역학 강의를 들으면서 매일 수천억 개의 적혈구와 백혈구가 사람의 골수에서 혈류로 흘러들어간다는 엄청난 사실에 놀랐고, 구운 골수를 처음 맛보고는 차원이 다른 굉장한 맛에 놀랐다. 이민자인 우리 할머니가 그토록 좋아하셨던 것도 이해가 갔다. 해부학적으로 골수는 동물의 몸에서 요리하기에 가장 좋은 부위다. 큰 뼈 안의 수많은 구멍에는 굽기 좋게 지방으로 둘러싸인 줄기세포 주머니가 가득 차 있고, 뼈가 조리 용기 구실을 하여 풍미를 한층 더 해준다. 그냥 열만 가하면 된다.

간은 먹는 사람이나 먹지 않는 사람 모두에게 가장 널리 알려진 내장육이지만, 그중에서도 가장 맛이 강하다. 더 맛있는 부위가 수없이 많은데도 간의 자극적인 맛 때문에 다른 모든 부위를 먹기 꺼리는 사람이 많은 것 같아 안타깝다. 간은 뚜렷하고 강렬한 맛 때문에 입문용 내장육으로는 적합하지 않다.

나는 의학을 공부하면서 음식을 보는 시야가 넓어졌다. 해부학·생리학에 관한 지식과 신체의 해부학적·생리적 조화에 대한 경외감이 어우러지면 그 자체가 탁월한 향미료가 될 수 있음을 깨달았다. 그뿐 아니라 동물의 모든 신체 부위는 이를 다치지 않고 씹을 수 있고 식도를 찔리지 않고 삼킬 수 있는 한 먹을 수 있다는 것도 알게 됐다. 먹을 수 없는 부위는? 국물을 우려낼 수 있다.

내 인생에서 가장 해부학적인 식사는 레지던트 과정이 끝날 무렵 아이슬란드 여행 중에 경험한 식사였다. 레이캬비크 외곽에 사는 친구를 찾아가 스비드라는 아이슬란드 전통 요리를 대접받았다. 접시를 받았는데, 거기에 놓여 나를 쳐다보고 있는 것은 양의 머리였다. 정중앙을 갈라 좌우 양쪽으로 나눠놓았다.

그 단면은 해부학 교과서에 나왔던 그림 그대로였다. 의대에서 시험을 앞두고 몇 주 동안 공부했던 바로 그 단면도(양이 아니라 인체였지만)였다. 안구가 안와 지방으로 둘러싸이고 안구를 움직이는 작은 근육들에 덮여 있는 모습이 똑같았다. 종이처럼 얇은 뼈들이 안쪽 면을 뒤덮은 구불구불한 비강은, 내가 머릿속으로 수없이 훑으며 가운데귀와 코곁굴로 가는 우회로를 익혔던 그 비강과 똑같았다. 치열 위에 내던져진 근육질의 혀를 보니, 해부 실습시간에 혀가 목구멍에 어떻게 붙어 있는지 처음 깨닫고 기뻐한 기억이 떠올랐다. 내가 어릴 때부터 궁금해한 수수께끼였다.

동물의 간을 편안하게 먹던 나였지만, 접시 위에서 나를 올려다보는 얼굴을 마주할 마음의 준비는 되어 있지 않았다. 얼굴은 추상화된 고기 부위나 간처럼 숨겨진 장기보다 훨씬 더 인격적인 존재다. 우리는 우리 자신이 얼굴 바로 뒤의 공간에 살고 있다고 생각하며, 얼굴을 보고 친구나 소중한 사람들을 알아본다. 양의 얼굴은 그 동물이 살아온 삶을 역력히 떠올리게 했고, 그 음식을 만들기 위해 무엇이 희생되어야 했는지 단적으로 말해주었다. 안구 뒤로 튀어나온 진주색 시신경 줄기와 코의 후각 점막, 혀에 돋아 있는 미뢰를 포크로 찔러보았다. 그 양의 일생 동안 시각, 후각, 미각 신호를 포착해 뇌(스비드에서는 보통 제거된다)로 전달한 감각기관과 신경이었다.

나는 그 모습을 거울로 삼아 내 얼굴 뒤에 있는 것들에 대해 생각해보았다. 내 감각과 지각 회로는 내가 씹었던 모든 음식의 느낌을 비롯해 내 인생의 거의 모든 경험을 포착해왔다. 스비드 요리는 말하고 있었다. 나 역시 평생 쌓아온 경험에도 불구하고 언젠가 어떤 생물(큰 생물이든 미생물이든)의 저녁밥이 될 것이며, 내가 만지고 본 모든 것은 결국 다진 간처럼 단순한 무언가로 축소될 것이라고.

해부학과 생리학이라는 엄밀한 과학적 관점에서 볼 때, 살아 있는 양이 아이슬란드의 저녁 식탁에 오르기 위해 치른 죽음은 내가 앞으로 의사로서 환자들을 치료하면서 맞서 싸우거나 마주할 죽음과 다를 게 없었다. 언젠가는 나 자신의 죽음도 똑같은 과정을 거칠 것이다. 시신을 해부하면서 내 몸의 구성 요소를 배우고 내 몸속을 간접적으로 엿볼 수 있었던 것처럼, 나는 내 평생의 가장 철학적인 요리를 탐구하면서 내 몸이 무엇으로 이루어졌는지 확실하게 알 수 있었다. 내 몸은 음식이었다.

미각에 공감이 더해지면서 스비드의 모든 부분을 음미할 수 있었다. 안구의 지방은 벨벳처럼 부드럽고 감미로웠으며, 턱에 달린 씹기근육은 믿을 수 없을 만큼 연해 후루룩 삼킬 수 있을 정도였다. 생명의 아름다운 복잡성을 음식으로 축소하는 것은, 사랑이라는 감정을 그저 생식 본능의 장난으로 축소하는 것과 달리, 결코 축소라고 볼 수 없을 듯했다. 그것은 관점의 변화일 뿐이었다.

간을 먹는 행위를 대하는 내 시각이 바뀌었을 때, 사실 객관적으로 변한 것은 아무것도 없었다. 간의 냄새와 맛은 그대로였고, 내 후각도, 혀의 미뢰도, 감각기관과 뇌를 연결하는 신경 회로도 그대로였다. 겉으로 보기에는 모든 것이 이전과 똑같았다. 오직 내 뇌의 깊은 곳, 지각 신호를 해석하고 분류하고 감정과 연결 짓는 부위에서 미세한 변화가 일어났을 뿐이었다. 내가 간을 먹어보고 싶어진 것은 그 음식 뒤에 있는 사연을 인식하게 되면서였다. 저녁 식탁에 놓인 다진 간 한 접시 속에는 어떤 동물의 삶이 숨겨져 있고, 크래커에 발라지기 전에 그 간이 수행했던 복잡한 생물학적 기능에 관한 이야기가 감춰져 있다.

농산물 직거래나 로컬 푸드를 애용하는 사람들은 누가 어느 땅에서 식재료를 재배했는지 앎으로써 음식에 더 강한 유대감을 느낀다. 동물에서 유래한 음식도 마찬가지라는 생각이 들었다. 인간과 동물의 몸이 어떻게 구성되고 어떻게 기능하는지 배우면서 내가 먹는 음식이 한때 생명의 어느 곳에서 어떤 역할을 했는지 알게 됐고, 내 입에 들어가 내 살이 되는 음식에 대해 더 깊이 이해하고 감사하는 마음이 생겼다.

　나는 의학 공부를 하면서 해부학에 관한 기본 지식을 넓혔을 뿐 아니라, 좋은 음식을 알고 잘 요리하는 법을 알려면 동물의 해부학과 생리학을 알아야 한다는 것도 깨달았다. 그리고 해부학과 식욕의 두 세계를 더없이 긴밀하게 묶어준 스비드 덕분에, 추상적인 음식에 얼굴을 부여할 수 있었다. 놀랍게도 음식은 더 선명한 인격성을 띠었고, 음식에 공감하는 것과 음식을 먹는 것은 양립 불가능한 행위가 아니라는 점을 알게 되었다. '역겨운 것'에 대한 내 감각도 완전히 바뀌어서 식용과 비식용을 구분하는 습관이 재배열되었고, 음식에 관한 인식의 문이 깨끗해졌다. 시인 윌리엄 블레이크는 "인식의 문이 깨끗해지면 모든 것이 있는 그대로, 즉 무한하게 보인다"고 했지만, 그렇게 되면 음식도 있는 그대로, 즉 맛있게 느껴진다.

　병원 이곳저곳에서 로테이션을 하며 레지던트로 6개월을 근무한 후였다. 새 병동에서 일하던 중, 장 감염으로 설사와 탈수가 심해져 입원한 청년을 맡게 되었다. 아침 회진을 바쁘게 돌고 있는데 청년을 돌보는 간호사가 병동 저쪽에서 내게 외쳤다.

　"환자분 아버지가 선생님을 아신다는데요!"

노트에 빼곡 적힌 할 일을 하나씩 급히 처리하다가 환자의 이름을 다시 확인해봤지만, 기억나는 게 없었다.

그날 오후, 청년에게 퇴원해도 된다는 말을 하려고 병실을 다시 찾았다. 상태가 호전되어 이제 수분 유지를 위해 수액주사를 맞을 필요가 없었다. 침대 옆에는 청바지에 야구모자 차림의 마른 남자가 마스크를 쓰고 서 있었다. 환자에게 퇴원 이야기를 꺼내기도 전에 남자가 나를 보고는 마스크를 내려 얼굴을 드러냈다.

"저 후안이에요." 남자가 환하게 웃으며 말했다. "간 이식 받았어요."

남자의 얼굴을 자세히 봤다. 눈과 피부에서 노란빛이 사라졌고, 수척했던 얼굴에 살이 붙어 있었다. 나는 후안을 죽음의 문턱에 있을 때만 알고 지냈기에, 내 기억 속 후안의 모습은 그렇게 각인되어 있었다. 눈앞의 남자는 건강해 보였으며, 내가 매일같이 진찰했던 불룩한 배는 온데간데없었다. 온전히 혼자 힘으로 내 앞에 서 있었다. 두 명의 부축을 받지 않고 서 있는 모습을 본 것은 처음이었다. 그는 새로 받은 간의 마법 같은 힘으로 건강을 되찾고 완전히 바뀌어 있었다.

후안이 손을 내밀어 악수를 청했다. 나는 와락 그를 끌어안았다. 의사로 일하면서 기쁨과 안도감으로 눈물이 난 적이 몇 번 있었는데, 그때가 그랬다. 후안 뒤에서 그의 아내 애나가 다 안다는 듯 다정하게 미소 지었다.

공통의 경험은 공감의 필수 요소이지만, 의학 지식도 공감을 한층 높여준다. 객관적·물리적으로 관찰할 수는 없었지만 후안 부부와 나는 각자의 머릿속에 공통의 인식과 기억을 담고 있었다. 나는 비록 두 사람의 가장 힘들었던 시기 중 짧은 순간을 함께했을 뿐이지만 그 고통의 깊이를 알고 있었고, 두 사람이 그 자리에 서기까지 얼마나 많은 일을 겪었을지 어렴풋이 알 수 있었다.

병원의 정신없는 일과 속에서 환자는 간과되기 쉽다. 의사와 간호사가 왔다 갔다 하고, 바쁜 레지던트들이 이리저리 뛰어다닌다. 끊임없는 인수인계 속에서 의사와 환자는 마치 생체에서 분리된 음식처럼 얼굴 없는 존재가 된다. 그러다 보니 의사와 환자 간에 깊은 관계가 형성되는 경우는 드물다. 환자의 급박한 상태에 가려 그 사람의 인간적 특성을 못 보기도 하고, 치료 과정에 가려 그 배경에 있는 개인사를 간과하기도 한다. 분주한 의료 현장에서 공감이 항상 쉽지는 않다. 나 역시 헤아릴 수 없이 많은 환자를 잊었지만, 후안은 기억에 오래 남은 몇 사람 중 하나였다.

알지 못하는 새 환자를 만나도 이전의 환자들을 알았던 경험을 바탕으로 환자의 스토리를 어느 정도 짐작할 수 있다. 간 기능에 이상이 생긴 환자는 얼굴에 그 사실이 나타나고, 나는 그 미묘한 징후를 감지해 몸속에서 무슨 일이 일어나는지 알 수 있다. 간이라는 독특한 장기의 병으로 고통을 겪는 후안과 같은 환자 그리고 애나와 같은 가족들을 돌본 경험이 있기 때문에, 그런 사람이 지금까지 겪은 일과 앞으로 감당해야 할 일을 어느 정도는 알고 있다.

진료받으러 온 환자가 간을 이식받은 이력이 있으면, 겉으로는 건강해 보일지라도 많은 일을 겪었다는 것을 나는 안다. 운 좋게 이식을 받고 살아날 때까지 죽음의 문턱에서 얼마나 큰 고난을 치렀는지 안다. 내가 간질환을 직접 겪어본 적은 한 번도 없지만, 많은 환자가 그 과정을 치르는 모습을 지켜보았다.

의사로서 의학적 지식과 경험을 쌓으면 다른 사람의 삶을 더 깊이 들여다보고 눈에 보이는 것 이상을 파악할 수 있다. 우리가 먹는 음식의 출처를 알면 다른 생명체의 경험을 이해할 수 있는 것과 마찬가지다. 미각도 그렇지만, 공감의 바탕은 감각기관이나 신경 회로가 아니다. 생명의 겉면 뒤에 숨겨진 존재에 대한 인식이다. 인간에 대한 공감도, 동물에 대한 공감도, '살아 있다'는 느낌을 아는 것에 다름 아니다.

후안처럼 아무 잘못 없이 간이 망가진 환자에게는 자연스레 공감하게 된다. 그런가 하면 과도한 음주를 일삼은 탓에 간경화증에 걸린 환자도 많이 봤는데, 그런 이들에게도 공감은 필요하다. 내 경험으로는 소아과 환자에게 공감하기가 가장 쉽다. 무슨 질환에 걸렸든 환자 탓인 경우는 거의 없으니까. 반면 성인 환자는 보통 그 반대다. 때로는 공감하기 위해 엄청나게 애써야 하는 경우도 있다. 살인자나 아동학대자를 돌보면서 혐오감과 동시에 공감을 느끼는 법을 배웠다. 과거에 무슨 일을 저질렀든, 의사 앞에서는 누구나 보살핌이 필요한 약자다. 공감이 항상 쉽지는 않지만, 늘 중요하다.

6

솔방울샘
"죽는 거 아니까
푹 자게 해주시면 안 될까요?"

의대 3학년 병원 실습 첫날, 나는 새벽 5시 45분에 일어났다. 깜깜한 동녘 하늘에 희끄무레한 빛이 가까스로 돋아날 무렵, 샤워하고 옷을 입었다. 새벽 어스름 속에 적막하다 못해 황폐한 느낌마저 드는 거리를 몽롱한 정신으로 부지런히 걸었다. 병원에 도착할 때쯤에는 드디어 여명이 걷히고 검푸른 하늘이 옥색으로 밝아졌다. 세상도 그리고 나도, 드디어 어두운 심해를 벗어나 물 위로 떠오른 느낌이었다. 내과 로테이션을 시작하는 첫날, 익숙한 낮의 하늘빛이 왠지 위안처럼 느껴졌다.

야간에 근무한 레지던트들이 주간 근무 레지던트들과 의대 실습생들에게 환자 관련 업무를 넘겨주는 인수인계 시간은 정확히 6시 30분이었다. 나는 어디로 보나 아침형 인간이 아니었지만, 지각은 중대한 범죄였다. 내가 아무리 꼭두새벽에 일어났고 신세가 한탄스럽다 해도, 야간 근무를 마치고 녹초가 된 레지던트들만큼 잠이 절실하겠는가.

내 24시간 주기 리듬 훈련이 시작되었다.

나는 폐렴으로 입원한 노인 남성 환자 한 명을 배정받았다. 2년 동안 강의만 듣다가 처음으로 진짜 의사 역할을 해보는 것이었다. 병실에 가서 병력을 묻고 진찰한 다음, 내 업무를 지도하는 담당의에게 환자의 사례를 설명해야 했다. 병실에 최대한 조용히 들어가서 보니, 환자는 코에 산소 튜브를 꽂고 누워서 자고 있었다. 내 손에 든 클립보드에는 전날 출력한 엄청나게 긴 질문 목록이 들어 있었다. 담당의와 만나기 전에 모두 확인해야 할 사항들이었다.

그런데 깨우려니 망설여졌다. 노인은 코를 요란하게 골며 평온하게 자고 있었다. 창으로 들어오는 은은한 아침 햇살이 몸에 반쯤 걸려 있었다. 코골이는 폐쇄성 수면무호흡의 증상일 수도 있지만, 침대 옆 모니터에는 폐렴과 코골이에도 불구하고 산소 수치가 양호하게 표시되고 있었다.

환자의 발을 몇 번 두드렸지만 코 고는 소리는 줄어들 기색이 없었다. 일단 물러나서 나를 감독하는 레지던트에게 어떻게 해야 하는지 물을까도 생각해봤는데, 보나마나 더 세게 깨워보라고 할 것 같았다. 레지던트들도 담당의에게 보고하기 전에 저마다 봐야 할 환자가 수없이 많았으므로, 이 환자 한 명쯤은 내가 알아서 하기로 마음먹었다.

"선생님?" 소심하게 불렀다. 아무 반응이 없었다.

발을 흔들었다. 그래도 반응이 없었다.

"선생님!" 이번에는 너무 크게 외쳤다.

환자가 깜짝 놀라며 눈을 떴다. 나는 내 소개를 하고, 환자의 눈에서 졸음이 채 가시기도 전에 곧바로 속사포처럼 질문을 쏟아냈다. 한바탕 취조가 끝나자 담요를 벗기고 진찰에 들어갔다. 배운 대로 심장과 폐 소리를 듣고 배를 눌러보았다. 내 인생에서 처음 의사로서 환자를 만난 시간이었는데, 맨 처음 한 일이 곤히 잘 자고 있는 아픈 사람을 깨운 것이었다.

눈이 풀린 채 기진맥진한 환자를 뒤로하고 회진에 참여하기 위해 급히 나섰다. 지치고 멍한 상태로 그날 오전 일과를 어찌어찌 치렀다. 이른 아침 정시 출근은 내게 고역이었고, 새 근무 복장만큼이나 몸에 맞지 않았다. 와이셔츠와 넥타이는 꽉 조여서 경동맥을 위협하는 듯했고, 딱딱한 검은 구두는 몇 시간씩 서 있어야 하는 회진 시간 내내 발을 괴롭혔다. 커피는 이제 아침의 여유가 아니라 꼭 필요한 약이었다. 회진을 무사히 치르려면 연료를 주입하듯 간간이 한 모금씩 마셔야 했다.

외과 로테이션은 더 힘들었다. 매일 저녁 잠들기 전에 새벽 4시 30분이라는 극악한 시간에 알람을 맞췄다. 내과에서 입었던 정장 셔츠와 넥타이 대신 하늘색 수술복을 입었는데, 파자마와 비슷한 느낌이라 새벽 5시 기차를 타고 비몽사몽으로 출근하는 데 적합했다. 매일 아침 병원 기차역에 도착할 때마다 잠을 느긋이 깰 수 있게 조금만 더 갔으면 하고 생각했다. 또 한 차례의 고된 회진이 기다리는 병원을 향해 걸을 때, 칠흑같이 깜깜한 하늘에는 별만 몇 개 반짝일 뿐 해가 뜰 기미조차 보이지 않았다.

다른 실습생들과 함께 담당의와 레지던트들 뒤를 따라 병원 위층을 돌아다니며 수술 받은 환자들을 한 명씩 잠에서 깨웠다. 회진 중에 가장 중요한 질문은 환자가 수술 받은 후에 방귀를 뀌었는지 여부였다. 방귀는 수술 후 잠들었던 장이 다시 깨어나고 있다는 신호다. 환자들은 잠이 덜 깬 채로 우리의 질문 세례와 청진기 진찰을 받아야 했다. 환자들의 장도 대개는 아직 깨어나지 않은 상태였고, 내 정신 상태도 마찬가지였다.

외과 회진은 좋은 점이 하나 있었다. 혼미한 정신과 끊임없는 방귀 이야기 속에서도 일출의 아름다움에 매료된 적이 여러 번 있었다. 피곤한 눈으로 가까운 곳에 초점을 맞추기 어려워 자연스레 먼 곳에 시선을 돌리면, 병실 창문 너머로 타오르는 색의 향연이 펼쳐졌다. 선홍색으로 흥건하게 물든 지평선 위에 주황색 기운이 퍼져나갔다. 맑은 날에는 동쪽으로 창이 난 병실마다 숨이 멎을 듯 황홀한 광경이 펼쳐져, 외과 회진의 고단한 일과 속에서 잠시 숨을 돌릴 수 있었다. 그리하여 나는 뉴저지주 캠던 시내의 외과 병동이라는 예상치 못한 공간 속에서 아침 해가 선사하는 장관에 처음으로 심취하게 되었다. 아침마다 동쪽 지평선에서 뱉어낸 불의 알약을 저녁마다 서쪽에서 다시 삼키곤 했다.

⁂

의사라는 직업을 택한 이상 아침 일과는 빡빡할 수밖에 없는데, 내 몸이 과연 생물학적으로 그런 생활에 적합한지 의문이 들었다. 나는 청소년기와 대학 시절 내내 저녁형 인간이었다. 약속된 일정이 없으면 보통 점심때쯤 일어나곤 했다. 인체가 잠들고 깨는 24시간 주기 리듬을 연구하는 학자들 용어로 말하면 '올빼미족'이었다. 나는 어둠 속에서 음산하게 울며 사냥하는 올빼미처럼 밤에 살아나곤 했다. 그 반대 유형은 '종달새족'으로, 동이 트자마자 상쾌하게 지저귀는 종달새처럼 일찍 일어나고 아침에 기운이 넘치는 사람들이다. 둘 중 어느 한쪽 성향을 강하게 보이는 사람은 자신의 24시간 주기 리듬에 맞는 직업을 자연스럽게 찾아간다는데, 과연 나는 맞게 택한 것인지 걱정이 되었다.

수면주기를 병원의 일과에 맞게 조정하려면 내 솔방울샘(송과선)의 역할이 절대적으로 중요했다. 솔방울샘은 뇌 한가운데 깊숙이 위치한 콩알만 한 조직이다. 수면주기를 관장하는 신체 기관인데, 같은 내분비기관이면서 부근에 위치한 뇌하수체보다는 잘 알려져 있지 않다. 솔방울샘은 취침 시간 몇 시간 전에 멜라토닌이라는 호르몬을 뇌척수액으로 흘려보내 우리 몸의 수면을 준비한다.

종달새족은 이 과정이 올빼미족보다 훨씬 이른 저녁 시간에 일어나기 때문에 일찍 잠들고 상쾌한 기분으로 일찍 일어날 수 있는데, 내게는 남의 이야기일 뿐이었다.

올빼미가 종달새가 되려면 햇빛을 규칙적으로 쐬어 뇌에 변화를 일으켜야 한다. 우리 몸에 닿은 햇빛은 피부에서 사실상 전부 차단된다. 햇빛이 불투명한 피부를 우회해 몸속으로 침투할 수 있는 유일한 경로는 눈이다. 눈을 통해 햇빛의 신호가 솔방울샘에 도달하는 것이다. 솔방울샘은 빛을 받으면 멜라토닌 분비를 중단해 수면 시간이 끝났음을 몸에 알린다. 연구에 따르면, 광원을 꾸준히 밝게 유지하는 것보다 동이 틀 때처럼 조도를 서서히 높이는 것이 몸의 24시간 주기 리듬을 변화시키는 데 효과적인 신호로 작용한다. 당시에는 몰랐지만, 외과 회진 중에 일출을 지켜보면서 내 솔방울샘의 리듬이 바뀌어가고 있었다.

훈련은 효과가 있었다. 솔방울샘이 병원의 혹독한 일과에 마침내 적응한 것이었을까, 의대 생활이 막바지에 접어들 무렵에는 취침 시간을 의식적으로 엄수하려 하지 않아도 일찍 잠드는 데 어려움이 없었다. 한때 으스스해 보였던 새벽녘의 텅 빈 거리는 평온하게만 보였고, 나름의 고요한 아름다움이 느껴졌다. 쉬는 날에는 인수인계를 받을 일이 없는데도 해가 뜰 때 일어나곤 했다.

어느새 나는 종달새가 되어 있었다. 그리고 많은 것을 깨달았다. 의사는 자연과 같은 리듬으로 아침을 시작한다. 나는 인수인계에 맞춰 일어나는 습관 덕분에 쉬는 날에도 일찍 일어나서 산에 오르고 낚시하고 야생 식용버섯을 채집할 수 있었다. 새벽은 버섯을 포함해 숲의 모든 것이 가장 신선할 때고, 야생동물을 관찰하기에도 가장 좋은 때다. 사슴은 밤 동안 옥수수밭에서 옥수수를 뜯어 먹고, 동이 틀 때 잠자리로 돌아간다. 항상 걷던 길을 따라 아침마다 나름의 회진을 돌면서 잔가지와 새순을 뜯어 먹지만, 의사와 달리 아무도 깨우지 않으려고 각별히 주의한다.

나는 해가 뜰 때 깰 수 있게 된 것이 자랑스러웠다. 그렇지만 내가 올빼미에서 종달새로 변신한 것은 특별한 일이 아님을 나중에 알게 되었다. 펜실베이니아대학교에서 수면생물학을 연구하는 데이비드 딘지스 박사에 따르면, 많은 청소년들이 올빼미 단계를 거치는 이유는 타고난 생물학적 요인보다는 사회적 영향 때문일 가능성이 높다. 내가 청소년기에 늦게 자고 늦게 일어났던 것도 그렇게 설명이 된다. 딘지스 박사에게 직접 들은 바에 따르면 대부분의 사람이 24시간 주기 리듬의 두 극단 사이 어디에 있는데, 아마 나는 처음부터 종달새였던 것 같다.

24시간 주기 리듬에 관해 우리가 알고 있는 지식의 상당 부분은 체온을 측정한 연구에서 나온 것이라고 딘지스 박사는 설명했다. 멜라토닌이 분비되면 우리 몸은 열을 발산한다. 잠자리에 들기 몇 시간 전에 때로 한기가 느껴지는 것은 그런 이유다. 아침이 되면 햇빛으로 인해 솔방울샘의 작용이 멈추면서 체온이 다시 오른다.

태양이 간밤의 냉기를 몰아내면서 땅이 다시 더워지는 것과 비슷하다. 그리고 햇빛은 매일 아침 꾸준히 먹는 약처럼 강력한 효능이 있어서 솔방울샘의 리듬을 바꾸는 데 도움이 될 수 있다고 한다. 내 경우도 아마 그랬던 것 같다.

동물, 미생물, 일부 식물 등 지구의 생물 대부분은 하루 주기로 잠들고 깨어난다. 지구의 자전에 따라 지표면의 생명체는 햇빛 아래에 놓였다가 햇빛에서 벗어나기를 반복하고, 멜라토닌 같은 호르몬의 혈중농도는 새소리처럼 낮과 밤 내내 늘었다 줄었다 한다. 솔방울샘은 인체의 해부학적·생리적 리듬이 외부 세계와 동기화하게끔 돕는다. 발이 우리를 땅과 이어주고 폐가 우리를 대기와 엮어주듯이, 솔방울샘은 우리 몸의 모든 세포를 태양과 하나로 묶어준다.

실습생 때는 환자 두세 명을 맡았지만 레지던트가 되자 열 명, 때로는 그 이상을 맡게 되었고, 아침 일과는 더욱 정신없이 돌아갔다. 매일 오전 9시에 담당의와 함께 회진을 하면서 모든 환자를 살피고 그날의 치료 계획을 검토하게 되어 있었다. 그 시간이 되기 전에 각 환자의 병실에 찾아가 안부를 묻고, 증상이 나아졌는지 묻고, 처방한 약의 부작용이 있는지 확인하고, 진찰을 해야 했다. 전부 마치고 나면 새로 나온 혈액검사와 영상검사 등의 결과를 검토하고, 환자의 긴급한 문제를 분과 자문의와 협의하고, 환자의 질환과 투약에 관해 부족한 정보를 찾아 지식의 구멍을 메워야 했다. 그러면 담당의를 만날 준비가 끝난다. 담당의는 회진 중에 모두 보는 앞에서 레지던트에게 난해한 질문을 던지곤 했는데, 어떤 희한한 사항을 콕 집어서 물을지 알 수 없으니 거의 모든 것을 다 알고 있어야 했다.

나는 아침 6시 30분이라는 이른 시간에 '예비 회진'을 돌기 시작했는데, 대개는 자는 환자를 깨워야 했다. 병실에 들어갔을 때 환자가 벌써 깨어 있으면 속으로 쾌재를 불렀다. 환자를 깨우지 않아도 되어서가 아니라, 잠결에 멍한 상태가 아니어서 내 질문에 바로 대답할 수 있으니 1분이라도 아낄 수 있어서였다. 몇 가지 질문을 던지고 급히 진찰을 마치고 나면, 다음 목표는 병실에서 최대한 빨리 나가는 것이었다. 환자가 복잡한 질문을 하거나 현재 입원과 무관한 만성적인 문제를 이야기하려고 하면, 나는 시계를 곁눈질하며 조심스럽게 말을 끊으려고 했다.

매일 9시 회진 시간에 맞춰 할 일을 마치고자 고군분투했고, 아침에 예정했던 일을 다 끝내지 못하면 그날은 온종일 정신없이 일에 끌려다녀야 했다. 예기치 못한 문제가 발생하면 일정이 모두 꼬였다. 환자의 상태가 호전되지 않으면 시간을 들여 환자의 사례를 더 깊이 고민해야 했다. 증상의 다른 원인을 생각해보고, 추가로 수행할 검사와 투여할 약물, 협의할 자문의를 결정해야 했다. 그런데 스케줄상 도무지 시간이 나지 않았다.

예비 회진을 마치고 나면 급히 회의실로 향했다. 그곳에서 레지던트들은 각자 맡은 환자들의 사례를 담당의와 논의했다. 다른 레지던트들은 보통 나보다 먼저 와 있었고, 차분하고 준비된 표정이었다. 다들 나보다 일을 능률적으로 하는 걸까, 아니면 나보다 더 이른 아침에 환자를 가차 없이 깨우는 걸까 궁금했다.

하루 중 수면이 차지하는 시간은 3분의 1 정도에 불과하지만, 수면은 건강한 24시간 주기 리듬의 기초다. 수면이 몸 전체의 건강에 무척 중요하다는 사실은 수많은 연구를 통해 입증되었다. 수면이 부족한 환자는 심혈관질환, 비만, 당뇨병 등 각종 질환이 더 악화한다. 그럼에도 수면은 내가, 또한 내가 소속되었던 병원 시스템이 너무 쉽게 무시해버린 환자의 필수적 신체 기능이었다.

우리 레지던트들에게 훨씬 더 절실하게 느껴졌던 문제는 우리 자신의 수면 시간 확보였다. 충분히 쉬지 못하면 의사결정능력이 떨어지고 의료 오류가 늘어나며, 이는 결국 환자의 피해로 이어진다는 사실을 다들 논문을 읽어 알고 있었다. 그러나 나는 일과에 적응하여 보통 잠을 충분히 잔 반면, 내 환자들은 병원에 머무르는 동안 충분히 쉴 가망이 희박했다.

우리는 의학 논문을 검토하던 중 입원 환자들이 받는 수면 방해가 심각하다는 주제의 연구를 놓고 이야기를 나눴다. 몇몇 연구는 환자의 수면을 방해하는 가장 큰 요인 중 하나로 야간에 주기적으로 이루어지는 활력징후 검사를 꼽았는데, 나도 책임이 있는 부분이었다. 나는 발열이나 심박수와 혈압의 변화를 감지해 환자의 상태 악화를 조기에 발견하려고 그런 주기적인 검사를 별 생각 없이 지시하곤 했다.

의사와 간호사에게는 편하지만 환자에게는 불편한 시간대에 약물을 투여하는 것을 문제로 지적한 연구도 있었다. 역시 내가 한번도 깊이 생각해보지 않은 병원 일과의 한 부분이었다. 환자의 아침 투약 스케줄을 컴퓨터에 입력할 때 디폴트가 오전 8시로 설정되어 있었는데, 바꿀 생각을 한 번도 하지 않았다. 그 시간이면 나는 카페인도 섭취했겠다 잠이 확실히 깨어 있었고, 예비 회진도 거의 마쳐갈 때였으니까.

병원 안의 인공조명을 문제로 지적한 연구도 있었다. 밤새 켜져 있는 복도의 형광등이 환자의 솔방울샘에 잘못된 신호를 보내 신체의 수면 개시 기전을 방해한다는 것이다. 자연광은 솔방울샘의 건강한 작용을 돕지만, 입원 환자들은 자연광에 극히 적게 노출된다. 다인실에서 침대가 창문과 멀리 떨어진 경우에는 더욱 그렇다. 많은 환자들에게 병원의 채광은 거의 카지노 수준이다. 카지노는 손님들이 바깥 시간의 흐름을 감지하지 못하고 도박에 몰입하도록 창문을 달지 않는다고 하지 않는가.

내가 목격한 수면 부족의 가장 심각한 여파는 섬망이었다. 병원 획득 섬망이라고 하는데 노약자, 특히 치매를 이미 앓고 있는 환자에게서 자주 발생했다. 내 환자가 의식의 혼란, 주변 인식 저하, 그 밖의 인지장애를 보일 때 적어도 부분적으로는 24시간 주기 리듬의 교란 때문인 경우가 많았다. 입원 환자의 섬망은 질환 자체와 투약 등 여러 가지 원인 때문에 일어나지만, 병원에서 잠을 제대로 자지 못하는 것이 문제를 악화시키는 요인이다. 나는 그럴 때 주로 항정신병제를 정맥투여하여 치료하는 방법을 배웠는데, 난폭한 환자를 진정시키는 것 외에는 별 효과가 없다. 나는 문제를 인식하고 있었고 나도 책임이 있다는 것을 알았지만, 내 일을 끝내려면 모른 척 고개 숙이고 고된 하루하루를 돌파해나가야 했다.

밤낮으로 울려대는 병원의 각종 경보음도 수면 부족 문제를 가중하게 했다. 오경보를 울리는 심장 모니터의 날카롭게 요동하는 소리, 멀리 떨어진 병실의 정맥 주입 펌프가 막혀서 처량하게 삑삑거리는 소리 등 소음이 끊이지 않았다. 담당의와 상급 연차 레지던트들이 가끔 수면 문제를 형식적으로 언급하긴 했지만, 입원 환자들의 처지를 개선하기 위해 내 업무 방식을 조정하거나 예비 회진 방식을 바꾸기에는 도저히 시간이 부족해 보였다. 레지던트 일에 경황이 없는 내 두뇌는 병원의 시끄러운 소리를 무시하는 데

이미 익숙했고, 환자들의 수면 필요성에도 빠르게 무감해져가고 있었다.

✿

레지던트 첫해 후반, 테드라는 30대 중반의 남성이 우리 병동에 입원했다. 테드는 몇 달 전에 쪼는 듯한 복통이 오고 몸무게가 줄어서 일차진료의를 찾았다. 혈액검사와 촬영검사에서 잇따라 이상이 발견되었고, 진행성 위암 진단이 내려졌다. 수술, 방사선요법, 화학요법 등 치료 과정을 밟던 중 어느 날 실신했는데, 담당 종양전문의는 잠깐 입원해 수액주사로 수분과 전해질을 보충하면 상태가 좀 나아지리라고 판단했다.

병실에서 만난 그는 초췌한 모습이었다. 눈은 푹 꺼져 있고, 독한 치료 때문에 가늘어진 금발 머리가 뭉텅뭉텅 빠지고 있었다. 목소리에 힘이 워낙 없어서 그가 하는 말을 알아들으려면 귀를 가까이 가져가야 했다. 아내 서맨사는 울면서 제정신이 아니었지만 무표정한 열한 살과 아홉 살 두 아이 앞에서 마음을 추스르려고 애쓰고 있었다. 걷잡을 수 없는 크나큰 비극 앞에서 테드의 아내는 겉으로나 감정적으로나 무너져 내리고 있었고, 테드의 몸은 속으로 조용히 망가져가고 있었다.

그 후 며칠은 출근 전에 샤워를 하면서 테드가 떠올랐고, 회진

때 그를 깨울 생각에 마음이 불편했다. 그의 잠을 깨운다는 것은 벗어나고 싶은 끔찍한 현실로 그를 복귀시키는 일이었다. 나는 환자를 깨우는 데 익숙해 있었지만 테드에게는 전혀 다른 느낌이 들었다. 아마도 워낙 병색이 짙은 데다 누가 봐도 말기 환자여서, 다른 환자들보다도 그의 잠을 방해하는 것은 한층 더 무익한 일이라는 생각 때문이었을까.

테드는 4개월 전에 암 진단을 받은 후로 입원과 퇴원을 거듭했고, 그의 의료 기록은 의사 소견과 검사 결과, 그 밖의 절망적인 내용으로 빼곡했다. 기록을 읽으면서 나 역시 테드의 내리막길을 지켜보는 얼굴 없는 의료진 중 한 명에 불과하리라는 생각을 했다. 나는 또 하나의 청진기일 뿐이었다. 그것도 꼭두새벽부터 질문 세례를 퍼붓는 청진기.

그럼에도 나는 오전 9시까지 할 일을 끝내야 한다는 다급한 마음으로, 테드가 눈을 뜰 때까지 그의 다리를 살살 두드렸다. 매일 아침 그를 현실로 복귀시켜 야윈 살갗에 차가운 청진기를 갖다 대고, 마른 목구멍에 불빛을 비추고, 움푹 꺼진 배를 손으로 눌러댔다. 몽롱한 잠기운이 가시고 나면, 암 환자의 가혹한 현실이 새삼 다시 실감되면서 날마다 끔찍한 재진단을 받는 기분이리라. 나는 입맛이 어떤지(언제나 전혀 없었다), 통증이 어떤지 묻고는(변함없이 지속됐다), 다른 환자를 깨우기 위해 급히 자리를 떴다.

그가 잠시 입원하여 내 돌봄을 받는 이 시간은, 눈앞에 닥친 죽음의 길을 그저 약간 돌아가는 것에 불과할지도 모른다. 그럼에도 나는 그를 충실히 돌봤다. 수액주사를 맞혔고, 아무 맛이 없을 음식을 텅 빈 배 속에 집어넣도록 부추겼고, 무의미한 혈액검사를 매일 수행하고 분석하면서, 도통 수치가 오르지 않는 마그네슘·칼슘·칼륨을 보충했다. 퇴원하여 집에 가면 수치는 곧바로 다시 떨어질 게 뻔했다.

아침마다 그가 나를 제지하며 이렇게 말하지 않을까 생각했다. "저 죽는 거 알아요. 선생님도 아시잖아요. 아무리 용한 의사도 손쓸 방법이 없잖아요. 아침에 그냥 푹 자게 해주시면 안 될까요?" 하지만 그런 말은 없었다. 하루에 두 차례 짧은 대화를 나누는 동안, 우리는 명백하면서 불가피한 그의 예후에 관해 아무 말도 하지 않았다. 그런 이야기는 암 치료를 일차적으로 담당하는 종양전문의의 몫이었다. 종양전문의는 테드 부부와 매일 심도 있는 대화를 나누고 있었다. 몇 달 전 처음 진단이 나왔을 때부터 관계를 이어왔으니, 병원 의료의 관점에서는 장기적인 관계였다.

테드가 퇴원하고 몇 달 후에 그의 의료 기록을 찾아봤다. 차트 맨 끝에 담당 종양전문의가 작성한 메모에는 그의 사망에 관해 몇 문장이 적혀 있었다. 사망 장소는 집이었다. 병원이 아닌 자택에서 세상을 떠났다는 사실에 나는 안도했다. 생의 마지막 며칠 동안 나 같은 의료진에게서 해방되어 마음껏 잠을 자는 그의 모습을 상상해보았다.

나는 테드의 일을 겪고 나서 나만의 새로운 규칙을 세웠다. 정말 긴급한 경우가 아니라면 말기 환자의 잠을 결코 깨우지 않는다는 것이었다. 가능한 한 건강과 장수의 꿈을 오래 꾸게 해줄 생각이었다. 내가 맡은 모든 환자에게 그 규칙을 적용하면 가장 인도적이겠지만 그럴 수는 없었다. 그래도 나는 예비 회진의 능률이 전보다 많이 올랐기에, 어느 정도 스케줄의 여유와 자율성을 누릴 수 있었다. 나는 담당의의 요구에 계속 부응하면서 내 제한된 권한을 그런 식으로 행사하기로 했다.

이제 회진 전에 모든 환자를 깨우지 않았다. 일부 환자는 재우고, 야간 근무 간호사에게서 얻은 정보를 바탕으로 그날의 치료 계획을 일차적으로 세웠다. 또 그 밖의 수면 방해도 줄이고자, 병원의 끊임없는 소음을 차단해줄 귀마개를 환자에게 적극적으로 제공했으며 병실 문에 '방해 금지' 팻말을 걸었다. 야간의 무분별한 활력징후 검사를 삼가고, 실제로 갑자기 위중해질 위험이 높은 환자가 누구인지 따져봤다. 대다수 환자는 그럴 위험이 미미했고, 그런 경우 야간 검사를 더 합리적인 시간대로 옮겼다.

환자의 수면을 박탈하는 거대 의료 시스템 속에서 의사 한 명이 할 수 있는 일에는 한계가 있지만, 정식으로 입원전담의가 된 후에는 말기 환자나 일반 환자 모두 푹 재울 수 있는 자율적 권한이 더 커졌다. 다른 의사들은 환자를 너무 일찍 깨우거나 너무 자주 깨우거나 타당한 이유 없이 깨우기도 했지만, 나는 환자들이 늦게까지 잘 수 있도록 내가 할 수 있는 모든 일을 다 했다.

솔방울샘은 내가 레지던트 시절 생각해볼 일이 거의 없었던 신체 부위다. 뇌 전체의 건강을 위협하는 큰 문제가 아니면 솔방울샘이 감염되거나 염증이 생기거나 손상되는 일은 거의 없다. 온갖 신체 부위의 병으로 찾아온 환자를 만나봤지만, 솔방울샘 관련 질환은 한 번도 보지 못했다. 간혹 솔방울샘에 종양이 생기기도 한다는 것은 알고 있었다. 하지만 그런 특수하고 희귀한 질환을 앓는 환자를 직접 본 적은 없었다.

그러나 입원 환자의 수면 부족에 따른 폐해를 이해하면서, 솔방울샘이 건강에 어떻게 미묘한 영향을 끼치는지 알게 되었다. 입원 중 수면 방해는 질병 회복에 큰 지장을 주지만, 건강한 사람들도 바쁜 생활 습관과 스마트폰, TV, 컴퓨터 화면에서 나오는 가짜 햇빛으로 인해 수면에 방해를 받는다. 그 결과 신체의 자연적인 리듬이 깨진다. 수면 부족이 개인과 사회에 미치는 방대한 여파는 최근에야 조금씩 드러나고 있는데, 솔방울샘의 작용이 상세히 밝혀지면 이 문제를 풀어나가는 데 도움이 될지도 모른다.

솔방울샘은 여전히 수수께끼로 남아 있다. 워낙 뇌 깊숙한 곳에 자리 잡고 있어서 우리 몸의 내분비샘 중 그 기능이 가장 늦게 밝혀지기도 했다. 솔방울샘이 우리 몸에 미치는 광범위한 여파는 아직 규명되지 않은 점이 많다. 멜라토닌이 면역체계에 작용해 감염에 대한 면역력을 높여준다는 연구도 있고, 더 나아가 종양을 억제하는 특성이 있다고 하는 연구도 있다. 또한 내가 관찰한 바로는 수면 보조제로 멜라토닌 정제를 복용하면 매우 큰 효과를 보는 환자가 있는가 하면, 거의 아무 효과를 보지 못하는 환자도 있다. 24시간 주기 리듬은 우리 몸에 아주 깊이 뿌리박혀 있는 특성이고, 좋게든 나쁘게든 조절하는 요령이 아직 제대로 밝혀지지 않았다.

병원에도 새날이 밝아오고 있다. 의사와 간호사, 의료기관들이 숙면의 중요성에 이전보다 더 주목하고 있다. 일부 병원은 소음을 줄이고 자연채광을 늘리는 조치를 시행하고 있기도 하다. 의료 분야에서는 보기 드물게, 부작용이 없고 비용이 들지 않는 수단이다. 수면은 인체의 풀리지 않는 수수께끼 가운데 하나다. 수면의 중요성과 회복력은 잘 알려져 있지만, 수면으로 심신이 재충전되는 원리는 정확히 밝혀지지 않았다. 수면의 파수꾼 솔방울샘은 우리가 아직 거의 알지 못하는 몇 안 되는 신체 부위 중 하나다.

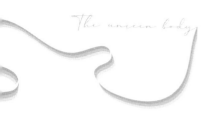

뇌
가장 높은 곳의 수도자

히말라야 고산지대에서 두통은 결코 단순한 두통이 아니다. 인체의 부적응을 나타내는 신호다. 나는 네팔의 가장 유명한 트레킹 코스에 자리 잡은 진료소에서 일하면서 날마다 두통, 메스꺼움, 어지럼증을 호소하는 사람들을 치료했다. 일반 응급실에서는 심각한 뇌질환 징후로 볼 수도 있는 증상들이다. 그러나 험준한 고산지대에서는 당연한 증상이었으므로, 훨씬 간단히 진단을 내릴 수 있었다.

내가 그곳에서 일하기로 한 데는 산과 여행을 좋아하는 이유가 컸지만, 극한의 환경이 인체에 미치는 신기한 영향을 더 잘 알고 싶은 마음도 있었다. 내 여정은 낮은 지대에서 시작되었다. 덥고 먼지가 자욱한 네팔 수도 카트만두에서 '고소증altitude sickness'을 진단하고 치료하는 방법을 교육받았다. 고지대 보건은 인체 건강의 매우 특수한 분야로, 의대에서는 배운 게 거의 없었다.

뇌는 어떤 장기보다도 고도의 영향을 심각하게 받는데, 어찌 보면 그럴 만하다는 생각이 들었다. 누워 있을 때를 제외하면 내부 장기 중 가장 높이 위치한 것이 뇌니까. 그런가 하면 뇌는 또 다른 의미에서 가장 높은 위치에 있는 기관이기도 하다. 뇌는 두개골 속에 당당히 들어앉아 다른 모든 기관을 관장하는 지휘 기관이다. 조타석에 앉아 키를 돌리고 레버를 당기는, 인체라는 배의 선장인 셈이다. 뇌를 구성하는 세포인 신경세포(뉴런)조차도 인체의 다른 어떤 세포보다 복잡하고 특별해 보인다. 만약 우리 몸의 장기들이 인도나 네팔의 카스트처럼 엄격한 신분제도를 이루고 있다면, 뇌는 브라만일 것이다.

그러나 신경과학이 눈부시게 발달했음에도 뇌의 기능은 여전히 거의 규명되지 않은 상태다. 뇌는 우리가 살고 있는 터전이면서, 아직 블랙박스다. 뇌에서 어떻게 의식이 생겨나는지, 뇌와 마음의 연결고리는 어디에 있는지 우리는 알지 못한다. 그렇지만 분명한 사실 하나는, 우리 뇌는 해발고도가 높아질수록 부풀어오르는 경향이 있다는 것이다.

∽

에베레스트산이 해발 0미터에 세워진 건물이라면, 그 꼭대기는

2900층이 된다. 내가 일한 곳은 1150층, 유명한 안나푸르나 서킷에 자리 잡은 히말라야의 마낭 마을이었다. 만약 건물 1층에서 엘리베이터를 타고 그곳까지 올라와 하룻밤을 잔다면, 올라오는 도중에 귀가 아픈 것은 물론이고 한밤중에 최악의 숙취 증상으로 잠에서 깨게 될 것이다.

망치로 때리는 듯한 두통, 메스꺼움, 무기력 등은 가장 경미한 유형의 고소증인 '급성고산병acute mountain sickness(AMS)'의 전형적 증상이다. 한편 거기에 그치지 않고 뇌가 임계치 이상으로 부풀어 치명적인 상태에 이르는 사람도 있을 것이다. 이를 '고소뇌부종high-altitude cerebral edema(HACE)'이라고 하며, 고소증으로 인한 사망의 대부분을 차지한다(그러나 산에서 일어나는 사망의 대다수는 추락, 눈사태 매몰 또는 심근경색과 뇌졸중 등이 원인이다).

높은 고도에서는 폐에 물이 고일 수도 있지만, 히말라야 같은 고산지대에서 겪는 증상의 대부분은 뇌의 변화 때문이다. 높은 고도에서 뇌에 이렇게 불편하고 치명적이기까지 한 생리적 변화가 일어나는 원리는 아직 수수께끼다. 공기가 희박해지고 기압이 낮아지면서 산소 농도가 떨어지면, 어떤 알 수 없는 기전에 의해 뇌혈관에서 체액이 새어 나온다.

카트만두에서 들은 강의를 통해, 고소증은 뇌와 마찬가지로 의학적으로 잘 밝혀지지 않은 미지의 영역임을 새삼 확인할 수 있었다. 그렇지만 고소증의 심각한 증상은 대부분 예방할 수 있다. 신체가 적응할 시간을 주면 위험을 최소화할 수 있는데, 일반적으로 하루에 500미터 이상 올라가지 않는 것이 안전하다. 그렇게 조심스러운 속도로 걸어 올라가다 보니 마낭까지 일주일이 걸렸다.

나는 뉴질랜드에서 온 동료 의사, 네팔인 통역 겸 요리사 그리고 아내와 함께 트레킹을 시작했다. 우리가 출발한 곳은 산비탈에 계단식 논이 펼쳐져 있고 도마뱀이 햇볕에 달궈진 바위 위를 날아다니는 따스한 열대성 기후 지대였다. 구름 사이로 우레처럼 쏟아져 내리는 수많은 폭포는 안개에 가려진 거대한 산에서 흘러내리는 물줄기였다.

우리는 날마다 고도를 조금씩 높여갔다. 열대림이 차츰 온대림으로 바뀌었고, 논 대신 감자밭이 보이기 시작했다. 일주일간의 여정이 끝나갈 무렵에는 자작나무와 전나무가 모습을 보였다. 극북지역에 흔히 자라는 강인한 수종이었다. 히말라야 고산지대에 특화한 동물인 야크의 고기를 장작 난로에 놓고 훈제하는 모습도 보았다. 눈 덮인 산들이 구름 뒤에서 얼굴을 내밀 무렵, 현지 주민의 종교는 힌두교에서 불교로 차츰 바뀌었다. 낡루하고 색 바랜 기도 깃발이 찬 바람에 펄럭이며 우리가 드디어 고지대에 이르렀음을 알려주었다.

마낭의 히말라야구조협회 진료소는 해발 약 3천 미터에 자리하고 있었다. 진료소 문 밖에는 빙하로 뒤덮인 봉우리들이 다시 3천 미터 높이로 까마득하게 솟아 믿기 힘든 장관을 연출했다. 광활하게 뻗은 절벽이 마을을 아늑하게 품은 모습은 마치 설산으로 둘러싸여 티베트 불교도들이 평화롭게 산다는 상상의 낙원 샹그릴라를 연상케 했다.

그러나 샹그릴라의 이상화한 이야기는 높은 고도가 뇌와 몸에 끼치는 폐해를 외면하고 있는 게 아닐까? 도착했을 때 내가 겪은 증상이 그런 의문을 불러일으켰다. 그렇게 천천히 조심스럽게 올라왔는데도 나는 일행보다 두통, 메스꺼움, 식욕 저하를 크게 느꼈고, 내 첫 급성고산병 진단을 나 자신에게 내려야 했다. 천천히 오르는 것이 완벽한 예방책은 아니다.

구조협회의 의료 책임자는 급성고산병과 고소뇌부종을 연속선상의 개념으로 생각하라고 말해주었다. 뇌가 얼마나 부었느냐의 문제라는 것이다. 의사로서 내 뇌의 부은 모습을 상상하니 흥미롭기도 하고 조금 우려되기도 했다. 또 자연 애호가로서 얼른 고소증 증상을 예방하는 요령을 배워 마낭 주변을 탐험하고 싶었다. 그리고 환자 처지에서는 괴로운 두통이 사라지기를 바랄 뿐이었다.

특히 뇌는 여느 기관과 달리 조금만 부어도 큰 문제가 될 수 있다. 예를 들어 폐는 본래 팽창과 수축을 끊임없이 반복하게 되어 있다. 폐를 보호하는 흉곽은 가로로 나란한 뼈들과 그 사이사이의 근육으로 이루어져 있어서, 폐와 박자를 맞추어 팽창하고 수축한다. 반면에 뇌를 보호하는 두개골은 훨씬 경직되어 있고 움직임이 없다. 신생아는 생후 몇 달만 지나면 머리뼈들이 봉합되어 단단하고 신축성 없는 껍데기가 되면서 내부의 여유 공간이 거의 없어진다. 외상, 감염, 종양, 고도 상승 등으로 뇌가 조금만 부어올라도 금방 두개골이 꽉 차서 내부 압력이 높아질 수 있다. 그 결과 뇌에 공급되는 혈류가 막히고 호흡 조절과 같은 기초적인 뇌 기능에 문제가 생기면서 갑자기 사망에 이르기도 한다. 사람이 두개골 내부 출혈로 피를 잃어 죽는다는 것은 거의 불가능하다. 그렇게 되기 훨씬 전에 뇌가 눌려서 죽기 때문이다. 두개골 안은 공간 자체가 너무 좁다.

두개골 내 압력 상승은 치료할 수 있다. 신경외과 의사는 환자의 두개골 일부를 크게 절개하여 부푼 뇌의 숨통을 트여줄 수 있다. 그처럼 과감한 수술을 하면 심각한 고소뇌부종 환자의 목숨을 살릴 수는 있겠지만, 무균 수술실도 없고 제대로 된 뇌수술 장비도 없는 히말라야 오지에서는 불가능한 이야기다. 내 증상이 가볍다는 사실에 고마울 따름이었다.

뇌의 형태가 일생에 걸쳐 변하는 모습을 상상해보면 고소증의 특성을 더 쉽게 이해할 수 있었다. 갓 태어난 아기의 뇌는 포동포동하고, 구불구불한 주름이 두개골 내벽에 밀착되어 틈새가 거의 없다. 아기 뇌의 CT 영상을 보면 출퇴근 시간대의 만원 지하철 같은 모습이다. 나이가 들면서 뇌는 점점 쪼그라들고, 알코올중독자와 뇌졸중 환자의 뇌는 더 빨리 쪼그라든다. 고령자의 뇌를 CT 촬영 해보면 통통한 포도알보다는 쪼그라든 건포도를 닮은 모습이다. 주름 사이의 공간이 넉넉하고, 뇌와 두개골 사이의 공간도 훨씬 넓어져 있다. 뇌가 쪼그라든다는 것은 그리 달갑지 않은 소식 같지만, 고지대에서는 이점이 있다. 부풀 수 있는 여유 공간이 더 넓다는 것. 그래서 나이 많은 사람이 젊고 건강한 사람보다 고소증을 덜 앓는 경우가 많다.

내 급성고산병 증상은 몸이 고도에 적응하면서 이틀 만에 호전되었다. 고산 적응에 관한 현재 이론에 따르면, 내 폐와 신장이 협력하여 뇌의 부담을 줄여준 덕분이었다. 마낭에서 나는 환자들의 뇌가 대부분 부어 있다는 사실을 유념해야 했을 뿐 아니라, 건강에 관한 그 밖의 상식도 재고해야 했다. 예를 들면, 높은 고도에서는 면역체계도 불안정해지는 듯했다. 조금만 긁혀도 쉽게 감염이 되었고, 여느 때 같으면 금방 듣는 항생제 연고가 영 듣지 않았다. 게다가 연고 튜브의 뚜껑을 처음 열면 내용물이 갑자기 찍 뿜어 나오곤 했다. 낮은 고도에서 제조해 밀봉한 제품을 높은 고도로 가져왔으니, 고소증을 앓는 등산객의 아픈 머리처럼 내용물이 용기 속에 빵빵하게 찬 상태였기 때문이다.

숨쉬기도 항상 편하지 않았고, 내 몸은 희박한 공기에 결국 익숙해지지 못했다. 평소 같으면 저산소증으로 판단해 환자에게 급히 산소를 보충해주었을 만큼 낮은 혈중 산소 농도가 이곳에서는 워낙 흔해서 특별한 일이 아니었다. 내 혈중 산소 농도도 그보다 크게 높지 않았다. 저지대에서는 환자가 말을 중간에 끊고 숨을 쉬면 호흡곤란으로 판단하곤 했는데, 마낭에서는 나도 간단한 대화 도중에 숨이 가빴다. 진료소 2층에 있는 내 침실까지 11개의 계단을 오르는데도 쉽게 숨이 찼고, 샤워한 뒤 몸을 타월로 닦는 동작만으로도 숨을 헐떡이곤 했다. 저지대에서는 병으로 간주되는 상태가 고지대에서는 정상이 된다.

진료소 앞마당에는 키 큰 대마초가 무성히 자라고 있었다. 대마초는 마을 곳곳에서도, 마낭까지 걸어왔던 트레킹 길에서도 흔히 볼 수 있었다. 나는 자연 애호가로서 그 유명한 식물을 원산지인 아시아에서 보게 되어 기뻤다. 대마초는 고도를 가리지 않고 잘 자라는 듯했다. 대마초가 아시아에서 세계 곳곳으로 퍼져나간 것은 인간이 자기 뇌를 화학적으로 조작하여 의도적으로 기능장애를 일으키고 쾌감을 추구하는 행위를 즐기기 때문이다. 높은 고도가 뇌를 외부에서 뒤튼다면, 대마 성분과 같은 중독성 약물은 혈류를 통해 뇌로 스며들어 뇌를 내부에서 뒤튼다.

그런가 하면, 중독성 약물을 통해 뇌의 각 부분이 특정 기능에 특화해 있다는 것을 알 수 있다. 대마초는 식욕을 조절하는 뇌의 시상하부에 영향을 주기 때문에 피우고 나면 허기를 느끼게 된다. 알코올은 평형감각을 담당하는 소뇌를 교란하여 사람을 비틀거리게 만든다. 뇌는 구역별로 분업화해 있어서 각 부분이 전체 구조에서 서로 다른 역할을 맡고 있다. 따라서 높은 고도가 일으키는 효과처럼 약물이 일으키는 효과도 뇌의 특정 부위에 미치는 작용에서 비롯된다.

뇌를 세분하여 대략적인 구조를 이해하는 데는 여러 가지 방법이 있다. 그중 하나는 높이에 따라 구분하는 것이다. 두개골 안에서 위로 올라갈수록 뇌의 기능은 복잡해지고 사람의 마음에 가까워지는 것처럼 보인다. 뇌는 모든 신체 기관의 우두머리지만, 그 안에도 나름의 서열이 있다.

뇌의 가장 아랫부분은 뇌간(뇌줄기)이라고 하며, 콧구멍 높이쯤에 있다. 바로 그 밑에는 팔다리에서 온 모든 신경이 합쳐져 척수를 이루고 있다. 식물로 치면 중심에 있는 뿌리인 원뿌리다. 원뿌리가 땅 위의 줄기로 이어지듯이, 척수는 두개골 안의 뇌간으로 이어진다. 뇌간은 심장박동과 호흡 등의 기초적인 리듬을 비롯해 우리 몸의 기본적인 기능을 관장한다. 우리가 보통 의식과 관련짓는 고차원적 기능과는 거리가 먼 기능들이다.

고지대에서는 뇌간의 기능이 불안정해진다. 평소 일정하고 규칙적이던 호흡 리듬이 들쑥날쑥해지면서 가쁜 호흡과 호흡 중단이 번갈아 나타난다. 이 때문에 마낭에서는 한밤중에 숨을 헐떡이며 깨어나 당황하여 진료소 문을 두드리는 사람이 많았다. 심한 고소증 증상이 흔히 그렇듯이 이 증상도 밤에 자주 일어났다. 자다가 호흡이 오랫동안 멈추면서 산소 농도가 평소보다 더 떨어지고, 질식할 듯한 느낌에 놀라 잠에서 깨는 것이다. 그런 환자들은 대부분 급성고산병 증상도 함께 보였기 때문에 그 치료도 병행했지만, 동시에 수면무호흡증을 닮은 괴로운 증상에 관한 설명과 위로도 필요했다.

뇌간에서 더 위로 올라가면 감정 중추가 있다. 그곳의 편도체와 시상하부 같은 구조물은 공포·우려·불안의 감정에 관여하며, 뇌가 주관적 경험이나 의식의 낌새를 처음 보이는 것은 이 층에서다. 높은 고도는 이 부위에도 큰 영향을 끼친다. 산소 농도가 낮아지면 짜증이 쉽게 나는 것으로 알려져 있다. 감정에는 공포나 분노에 따른 심장박동과 혈압상승처럼 신체적인 요소도 있지만, 현재 일어나는 느낌을 의식적으로 인지하는 요소도 있다. 감정은 신체와 정신에 걸쳐 있고, 뇌의 최하층과 최상층에 걸쳐 있기도 하다.

감정 중추를 지나 정상을 향해 오르면 뇌의 꼭대기인 대뇌피질에 이른다. 두께가 몇 밀리미터에 불과한 대뇌피질은 대뇌의 굴곡진 표면 전체를 덮고 있는 겉껍질로, 뇌의 주요한 정보 처리가 이곳에서 이루어진다. 표면의 주름은 연산 능력을 높이기 위한 것이다. 높은 고도에서는 대뇌피질이 기능장애를 일으켜 주의력, 학습력, 기억력, 의사결정능력에 문제가 생길 수 있다. 네팔 최고봉에 도전한 등반가들의 이야기를 통해 그 같은 극한 상황에서 일어나는 인지장애와 사고장애의 심각성과 치명성을 짐작할 수 있다. 대뇌피질은 우리 몸 최정상의 기관에서도 최정상층으로, 우리 두뇌의 두뇌라고 할 수 있다. 의식이 뇌의 어딘가에 있다면 바로 여기에 있을 가능성이 높아 보인다.

쾌락을 위해 사용되는 일부 마약은 뇌를 '뒤튼다'는 바로 그 이유 때문에 의사에게 매우 유용할 수 있으며, 뇌의 다양한 층위를 설명하는 데 도움이 된다. 특히 환자를 진정하여 의식을 잠시 잃게 만드는 효과는, 이를테면 부러진 뼈를 맞추거나 탈골된 관절을 바로잡거나 목구멍에 호흡 튜브를 삽입하는 시술 등 고통스러운 의료 처치를 할 때 아주 유용하다. 현대의 외과수술이 고문과 다른 점이 바로 이렇게 의식을 잠깐 잠재우는 기술이다.

이런 진정 작용을 하는 약물은 여러 가지가 있지만 내가 가장 많이 쓰는 것은 케타민인데, 뇌의 고등 기능에만 선택적으로 작용하기 때문이다. 다른 약물은 대부분 대뇌피질에서 뇌간까지 뇌 전체의 기능을 끄기 때문에 의식뿐만 아니라 호흡까지 약해지게 한다. 다량으로 투여할 경우 부작용으로 호흡이 완전히 멈춰 생명이 위험해질 수도 있다.

환자에게 케타민을 투여하면 의식은 사라지지만 폐는 계속 숨을 쉬고 혈압도 유지된다. 따라서 케타민은 다른 진정제보다 안전한 편이며 쾌락을 위해 사용할 때도 과다 복용의 부작용이 작다. 또한 케타민의 사례를 토대로 뇌의 최하층과 최상층, 기초적 기능과 고차원적 기능을 명확히 구분할 수 있다. 케타민은 의식을 몸에서 분리한다고 하여 '해리성' 약물로 분류된다. 다시 말해, 뇌와 정신의 연결고리에 정확히 작용하여 둘 사이의 연결을 잠시 끊어주는 효과가 있다. 대부분의 중독성 약물은 우리의 몸과 뇌에 묶인 일상에서 벗어날 탈출구를 제공하지만, 케타민은 그 역할을 문자 그대로 수행한다. 케타민 같은 약물은 고등 정신 작용을 포함해 여러 층으로 이루어진 뇌의 작동방식을 이해하는 데 도움이 된다. 고지대에서는 물론 뇌의 모든 층이 혼란에 빠진다.

마낭의 진료소에서 두통, 메스꺼움, 식욕부진, 불면증을 호소하는 환자를 거의 매일 하루에 대여섯 명꼴로 진료했다. 모든 환자에게 마낭까지 얼마나 빨리 올라왔는지 물었다. 고도를 급격히 높였다면 증상의 원인이 고소증임을 알 수 있으므로 다른 원인을 찾지 않아도 된다. 고도는 맥박이나 호흡과 더불어 또 하나의 활력징후나 마찬가지였다. 나는 환자의 맥박을 체크하듯 상세한 산행 일정을 반드시 물었다. 외국인과 네팔인 산행객뿐 아니라 네팔인 가이드와 짐꾼 등 수많은 환자에게 급성고산병 진단을 내리고, 휴식과 약물치료, 며칠간 몸을 적응시키기 등 내게 도움이 되었던 치료법을 똑같이 권했다. 의사로 일하면서 처음으로 내가 이미 겪어본 병을 앓는 환자들을 주로 만나면서, 환자들의 괴로움에 충분히 공감할 수 있었다.

많은 환자의 경우 급성고산병 증상이 나타난 것은 2년 전에 완공된 새 도로를 타고 마낭까지 이동한 뒤였다. 이곳 히말라야 오지에 처음으로 뚫린 도로였다. 안개가 자욱한 가파른 절벽길을 지프차가 운행하는데, 엘리베이터보다는 느리게 상승하지만 그래도 마낭까지 오는 데 하루가 채 걸리지 않으니 인체의 적응력을 훌쩍 초과하는 속도다. 마낭의 돌집에 사는 현지인들조차 낮은 지대를 방문했다가 차를 타고 돌아오면 고소증 증상을 보였다.

고지대에 몇 년 이상 살면 인체가 서서히 적응한다. 부족한 산소를 세포에 더 원활히 공급하기 위해 적혈구가 늘어나지만, 그러한 적응 효과는 금세 사라진다. 고지대에서 아무리 오래 살았더라도 저지대에서 몇 주만 생활하면 다시 고소증에 걸릴 수 있는 상태가 된다. 도로가 뚫리기 전에는 모든 물자를 사람이나 야크가 지고 올라와야 했으므로 새 도로는 마낭에 경제적으로 이익이 된다. 그러나 건강에 위험할 만큼 빠른 속도로 올라오는 일도 훨씬 더 쉽고 비용이 덜 들게 되었다.

고소증 환자를 진찰할 때 중요한 한 가지 절차는 평형감각 테스트였다. 환자를 어둡고 비좁은 진료실 한구석에 세우고, 경찰이 음주 운전 검사하듯이 발뒤꿈치부터 발끝까지 바닥에 붙이면서 한 발짝 한 발짝 똑바로 걸어보라고 주문했다. 그러면 뇌의 부푼 정도가 얼마나 심각한지 알 수 있다. 부종이 임계치에 도달하면 두개골 내 압력이 알코올과 같은 작용을 하여 뇌의 기초적인 조절력을 떨어뜨린다. 환자가 균형을 잡지 못한다면 급성고산병보다 더 위험한 고소뇌부종의 첫 징후로 볼 수 있다.

대다수의 환자는 평형감각 테스트를 통과했다. 통과하지 못한 소수는 마낭에서부터 트레킹을 계속하다가 병이 난 사람들이었다. 안나푸르나 서킷을 찾는 산행객 대부분은 트레킹 코스의 최정점인 '토롱라Thorong La' 고개를 향해 걸었다. 바람이 몰아치는 골짜기를 따라 하늘을 향해 고도 2천 미터 가까이 더 올라가야 했다. 마낭에서 이틀 코스였는데, 고도가 높아지면서 증상이 새로 생기고 나빠지는 사람이 많았다. 고개에 다다르기 전에 증상이 심해져 포기하고 마낭으로 돌아와 진료소를 찾기도 했다. 그쪽 방향으로 갔다가 어지러워 비틀거리며 진료소를 찾는 환자의 행렬이 꾸준히 이어져, 코스의 고도가 만만치 않음을 짐작케 했다. 평형감각 테스트에 통과하지 못하는 비율이 가장 높은 것도 그 환자들이었다.

어느 날 밤, 젊은 네덜란드 여성이 진료소를 찾았다. 동행한 남자친구 말에 따르면 이상한 말을 하고 술 취한 사람처럼 굴었다고 한다. 여성은 마치 흔들리는 배의 갑판에 서 있는 느낌이었다고 한다. 걷지 못하는 모습을 본 마을 주민이 말을 내주어 마낭까지 거의 말을 타고 돌아오게 했다. 내가 증상을 자세히 물으니 머리를 부여잡고 심한 두통을 호소했다. 여느 의료 현장에서라면 술 취한 환자는 그냥 술 취한 환자다. 그렇지만 고지대에서 그 증상은 훨씬 우려스러웠고, 단순한 급성고산병이 아닌 듯했다.

진료소에 왔을 때 여성은 벌써 많이 나아진 상태였다. 1천 미터 정도를 내려온 덕분에 흔들리는 느낌은 사라졌고, 똑바로 걷기 테스트도 잘 통과했다. 급성고산병 증상은 여전히 심각했지만 더 심한 뇌부종 징후는 사라지고 없었다. 하산은 고소증의 궁극적인 치료법이며, 의료 분야에서 몇 안 되는 완벽한 치료법 가운데 하나다.

진료소를 찾은 환자 중 '아니Ani'로 불리는 78세의 여성이 있었다. 아니는 티베트 불교의 여승을 부르는 이름이다. 아니는 몇 주에 한 번씩 혈압을 재고 혈당 검사를 받으러 왔으며, 항상 헐렁한 주황색 장삼을 걸치고 삭발한 머리에 비니를 쓰고 있었다. 마낭 주변의 암벽을 수놓은 여러 동굴에 승려들이 살고 있었는데, 아니가 사는 동굴은 진료소에서 곧장 위로 한 시간 반쯤 걸어 올라가야 하는 곳이었다. 그 동굴에서 38년 전부터 혼자 살고 있다고 한다.

어느 쉬는 날, 뜨거운 햇볕 아래 힘들게 걸어 아니의 동굴을 찾아갔다. 아니는 바위틈에 자리한 거처를 정리하고 있었다. 편안한 집의 느낌이 났다. 평평한 바위에는 깔개가 몇 장 덮여 있고, 동굴 안에서 손쉽게 이동하기 위해 나무 사다리들이 놓여 있었다. 아늑한 공간이었고, 눈앞에는 골짜기 위아래로 장관이 펼쳐져 있었다. 아니의 소박하고 절제된 생활 방식도, 희박한 공기에 적응한 모습도 인상적이었다. 아니는 바위 위를 민첩하게 움직이면서도 나와 달리 숨을 헐떡이지 않았다.

아니는 통역사를 통해, 하루의 대부분을 명상하며 보낸다고 말했다. 히말라야 고산지대에 사는 가장 큰 이유였다. 영적 수행에 집중하려면 홀로 고요히 지낼 공간이 꼭 필요했다. 마냥처럼 작은 마을도 소와 야크, 아이들, 종소리 등의 소음이 그치지 않아 자기에겐 너무 시끄럽다고 했다. 암벽 높이 자리한 동굴은 마냥에서도 한층 더 외딴 곳이었고, 사람 사는 사회의 번잡함에서 완전히 벗어날 수 있었다. 산을 높이 오를수록 방해 요소는 줄어들기 마련이다. 사람이 공기 중 산소 분자처럼 점점 드물어지니까. 또한 이렇게 높은 고도에서는 힘들여 무엇을 하려고 하면 호흡에 부담이 되므로 자연히 동작이 느긋해지고 명상에 집중하는 데도 유리하리라는 생각이 들었다.

아니에게 왜 명상을 하느냐고 물었더니 "나 자신을 알고 싶어서"라는 대답이 돌아왔다. 대부분의 사람에게 산속으로 들어간다는 것은 집에서 점점 멀어지는 것을 뜻하지만, 아니가 말했듯이 자신의 뇌 속으로 점점 깊이 파고드는 것을 의미할 수도 있다. 또는 뇌 속의 마음에 점점 가까이 다가가는 것인지도 모른다.

마음과 뇌는 별개인지, 아니면 하나인지, 아니의 생각을 물었다. 별개라고 했다. 뇌가 몸속에 있듯 마음도 몸속에 있지만, 손가락으로 가리킬 수 있는 것은 아니라고 했다. 마음은 모양도 크기도 색깔도 없다.

나는 더 캐물었다. "뇌와 마음의 연결고리는 어디라고 생각하십니까?"

아니가 대답했다. "그건 명상을 해야만 알 수 있지요."

또 다른 의견을 들어보기 위해 내 절친한 친구인 정신과 전문의 벤저민 유드코프와 이야기를 나눴다. 나와 함께 다녔던 의대 시절에 유드코프는 피만 봐도 어지러웠으니 몸이 아닌 마음에 초점을 두는 정신과 전공이 딱 맞았다. 그런데 인간의 마음에 대해 물어보자, 자기가 생각하기엔 마음이란 존재하지 않는다고 한다.

얼핏 들으면 내과 의사가 내장의 존재를 믿지 않는 것처럼 터무니없는 소리 같지만, 유드코프는 그 이유를 논리적으로 설명했다. 세상에 대한 우리의 경험은 의식이라는 하나의 통합체로 묶여 있는 듯이 느껴지지만, 실제로는 혼합물이라는 것이다. 뇌간에서 대뇌피질에 이르기까지 뇌의 모든 부위와 모든 층이 저마다 우리 의식의 한 부분을 담당하고 있다. 마음은 뇌의 깊숙한 부위에서 일어나는 기초적 반사작용 위에 감정과 인지 같은 고차원적 기능이 층층이 겹쳐진 융합체라는 것이다.

정신과 의사가 마음의 존재를 믿지 않으면 마음의 병을 어떻게 진료하느냐고 물었더니, 그건 이상할 게 없다고 했다. 마음이라는 개념은 비록 여러 조각을 꿰매 붙인 것이지만 뇌의 여러 부분이 연동되는 모습을 이해하는 한 방법이라는 것이다. '정신질환'이라는 용어는 혈액검사, CT, MRI 등 신경과 의사가 흔히 사용하는 뇌 질환 진단 도구로는 아직 밝히기 어려운 뇌 기능장애를 간단히 일컫는 말이다. 뇌 조직을 추출해 현미경으로 들여다봐도 정신과 의사에게는 도움이 되지 않는다. 정신과 의사는 주로 대화를 통해 뇌의 정신적 측면을 진찰하고 진단한다. 때로는 대화를 나누는 것만으로도 정신질환으로 인한 극단적 행동이자 뇌가 자기 자신과 나머지 몸의 생명을 끝내는 행위, 자살을 방지할 수 있다.

마음은 정신과 의사에게 반드시 필요한 개념이지만, 사실 옛 시절의 낡은 개념이라고 유드코프는 말했다. 뇌가 여러 부분으로 분업화해 있고, 의식이란 비록 매끄럽게 느껴질지언정 조각보처럼 기워진 존재라는 것은 이미 한 세기 넘게 알려져 있는 사실이다. '마음'이란 우리가 인간의 뇌, 즉 인지 기관을 갖는다는 것의 느낌을 표현하기 위해 쓰는 단어에 불과하다.

먼 미래에 뇌와 마음에 관해 지금보다 훨씬 많이 알게 되면, 정신의학과 신경학이라는 두 의학 분야는 많이 겹치게 될 것이라고 유드코프는 말했다. 완전한 지식이 가능해질 그 미래에는 마치 몸의 분비샘이 생화학 물질을 분비하는 현상처럼 뇌가 의식을 자아내는 현상도 신비할 게 전혀 없을지 모른다.

나는 히말라야를 떠나기 전에 토롱라에 올라보기로 했다. 강을 따라 마낭 마을을 서쪽으로 벗어난 뒤에 이틀 동안 걸으니, 고개에 이르기 전 마지막 편의시설에 다다랐다. 그곳에 상주하는 주민은 아무도 없었다. 토롱라 고개를 넘으려는 산행객들이 묵을 수 있게 투박한 호텔 몇 채가 가파른 돌비탈에 세워져 있을 뿐이다.

이튿날 아침 일찍 출발하자마자 숨이 찼다. 공기 중 산소 농도가 저지대에 비해 절반도 안 되었고, 한 걸음 한 걸음을 내딛는 데 사력을 다해야 했다. 슬로모션으로 계속 걸어야 했다. 고지대 산행은 몹시 고되고 숨이 찼지만, 경치는 그만큼 눈부시게 아름다웠다.

산행 초반에는 풀숲이 군데군데 눈에 띄었지만, 몇 시간 오르니 생명의 흔적은 깨끗이 사라졌다. 드디어 고갯마루에 도달하자 바위와 얼음으로 뒤덮인 별세계 같은 풍경이 펼쳐졌고, 공기 중 산소는 극히 희박했다. 나처럼 숨을 헐떡이는 다른 등산객 몇 명을 제외하면 생명의 기색이라곤 찾아볼 수 없었다. 마낭에서부터 건물 600층 높이에 서니 세상 끝자락에 도달한 듯한 기분이었다. 이 척박한 공간은 내 몸이, 특히 내 뇌가 있을 곳이 아닌 것 같았다. 울퉁불퉁한 산줄기마다 얼음이 고드름처럼 매달려 있었고, 산들은 나 같은 여행객이 숨을 헐떡이는 모습을 마냥 무심하게 바라보고 있는 듯했다. 내가 선 고갯마루 근처에서 2014년에 등산객들이 목숨을 잃은 사고도 냉담하게 바라만 보았으리라.

인간은 지표면에 붙어서 거의 2차원적인 삶을 살고, 인류 역사에서 오랫동안 위쪽은 다다를 수 없는 신비의 영역이었다. 하늘을 난다는 것은 기술적으로 불가능했고, 산은 아마도 높은 고도로 인한 생리적 부담과 위험을 초래했기에 불길하면서도 신비한 힘을 지닌 공간으로 여겨졌을 것이다. 교회 안에 높이 솟은 둥근 천장은 그 높이만으로 예배자에게 초자연적인 힘의 존재를 느끼게 한다. 그리고 그 모습이 묘하게 우리 두개골의 지붕을 연상시킨다. 두개골 아래에는 물론 우리의 영성을 담당하는 기관, 뇌가 놓여 있다.

나는 아니를 떠올리면서, 구도자들은 왜 높은 산처럼 험한 곳을 많이 찾는지 생각해보았다. 평온하고 고요하다는 점 말고도 이유가 있을 것 같았다. 세계의 많은 종교에서 산은 특별한 의미가 있다. 내가 믿는 유대교 신앙에서는 예언자 모세가 성스러운 산에 올라 하느님에게서 십계명을 받았고, 그 밖에 다양한 종교의 창조신화에도 산이 등장한다. 산은 본디 외지고 고립된 곳이며, 사람이 많이 사는 골짜기와 달리 자연 그대로의 모습을 지니고 있기 마련이다. 공기는 희박하면서도 더 맑고, 물길은 더 깨끗하다. 인간의 몸과 집단 활동에서 발생하는 오물과 폐수가 모두 아래로 흐르기 때문이다. 높은 산에 오른다는 것은 속세의 타락과 일상의 아귀다툼에서 벗어나는 행동일 수밖에 없다. 뇌의 더 높은 층으로 올라갈수록 육체의 원초적·동물적 작용에서 벗어나 고매한 정신에 가까워지는 것과 마찬가지다.

사람들은 아득한 옛적부터 의식의 본질을 궁금해했고, 이를 설명하기 위해 수많은 철학과 이론이 나왔다. 내가 보기에 마음은 상호연결성에서 생겨나는 듯하다. 뇌는 서로 연락하는 신경세포들로 이루어져 있고, 그러한 세포 간의 연결이 뇌 기능의 기본 단위다. 한 발짝 물러나 더 높은 곳에서 보면, 서로 연결된 신경세포들이 뭉쳐서 뇌의 각 부위를 이루며, 부위마다 고유한 기능을 수행한다. 그 다양한 뇌 부위들의 상호작용을 토대로 한 사람의 의식이 만들어진다. 부분 간의 대화 속에서 전체가 홀연히 생겨나는 것이다. 더 높은 곳에서 내려다보면 어떨까. 두 사람이 대화를 나누면 두 뇌가 언어를 통해 연결되면서, 마음의 작용이 밖으로 드러난다. 더 높이 올라가 가장 높은 곳에서 내려다본다면 아니의 관점에 도달할 수 있을지도 모른다.

같은 이유에서, 영어로 'get high', 즉 '붕 뜬다'라고 하는, 약물에 취하는 행위를 통해서도 때로는 삶을 바라보는 나름의 관점에 이를 수 있다. 히말라야의 높은 산에서 내려다보거나 뇌의 높은 층에서 바라보면, 일상의 문제는 대수롭지 않고 사소해 보인다. 그러므로 높은 곳은 사색과 명상에 더없이 적합한 장소다. 고도가 뇌를 압박하는 현상도, 어쩌면 뇌라는 지상의 거처에서 마음을 해방하려는 사람에게 유용한 수단이 될 수 있을지 모른다. 어쩌면 산속의 구도자들은, 산소 부족을 발판 삼아서 더 '높이 떠오른' 상태에 이르려는 것인지도 모른다.

높은 고도가 선사하는 가장 귀한 선물 중 하나는 낮은 고도로 돌아와야 비로소 얻을 수 있다. 마낭에서 두 달간 희박한 공기를 마신 뒤, 지프차를 타고 새 도로를 달려 저지대로 향했다. 내려가는 길에 숨을 쉴 때마다 충만감이 커졌다. 돌아온 후 며칠 동안은 풍부한 대기가 호사스럽게 느껴지고 황홀하기까지 했다. 내 호흡을 의식하지 않은 채 며칠이고 지내던 느낌을 그동안 까맣게 잊고 있었다. 산속에서처럼 삶을 무심하고 초연하게 바라보는 관점은 한동안 유지되다가, 반복되는 일상 속에서 결국 희미해져갔다. 동시에 히말라야 고지대에 잠깐이나마 적응했던 몸 상태도 본래대로 되돌아왔다.

몸이 어느 고도에 있든, 우리는 나름의 산에서 세상을 바라보고 있다. 그곳은 바로 우리 몸의 가장 높고 깊숙한 기관, 뇌다. 두피와 두개골이라는 얇은 껍질 바로 밑에 자리하고 있으니 몸속에 그리 깊숙이 묻혀 있다고는 할 수 없지만, 뇌는 우리에게 세상을 경험하는 신비한 관점을 제공한다. 뇌는 우리의 가장 깊은 자아가 사는 터전이다. 그리고 우리 몸 전체가 그렇듯이, 뇌도 부분의 총합보다 훨씬 큰 존재다.

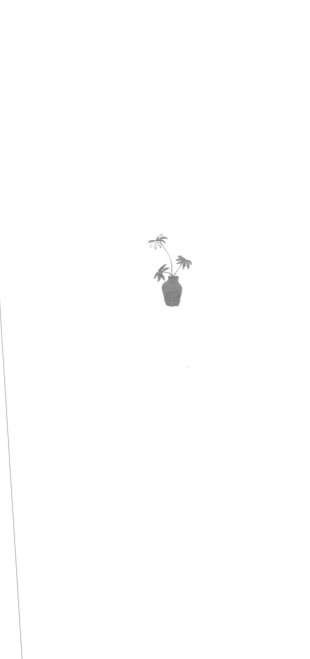

피부
이야기로 쌓아올린 겹겹의 층

무의미한 죽음이 무두장이에게는 작업의 기회가 된다. 대학을 졸업한 해 여름에 뉴저지 시골에서 진행되는 야생 생존법 강좌에 등록했는데, 거기서 배운 여러 교훈 중 하나다. 센트럴파크에서 야생 식용식물을 처음 접한 후로 자연 속에서 생존하는 법을 더 배우고 싶던 차에, 야생 생존법 수강은 자연스러운 수순 같았다.

강좌 둘째 날 무두질 수업을 담당한 강사는 게리라는 사람이었는데, 누가 봐도 생존 전문가다운 모습이었다. 덥수룩한 턱수염을 빨간색 플란넬 셔츠 위로 늘어뜨린 채, 로드킬 당한 암사슴을 옆에 놓고 숲속의 축축한 낙엽 더미에 무릎을 꿇고 앉아 있었다. 그날 다른 강사가 앞서 수강생들 숙소 부근을 차로 지나가다가 사체를 발견했다. 픽업트럭에 실어서 수업 교재로 쓸 수 있게 가져왔다고 한다. 아무렇지 않게 이야기하는 것으로 보아, 로드킬 당한 동물을 주워오는 일이 강사들에게는 대수롭지 않은 듯했다. 나는 눈앞의 상황이 얼떨떨하면서 동시에 스릴을 느꼈다. 동물의 사체를 그렇게 가까이서 본 것은 난생처음이었다.

게리는 작은 주머니칼로 사슴의 가죽을 절개했다. 네 발목 둘레와 목둘레를 각각 원 모양으로 절개하고, 다리 안쪽을 몸통에 이르기까지 길게 죽 갈랐다. 이어서 배를 세로 방향으로 가르니 다른 절개선들과 모두 이어졌다. 그런 다음 칼을 한쪽에 내려놓고 억세 보이는 손으로 가죽을 힘껏 잡아당겼다. 힘을 쓸 때마다 황갈색 털가죽이 몸에서 쓱쓱 떨어져 나오면서 그 밑의 붉은색 근육과 흰색 결합조직이 드러났다. 가죽은 마치 바나나 껍질처럼 쉽게 벗겨졌다. 앞서 사냥용 활 만들기 수업에서 배웠던 초여름의 나무껍질처럼 말끔하게 벗겨졌다고 해도 될 것 같았다. 동물 가죽을 벗기는 광경은 생전 처음 보았는데, 매우 신속하고 피 한 방울 나지 않는 것이 의외였다.

살에서 떼어낸 가죽은 마치 커다란 망토 같았다. 게리는 가죽 가장자리를 따라 구멍을 뚫고 큰 직사각형 나무틀에 끈으로 묶어서 트램펄린처럼 사방으로 팽팽하게 폈다. 가죽의 한쪽 면은 털로 덮인 채였다. 게리는 틀을 수강생 몇 명과 함께 햇볕 잘 드는 곳으로 들고 가 나무에 기대어놓았다. 그렇게 이틀 동안 말린다고 한다.

그날 나중에, 돌과 사슴뿔로 연장 만드는 수업을 듣던 중 쉬는 시간을 틈타 가죽 말리는 곳으로 다시 가보았다. 본래는 사슴의 몸통과 다리를 복잡한 모양으로 감싸고 있던 가죽이 지금은 평평하게 펴져 있었다. 그 모습은 이미 모피 원단과 크게 다르지 않았다. 인류는 그렇게 태곳적부터 동물의 날가죽을 가지고 쓸 만한 물건을 만들어왔다.

빽빽한 황갈색 털은 손가락으로 훑어보니 거친 느낌이었고, 털한 올 한 올의 끝부분에 흰색과 검은색 무늬가 희미하게 나 있었다. 숲속에서 잘 통할 만한 위장술이다. 털에 붙은 솔잎 몇 개를 떨어냈다. 나무를 반대편으로 돌아가서, 촉촉하고 털이 없는 안쪽 면을 머뭇거리며 만져보았다. 아직 수분을 머금은 날가죽은 완성된 가죽제품과 달리 고무처럼 탱탱해서, 눌렀다가 떼면 탄력이 느껴졌다. 핏줄 한 가닥이 구불구불 가로지르고 있었고, 빠르게 말라가는 매끈한 날가죽 위에서 파리들이 알을 낳을 만한 곳을 물색하고 있었다.

얼마 전까지만 해도 살아 있는 살을 감싸고 있던 그 가죽은, 한마리 사슴이 평생을 살아온 육체의 외피였다. 게리가 수업 중에 가리켰던 작은 흉터를 자세히 들여다보았다. 흉터는 등 위에 희끄무레하게 나 있었다. 이 사슴이 살다가 겪은 어떤 사건의 흔적이리라. 날카로운 나뭇가지나 철조망에 긁혔는지도 모르고, 짝짓기 철에 과격한 수컷을 만났는지도 모른다.

이틀 동안 야생 식용식물 강의를 몇 차례 듣고 나니, 가죽은 말라서 판지처럼 딱딱하게 굳어 있었다. 로리라는 새 강사가 게리 다음으로 무두질 수업을 이어갔다. 로리는 멜빵바지를 입고, 양 갈래로 땋은 머리를 앙상한 어깨 위로 늘어뜨리고 있었다.

"이걸 생가죽이라고 합니다." 로리가 가죽의 털 없는 면을 손가락으로 튕기며 말했다. 둔탁하게 딩 울리는 소리가 났다. 로리가 무두질의 다음 단계인 긁어내기 공정을 수행하기 위해 날카로운 금속 도구를 들었다. 긁개의 날을 털가죽에 대고 천천히 길게 쓸어 내리자, 털과 얇은 피부 조각이 우수수 떨어져 밑에 금방 수북이 쌓여갔다.

"피부의 층을 잘 아는 게 관건입니다. 그래야 양질의 가죽을 만들 수 있고, 가죽이 너덜너덜 찢기는 불상사를 피할 수 있어요."

로리가 층을 하나씩 벗기면서 설명했다. 털 바로 밑에는 거무스름한 층이 있고, 그 밑에는 후추 섞은 소금 같은 점박이 층이 있고, 그 밑에는 노란색 층이 있다고 한다. 새 층이 나올 때마다 색깔과 질감이 어떻게 다르다고 설명해줬는데, 나는 다른 수강생들처럼 고개를 끄덕거렸지만 영 구분하기 어려웠다. 계속 긁어나가니 드디어 반짝이는 흰색 층이 모습을 드러냈다. 진피에 도달한 것이다.

로리가 숨이 찬 목소리로 말했다. "이 층이 나올 때까지만 긁으면 됩니다. 이 예쁜 흰색이 전체적으로 다 나오게 하면 돼요. 이게 핵심이에요. 덜 긁으면 가죽이 부드러워지지 않고, 너무 많이 긁으면 구멍이 나지요. 그래서 층을 아는 게 중요합니다."

그런 다음 나무틀을 반대로 돌려놓고 털이 없는 면을 긁어냈다.

한때 근육과 힘줄을 덮고 있던 얇은 막이 제거되었다.

로리는 날가죽을 원단으로 가공하는 과정의 애로점을 설명했다. 동물의 가죽은 일단 몸에서 벗겨내면 두 가지 운명밖에 없다. 건조되어 썩지 않는 상태가 되거나(그러나 나무처럼 딱딱해진다), 촉촉하고 유연한 상태로 유지되거나(그러나 썩는다) 둘 중 하나다. 두 경우 모두 옷감으로 쓰기에 부적합하다. 죽은 동물의 가죽을 의복으로 되살리려면 건조하면서도 유연하게 만들어야 한다.

로리가 그 수수께끼를 푸는 열쇠를 공개했다. 흰색 플라스틱 통에서 반들거리는 분홍색 살덩어리를 꺼냈다. 사슴의 뇌였다. 큰 오렌지 정도의 크기로, 내가 몇 년 후 의대에서 해부한 인간의 뇌가 멜론 정도 크기인 것에 견주어 훨씬 작았다. 로리는 땋은 머리가 주름진 뇌의 표면에 닿지 않게 주의하면서 뇌를 양손에 살포시 받쳐 들고 수강생들에게 보여주었다. 축축하고 냄새 나는 날가죽을 고급스러운 가죽 원단으로 변신시키는 데 필수적인 재료가 바로 뇌라고 했다. 이를 '브레인 태닝brain tanning'이라고 하며, 무두질 공법의 하나다. 선사시대에서 미국 식민지 시대에 이를 때까지 사람들은 오랫동안 그 방법으로 부드러운 가죽을 만들어 옷을 해 입었다.

로리는 뇌를 다시 통에 넣고 한 손으로 사정없이 두들겼다. 반죽하듯 치대고 손가락 틈으로 짜내고 하면서 가끔씩 물을 뿌렸다. 으깨진 신경세포가 걸쭉한 딸기 밀크셰이크처럼 되었다. 틀에서 떼어내 땅에 펴놓은 가죽 위에 분홍색 반죽을 발랐다. 양면에 골고루 듬뿍 묻혔다. 그런 다음 가죽을 조심스럽게 접어서 다시 흰색 통에 넣었다. 흥분한 파리 떼가 위를 맴돌았다.

놀라운 변화가 일어난 것은 그 이튿날이었다. 로리가 젖은 가죽을 통에서 꺼냈다. 묻어 있는 뇌 잔여물을 닦아내고, 힘껏 비틀어 짰다. 그런 다음 가죽을 나무틀에 다시 묶었다. 이제 부드럽게 만드는 연화 과정에 들어갈 차례였다. 로리의 지시에 따라 나를 포함한 수강생들은 돌아가며 가죽을 손으로 치대고 주물렀다. 막대기로 콕콕 누르기도 하고, 거친 사암으로 문지르기도 했다. 축축한 가죽이 완전히 마를 때까지 섬유질을 끊임없이 격렬하게 움직여 주어야 한다고 했다. 너무 오래 손을 놓으면 딱딱해져서 못 쓰게 된다.

몇 시간을 그렇게 하니 가죽이 완전히 말랐다. 색은 새하얗고, 촉감은 최고급 스웨이드처럼 보드랍고 말랑말랑했다. 로리가 완성된 사슴 가죽을 나무틀에서 떼어내며 그 무궁무진한 용도를 소개했다. 의복, 파우치, 칼집, 가방, 화살통, 모자, 장갑, 끈, 가구 커버…. 쓰임새가 다양한 것도 대단했지만, 내가 직접 참여해 이루어 낸 놀라운 변신에 매료되었다. 혐오스러웠던 원료가 부드럽고 튼튼한 고급 소재로 탈바꿈해 그토록 다양한 일상용품으로 쓰이게 된다니. 길가에 방치된 동물의 사체에서 얻은 두 신체 기관이 합쳐져 그 흉측한 해부학적 기원을 상상조차 하기 힘든 고급 원단이 된다는 사실이 놀랍기만 했다. 나는 완전히 혹했다.

야생 생존법 강좌를 통해 다양한 옛 기술의 기본 요령을 익혔지만, 가장 좋았던 것은 무두질이었다. 나는 공예의 재료로서 동물의 피부에 유달리 매료되었다. 그 후 몇 달 그리고 여러 해에 걸쳐, 의대 생활을 시작할 때까지도 브레인 태닝을 연습했다.

인체 해부도 항상 피부에서 시작한다. 해부학 실습 때 내가 작업한 시신은 노인 남성의 몸이었다. 시신은 마치 가죽을 벗기기 전 숲 바닥에 엎드린 사슴처럼 실습대 위에 엎드려 있었다. 피부는 차가웠고 흐린 하늘처럼 핏기 없는 회색이었다. 방부처리사가 독한 방부액을 가득 주입해놓은 덕분에 피부와 그 밖의 조직이 촉촉하고 유연하면서도 썩지 않는 상태였다. 해부를 진행한 몇 달 동안 시신은 방부 상태를 유지했다. 로리가 빠뜨리고 언급하지 않았던, 죽은 피부의 세 번째 운명이 그것이다. 방부액에 절여져 보존되는 것.

해부 지침서의 설명에 따라 우리 조원들은 목덜미 바로 밑에 메스를 대고 절개를 시작했다. 등 중앙을 따라 똑바로 그어 내려갔다. 첫 절개선과 교차하게끔 가로 방향으로도 몇 차례 절개한 다음, 덮개를 열듯 피부를 양쪽으로 열어젖혔다. 피부는 몸의 지방층 때문에 기름기가 많고 미끌거렸으며, 산 사람의 살갗에 비해 탄력이 없었다.

일단 젖혀낸 피부는 우리가 4개월에 걸쳐 해부 실습을 하는 동안 전혀 관심의 대상이 아니었다. 그 밑에 감춰진 근육, 신경, 혈관, 힘줄, 뼈를 살펴봤지만, 내가 무두질을 계기로 관심을 두었던 신체 기관인 피부는 중요하게 취급되지 않았다. 안에 든 선물을 꺼내기 위해 무심코 뜯어서 버리는 포장지 정도로 여겨졌다. 해부학 실습실에서 피부는 몸의 장식물에 지나지 않는 느낌이었다. 마치 의복처럼, 의료 행위와 무관한 부분인 듯했다.

매일 실습이 끝나면 피부 덮개를 근육과 장기 위에 도로 덮어서 내부가 건조해지는 것을 막았다. 몸의 수분 유지는 살아 있는 인체에서도 피부의 중요한 기능이다. 그러나 비닐을 씌워놓았어도 몇 달이 지나자 피부 가장자리가 바짝 말라서 뻣뻣한 생가죽처럼 변했다. 근육도 군데군데 말라서 뻣뻣한 육포처럼 되었다. 우리 몸도 죽으면 로리가 말했던 두 가지 운명이 기다리고 있다는 사실을 실감했다. 바짝 마르거나 썩거나.

다음 학기에 조직학 수업을 들으면서 피부는 그저 정적인 외피가 아니라는 것을 배웠다. 피부는 인체에서 가장 큰 기관이며, 나름의 복잡한 생명체다. 마치 땅을 덮고 있는 표토처럼, 우리 몸의 활동적이고 분주한 겉층을 이룬다. 피부 속의 땀샘은 땀을 분비해 몸을 식히는 구실을 한다. 부근에 있는 피지샘은 피지를 분비해 피부를 정돈하고 윤활해준다. 피부에 박혀 있는 모낭에서는 털이 자라며, 모낭마다 조그만 근육이 있어서 쌀쌀한 추위나 섬뜩한 기분, 감동적인 음악에 반응해 털을 꼿꼿하게 세운다.

게다가 피부는 똑똑하다. 태양에 꾸준히 노출되는 유일한 신체 기관으로, 햇볕을 받으면 색소를 늘려서 저절로 거무스름해진다. 태양의 전리방사선에 DNA가 손상되어 돌연변이를 일으키지 않게 보호하는 작용이다. 반복적으로 마찰을 받으면 두꺼워져 굳은 살을 만든다. 앞으로의 마찰에 대비해 자신을 보호하려고 갑옷을 입는 것이다. 간은 프로메테우스 신화에 묘사된 것처럼 재생능력으로 유명한 기관이지만, 그런 간도 피부의 회복력과 재생능력에는 한참 못 미친다. 피부에 상처가 나면 세포가 사방에서 몰려들어 결손 부분을 메우면서 저절로 아문다.

나는 피부 단면의 현미경 사진 수백 장을 공부했다. 표피라고 하는 피부의 최상층은 훨씬 두꺼운 진피 위에 놓인 얇은 껍질에 불과해 보였다. 진피는 두께로 볼 때 피부의 거의 전체를 차지한다. 우리가 매일 보고 만지는 표피는 빙산의 일각에 불과하다.

그러나 고배율 현미경으로 보면, 그 얇은 표피도 마치 겹겹이 쌓인 슬라이스치즈처럼 다섯 개 층으로 나뉘어 있었다. 가장 바깥층은 우리의 털과 손톱을 구성하는 물질인 케라틴으로 되어 있어 방수성의 단단한 껍질을 이룬다. 그 밑의 층들은 피부를 건강하게 보존하기 위해 각기 다른 임무를 맡고 있다. 표피의 세포들을 한데 묶어주는 층도 있고, 케라틴을 생성하는 층도 있다. 표피의 맨 아래층이자 진피에 접한 층에는 줄기세포가 존재한다. 줄기세포는 필요할 때마다 분열하여 피부를 재생하고 상처를 메우며, 우리가 일생 동안 배출하여 집이며 자동차, 회사에 먼지로 쌓이는 죽은 세포를 대체하는 역할을 한다. 표피를 구성하는 층들이 바로 몇 년 전 로리가 가죽을 긁어낼 때 주시하라고 했던 그 층들이었다.

　인체의 모든 부위는 피부처럼 층으로 나뉜다. 눈의 흰자위는 네층, 동맥벽은 다섯 층, 장의 내벽은 여섯 층으로 이루어졌다. 얇은 대뇌피질도 여섯 층으로 되어 있다. 계층화는 인체의 기본 구성 원리로, 복원력을 높이고 세포의 기능을 더욱 전문화하는 효과가 있다. 체내의 모든 구조물은 아무리 얇고 단순해 보일지라도 양파처럼 여러 겹으로 되어 있다.

　2학년 때 병리학을 배우면서 피부질환이 얼마나 끔찍할 수 있는지 알게 되었다. 물집이 났거나 헐거나 벗겨진 발진 부위의 사진은 그 학기에 본 것 중에서 가장 흉측한 광경이었다. 특히 혐오스러웠던 사진은 어느 피부 감염 환자의 목덜미에서 고름과 구더기가 뚝뚝 떨어지는 모습이었다. 강의하던 피부과 교수에 따르면, 몇 주전부터 진행된 감염인데 그 상태가 돼서야 병원에 왔다고 한다. 사진을 공개하자 강의실에서는 신음이 터져나왔다.

한 학생이 질문했다. "어떻게 저 지경이 되도록 놔둘 수 있지요?"

교수가 대답했다. "술이 참 무섭지요."

내가 의대 공부를 시작했을 때는 몸속의 장기에 관해서 아직 잘 몰랐기에 내장의 질병이나 감염 사진을 보고는 아무리 흉측하게 망가졌다 해도 혐오감을 느낄 이유가 별로 없었다. 몇 년 동안 공부하고 나서야 내장질환 사진이나 CT 영상을 보면 끔찍한 느낌이 들었다. 반면 피부는 살면서 일상적으로 접하는 대상이기 때문에, 극심한 피부병 증상을 보면 본능적으로 혐오감이 일었다. 나병이나 심한 화상 같은 피부질환에 역사적으로 심한 차별이 따른 것은 아마도 그래서일 것이다.

나는 사람의 피부가 보내는 신호의 판독법을 배우기 시작했다. 증상 사진 하나하나를 자료 삼아 피부발진의 불규칙적이고 모호한 언어를 익혔다. 소포라고 하는 작은 물집이 생기면 수두, 수족구병, 단순포진의 가능성을 생각해야 한다. 자주색 반점이 나타나면 출혈성 질병이나 치명적인 뇌수막염일 수 있다. 발진이 몸의 어느 부위에 나타나는지도 의미가 있다. 손바닥과 발바닥에 나타나면 매독일 가능성이 있다고 배웠다.

발진이 퍼지는 형태도 중요한 단서가 된다. 발진이 어디에 처음 생겨서 어떻게 번져나갔는지 환자에게 물어봐야 한다. 홍역은 보통 얼굴에서 시작해 창문의 블라인드를 천천히 내리는 것처럼 아래쪽으로 퍼지고, 로키산 홍반열은 팔다리에서 시작해 마치 몸통의 인력에 끌리듯 안쪽으로 퍼진다. 발진을 손으로 만져보면 원인을 짐작할 수도 있다. 성홍열 발진은 사포처럼 도톨도톨한 느낌이 특징이고, 돋아난 느낌의 자주색 반점은 혈관염이 원인일 수 있다.

물론 친구와 가족들이 끊임없이 보내오는 문자메시지도 내 훈련에서 적잖은 비중을 차지했다. 흐릿하게 찍어 보낸 사진을 자세히 보면 대개는 그냥 벌레 물린 자국이었다. 해를 거듭함에 따라 발진을 진단한 경험이 쌓이면서, 피부에 쓰여 있는 암호를 더 빨리 알아볼 수 있게 되었다.

레지던트 과정을 마치고 알래스카 북부에서 일할 때였다. 한 아이의 특이한 발진을 진료하면서 피부의 층을 읽는 요령 덕분에 큰 결정을 내릴 수 있었다. 어느 이뉴피아트족 여성이 한 살배기 딸아이를 응급실로 데려왔다. 며칠 동안 열이 나더니 이제 피부가 벗겨진다고 했다. 옷을 벗겨보자 가슴, 팔, 엉덩이 그리고 얼굴의 대부분에서 반투명한 얇은 허물이 벗겨지고 있었다. 모습만 봐서는 햇볕에 심하게 탄 것 같았는데, 그때는 북극지방의 늦가을이어서 해가 지평선 위로 모습을 비치는 것은 한낮에 단 몇 시간뿐이었다. 아직 벗겨지지 않은 피부에 내가 손을 대고 세게 문지르자 작은 기포들이 생겨나서 금방 커지고 합쳐지더니 또 허물이 일어났다.

두 가지 진단이 가능하다고 판단했다. 하나는 표피가 완전히 벗겨져 몸 대부분에 진피만 남는 스티븐스-존슨증후군SJS이라는 치명적인 질환이다. 피부의 바깥층이 소실되면 생명이 위험할 수 있기 때문에 화상 전문 병원에서 집중 치료를 받아야 하는 경우가 많다. 또 하나는 포도알균열상피부증후군SSSS이라는 것으로, 치명도는 훨씬 낮으며 독소로 인해 표피의 층들을 고정해주는 접착제가 손상되어 발생한다. 그 경우 독소를 일으키는 포도알균 감염을 항생제로 치료하기만 하면 된다.

자세히 살펴보니 허물 밑으로 탁한 분홍색을 띠는 건조한 피부가 보였다. 염증이 난 진피는 소고기처럼 붉은색이다. 진피가 아니라 표피의 안쪽 층이 드러난 것 같았다. SSSS를 직감하고 더 살펴보니 특수한 피부라고 할 수 있는 코, 입, 눈, 성기의 점막에는 발진이 없었다. SJS라면 그곳에도 발진이 생겨야 하므로 SJS는 아니라는 판단을 굳혔다. 앵커리지의 큰 병원으로 즉시 이송하는 것을 보류했다. 그 뒤 이틀 동안 항생제만 썼더니 아이의 상태가 극적으로 호전되었다. 예전에 로리가 "피부의 층을 잘 아는 게 관건"이라고 했던 말이 생각났다. 그때는 그 조언이 무두질 이외의 일에도 통할 줄은 미처 몰랐다.

야생 생존법 강좌를 수강한 이후 몇 해 동안 무두질 솜씨가 많이 늘었다. 로드킬 당한 짐승을 주워와 가죽을 벗기는 데도 익숙해졌고, 차 트렁크에 칼과 장갑, 커다란 검은색 쓰레기봉투를 항상 넣고 다녔다. 어느 여름날 오후, 뉴욕 교외를 차로 지나가다가 숲 사이로 난 2차선 도로에 사슴 한 마리가 쓰러져 있는 것을 보았다. 차를 세우고 가보았다. 갓 죽었고 훼손되지 않은 상태임을 확인한 뒤, 지나가는 차들에서 보이지 않게 사체를 끌고 숲속으로 들어갔다.

작은 칼을 꺼내 들고, 게리에게 배운 요령으로 가죽을 벗겼다. 예전보다 손이 많이 빨라져 있었다. 동물 가죽 벗기는 일은 아무리 해도 싫증이 나지 않았다. 어릴 때 공작풀을 피부에 발랐다가 말려서 그대로 벗겨낼 때의 만족감이 느껴졌다. 작은 톱으로 사슴의 뇌도 꺼내 다른 비닐봉지에 넣었다.

사슴 가죽을 집에 있는 건조틀에 고정해놓고 이틀 동안 말린 다음, 내가 고철 조각으로 직접 만든 긁개를 사용해 긁어내기 시작했다. 예전에 로리가 열심히 설명했던 표피의 층들을 이제야 비로소 분간할 수 있었다. 의대에서 공부한 그 층들이었다. 차례로 긁어내면서 현미경으로 봤던 표피의 모습을 떠올렸다. 세포가 마치 벽돌처럼 차곡차곡 쌓여 있는 모습이었다. 하얀 진피만 남을 때까지 벽돌을 한 층 한 층 조심스레 벗겨냈다.

몇 시간 만에 표피를 다 긁어내고 뇌 반죽을 바른 후 통에 담가 놓았다. 다음 날 햇볕 아래에서 몇 시간 동안, 틀에 고정된 가죽을 연화하는 작업을 했다. 내 피부는 아롱거리는 햇살에 땀으로 젖었고, 사슴 가죽은 내 손길에 차츰 부드러워졌다. 가죽이 워낙 튼튼해서 내가 연신 잡아당겨도 끄떡없었다. 그 강도와 탄력은 오롯이 진피의 구조 덕분이었다. 현미경으로 보면 진피는 튼튼한 콜라겐 섬유를 단단하게 짠 직물처럼 보인다. 내가 그때까지 작업한 어떤 가죽보다 부드러운 가죽이 만들어졌다.

완성된 가죽의 허리 부근에서 직사각형으로 조각을 오려내, 가게에서 구입한 헤나로 염색하고 바느질하여 작은 파우치를 만들었다. 여행 중에 갖고 다닐 상비약을 모두 파우치에 담았다. 파우치에 '여행용 약방'이라는 이름을 붙여주었고, 지금도 집 밖을 나설 때는 꼭 챙긴다.

어떤 환자를 진료할 때건, 피부는 내가 육안으로 가장 먼저 살펴본 기관이었다. 대개는 직접 접촉한 기관도 주로 피부였다. 환자의 배를 눌러보며 장기에 비대증이나 염증이 있는지 살필 때, 내 손이 닿는 곳은 사실 피부다. 심장, 폐, 장의 소리를 들을 때도 청진기를 피부에 갖다 댄다. 다친 어깨를 가동 범위 내에서 이리저리 움직여 골절이나 염좌나 인대 파열 여부를 확인할 때도, 내가 보고 만지는 것은 어깨 관절 자체가 아니라 피부다. 아는 사람의 얼굴을 알아볼 때도 우리가 보는 것은 피부뿐이다. 물론 피부의 형태는 그 밑에 있는 뼈, 연골, 지방의 구조에 크게 좌우된다. 내게 찾아오는 모든 환자는 피부에 감싸여 있고, 내가 환자의 몸속 건강을 판단하는 주된 창구는 피부다.

피부는 완전히 몸의 겉에 위치한 유일한 기관이지만, 환자의 몸속 건강을 알 수 있는 중요한 단서가 된다. 황달이 있으면 간질환을 짐작할 수 있다. 아랫다리의 피부가 갈색을 띠고 두꺼워지면 만성심부전일 수 있고, 극심한 경우에는 피부가 거의 나무껍질처럼 딱딱해지기도 한다. 심지어 몸속에 숨은 암도 부드러운 촉감의 검은색 발진이나 눈꺼풀의 그물 무늬로 나타날 수 있다.

피부는 이처럼 우리 몸속과 밀접하게 연결되어 있기 때문에 뇌의 상태를 판단하는 데 특히 유용하다. 한번은 왼쪽 다리의 마비와 무력감 등을 호소하는 환자를 검진했는데, 내가 손가락을 다리 피부에 스쳤을 때 아무 느낌이 없는 것으로 보아 우뇌의 뇌졸중이 의심됐다. 피부의 촉각은 우리 몸을 감싼 구불구불한 곡면을 통해 순수한 감각을 전하며, 어디든 만져지거나 닿으면 뇌의 반응, 즉 인식이 일어나야 정상이다. 그러나 환자의 촉각은 이상이 있었고, 왼쪽 다리에서 내가 스친 지점의 피부는 오른쪽 대뇌피질의 특정 부분에 연결되어 있다. 곧이어 MRI를 통해 바로 그 위치에 뇌졸중이 발생한 것이 확인됐다. 우리 몸의 피부 전체가 뇌에 직접 대응되므로, 환자의 피부를 만지는 것만으로도 뇌의 건강 상태를 파악하고 뇌졸중·뇌종양·감염·출혈 등 숨겨진 병변의 위치를 정확히 짚어낼 수 있었다. 피부는 몸 겉에 있기 때문에 몸속의 문제를 들여다보는 창구 구실을 했다.

새 환자의 병실에 처음 들어갔는데 한눈에 봐도 예감이 좋지 않을 때가 가끔 있다. 간호사나 의사가 환자를 가리켜 "보기에 느낌이 안 좋다"라고 하는 말을 자주 듣곤 한다. 무언지 콕 집어 말할 수는 없지만 환자 몸속에 무슨 심각한 문제가 있는 것 같다는 뜻이다. 해를 거듭하며 의사 경험이 쌓이니, 그런 느낌은 환자의 피부색이 실마리가 될 때가 많다는 것을 알게 됐다. 상태가 많이 나쁜 환자는 미묘하게 회색·청색·녹색의 기운을 띠곤 하는데, 눈이 충분히 훈련된 후에야 그런 색들이 보이기 시작했다. 피부의 병적인 색조는 생명을 위협하는 질병의 첫 경고 신호가 되어준다.

피부는 험난한 외부 세계로부터 우리 몸을 꽤 잘 보호해주지만, 칼날이나 탁자 모서리에는 적수가 되지 못한다. 피부의 기본적인 온전성이 훼손된 상태를 열상裂傷(찢어진 상처)이라고 한다. 열상은 발진이나 피부색 변화보다 단순한, 피부의 가장 기초적인 질환이다. 신체와 외부 세계의 접점이 파열되는 현상으로 매우 흔히 일어나며, 그러한 파열을 봉합하는 것이 응급실에서 내가 맡은 업무의 큰 부분을 차지한다. 특히 깊은 열상을 치료할 때면 의료 행위는 가죽을 매만지는 작업과 가장 흡사해진다.

내가 지금까지 본 최악의 열상은 어느 날 밤늦게 응급실을 찾은 20대 여성의 얼굴에 발생한 것이었다. 이마와 눈, 뺨이 피가 흥건한 붕대로 덮여서 입만 보였다. 그 여성은 술 취한 목소리로 흐느꼈다. 구급대원들이 들것에 싣고 와 응급실 진료칸 안으로 옮겼고, 내가 상처를 확인하기 위해 얼굴에 감긴 붕대를 천천히 푸는 동안 대원 한 명이 사고 상황을 설명해주었다.

그날 밤 그는 친구들과 왁자지껄하게 술을 마시다가 집 현관 계단에 선 채로 언니와 말다툼을 벌였다. 언니가 갑자기 밀치는 바람에 계단에서 넘어져 그 밑의 잔디밭으로 얼굴부터 떨어졌다. 불행히도 그 자리에는 며칠 전에 고장 나서 버린 전기찜솥이 뒹굴고 있었다. 세라믹 재질의 내솥이 깨진 채 놓여 있었는데, 얼굴이 세라믹 파편에 직통으로 부딪쳤다. 예전의 생존법 강좌를 통해 알고 있었지만, 깨진 세라믹은 선사시대 부싯돌 석기의 깨진 모서리만큼 날카롭다. 강사들은 석기 만들기를 연습할 때 깨진 변기 조각을 대용물로 쓰라고 권했다.

피투성이 붕대를 모두 걷어내자 얼굴에 깊은 열상 세 개가 가로지르고 있었다. 보통 그렇듯이 출혈은 거의 멎어 있었다. 열상 부위의 피부는 혈관을 좁히고 피를 응고시켜 능숙하게 지혈작용을 한다. 이마 한가운데가 초승달 모양으로 찢어져 있고, 왼쪽 눈 밑 언저리는 비교적 짧게 갈라져 있었다. 상처는 아랫눈꺼풀을 가까스로 피했다. 그러나 오른쪽 뺨은 깊고 크게 베여 있었다. 역시 술이 참 무섭다.

환자가 고래고래 욕을 하는 동안 나는 상처를 하나씩 살폈다. 틈을 벌려서 안을 들여다보며 깊이를 확인했다. 힘줄, 신경, 침샘관, 큰 혈관 같은 구조물이 손상되지 않았는지도 확인했다. 제거해야 할 흙이나 세라믹 파편이 있는지도 살펴봤다.

가장 중요한 것은 층을 파악하는 일이었다. 왼쪽 눈 밑의 작은 열상은 표피와 진피를 모두 찢고 노란색 피하지방까지 들어간 게 분명했다. 이마의 초승달 모양 열상은 더 깊었다. 지방층을 넘어, 눈썹을 치켜올리는 근육의 번들거리는 붉은색 층까지 들어갔다. 오른뺨의 깊이 파인 골을 들여다보니 그 이상이었다. 분홍색 피하 조직과 붉은색 근육 너머로 드러난 흰색 층을 멸균한 탐침으로 눌러보니 단단했다. 광대뼈의 겉을 덮고 있는 조직이었다.

열상을 비롯해 모든 피부 상처는 몸속을 드러내 보이는 창이다. 고대 로마에서는 부검을 금지했기 때문에 검투사의 부상은 의사들에게 인체해부학을 공부할 절호의 기회였다. 상처가 깊고 처참할수록 많은 것을 배울 수 있었다. 나는 상처를 들여다볼 때 도시의 공사현장을 보는 기분이다. 도시에 매설된 시설물은 평소에 아스팔트라는 껍질 밑에 감춰져 있다가 땅을 파헤치면 모습을 드러낸다. 지나가다가 그런 광경을 보면 걸음을 멈추고 흥미롭게 감상하곤 한다. 마치 찢어진 상처 속에 드러난 혈관과 힘줄처럼, 파이프와 케이블이 도시의 땅속을 누비고 있다. 도시계획가가 인프라 보수를 위해 도로를 파헤칠 때 도시의 지하 매설구조를 잘 알아야 하는 것처럼, 의사는 열상을 잘 판단하려면 인체의 층들을 잘 알아야 한다.

나는 환자의 상처 속에 드러난 층들을 파악하면서, 상처의 심각성을 판단하는 동시에 복구 계획을 세운다. 작고 얕은 열상은 저절로 아물지만, 이 환자의 경우처럼 크고 깊은 열상은 꿰매주어야 한다. 갈라진 부위를 미리 맞붙여보면서 어떻게 봉합해야 할지 생각했다. 깊은 상처 두 개는 맞붙이는 데 힘이 꽤 많이 들어갔다. 봉합하려면 상당히 세게 묶어줘야 할 것 같았다. 그런 복잡한 열상을 엄청난 긴장감 속에서 복구하려면, 무두질 장인과 조직학자의 피부 지식이 필요하다.

다량의 멸균 식염수로 상처를 씻어낸 뒤, 의사보조사와 함께 처음 몇 바늘을 깊숙한 근육층에 꿰맸다. 그러나 봉합을 지탱하는 힘 대부분은 그다음으로 꿰맬 곳이 감당해야 했다. 약한 표피는 그런 힘을 감당할 수 없으니 진피에 힘을 걸어주어야 한다. 드러난 피부 단면의 층들을 자세히 봤다. 그을린 주근깨투성이 표피 아래에 새하얗게 빛나는 진피가 보였다. 튼튼한 사슴 가죽을 만들어주는 바로 그 피부층이, 크게 찢어진 상처를 보수하는 데 필요한 내구성도 제공해주리라.

구부러진 바늘을 피부에 꿰면서, 진피를 정확히 관통하게끔 주의를 기울였다. 그동안 사슴 가죽을 바느질하면서 손놀림이 단련되었고, 피부의 층에 대한 직감도 예민해져 있었다. 무두질한 가죽을 꿰매는 것과 산 사람의 상처를 꿰매는 것의 가장 큰 차이는, 사람의 경우 바늘을 피부 반대편으로 뽑을 수 없다는 점이다. 의사가 쓰는 바늘이 곧지 않고 구부러진 것은 그 때문이다.

진피를 봉합하니 상처는 거의 맞붙었다. 진피를 꿰맨 실은 상처 속에 묻힌 채, 진피가 몇 주에 걸쳐 아물면서 녹아 없어진다. 마지막으로는 표피를 꿰매주었다. 표피는 상처를 붙여주는 힘은 없지만, 미용상 최선의 결과를 얻기 위해 봉합해주어야 한다.

한 시간 이상 걸려 봉합을 마칠 때까지 환자는 거의 소리를 내지 않았다. 천만다행히 미리 알코올로 마취를 하고 와서 봉합 과정이 모든 사람에게 수월했다. 멸균 커버를 벗겨내고 한 발짝 물러나 우리가 해놓은 작업을 살펴봤다. 내일 아침에 환자가 깨서 거울을 보면 얼마나 끔찍할까 생각해보았다. 최대한 줄이려고 신중을 기했지만 흉터가 질 것이고, 비록 이 여성의 뇌는 기억하지 못할지라도 그날 밤 전기찜솥과의 조우는 영원히 기록으로 남을 것이다.

피부에는 항상 사람이나 동물이 살았던 삶의 이야기가 흉터로 새겨져 있다. 과거의 상처는 흔적을 남기고, 나는 무두질할 때 가죽의 약한 부분을 피하기 위해 흉터 읽는 법을 익혔다. 긁개로 긁다가 흉터가 뚫려 큰 구멍이 날 수 있기 때문이다. 의사도 인체의 흉터를 읽을 줄 알면 도움이 된다. 환자의 몸이 과거에 수술 메스를 만난 적이 있는지 알 수 있기 때문이다. 복부의 흉터는 복통의 원인을 짐작할 단서가 된다. 예를 들어 오른쪽 위 복부에 대각선으로 긴 흉터가 나 있으면 예전에 담낭을 제거했음을 알 수 있으므로 통증의 원인이 담석일 가능성은 낮다. 복부에 있는 모든 수술 흉터는 환자가 언젠가 받았던 수술의 이력을 영원히 전해준다.

피부의 이야기는 죽음 이후에도 무두질이라는 변신 과정을 통해 꾸준히 이어진다. 내 '여행용 약방'은 나와 숱한 경험을 함께했다. 내 의사 경력 중 여러 해 동안 네 대륙을 같이 다녔다. 그리고 내 낡은 지갑 못지않게 사적인 물건이 되었다. 파우치의 한쪽 모서리 근처에는 혜성의 꼬리 같은 흉터가 있다. 사슴이 살아 있을 때 생긴 것일 수도 있고, 가죽으로 새 삶을 시작할 때 내 긁개에 찢겨서 생긴 것일 수도 있다. 파우치의 끈을 풀고 그 안에서 약이라든지 여행 중 숙면을 위해 늘 갖고 다니는 귀마개를 꺼낼 때면 흉터의 거친 촉감이 내 피부에 느껴진다. 그리고 가죽의 주인이었던,

로드킬 당한 사슴이 떠오른다. 가공된 사슴 가죽은, 방부 처리된 해부용 시신처럼, 생에서 재와 먼지로 돌아가는 길에 잠시나마 유용하게 쓰이다 가는 중간 정류장이다.

파우치는 이제 풍파에 낡았고, 그동안 내 피부에도 흉터와 주름, 검버섯이 늘었다. 피부는 몸을 보호하는 거죽으로서 외부 세계의 끊임없는 해코지를 정면으로 받아내며, 태양의 가혹한 빛에 노출되어 있다. 동물의 피부가 사람의 옷이 될 수 있는 것도 어찌 보면 당연하다. 우리가 본래 타고난 거죽 위에 세상의 위해를 좀 더 확실히 막으려고 한 거죽을 겹쳐 입는 셈이다. 옛날 사람들은 동물의 피부를 채취해 부드럽게 가공함으로써 여러 층으로 된 자신의 피부 위에 인공 피부를 한 층 덧대는 방법을 터득했다.

피부에는 우리 몸을 이루는 층들의 이야기가 담겨 있는가 하면, 또 다른 이야기도 담겨 있다. 인간이 몸 밖에 물질세계를 창조하는 이야기다. 사람들은 옷에 이어 몸 밖에다 추가로 층을 만드는 법을 깨우쳤다. 집의 벽도 그중 하나로, 위험한 세상 속에서 작은 안전지대를 만들어주는 또 하나의 거죽이다. 우리는 피부처럼 벽도 층을 지어 만든다. 나무나 콘크리트로 된 중간층은 진피처럼 속에서 튼튼히 버텨주고, 외부 벽판은 표피처럼 물이 스며들지 않게 막아주며 겉으로 보이는 외관을 담당한다. 우리는 몸속의 구조와 똑같은 설계를 바탕으로 비바람 속에서 몸을 보호할 수단을 만든다. 그 원형은 언제나 인간의 몸이다.

소변
첫 번째 도미노가 쓰러지면

사람들은 보통 딱히 좋아하는 체액이 없다. 체액이라면 종류에 상관없이 불쾌하게 여긴다. 의사도 자기가 불쾌감을 가장 덜 느끼는 체액을 기준으로 전공을 선택한다는 옛말이 있다. 전공 분야마다 중요한 체액이 다르니, 대변이나 가래는 역겹지만 피는 봐줄 만한 사람은 혈액내과 의사가 되고, 소변이나 담즙은 끔찍하지만 가래는 괜찮은 사람은 호흡기내과 의사가 된다는 식이다.

그렇지만 의대생 시절에 나는 특정 체액에 마음이 '끌려서' 전공을 선택하는 의사도 있으리라고 생각했다. 체액마다 나름의 오묘한 방식으로 진단의 실마리를 제공하니 흥미가 동할 만하다. 감염내과의 고름부터 이비인후과의 콧물에 이르기까지 우리 몸의 수많은 배설물, 분비물, 화농은 의사가 질병을 진단하고 치유하는 데 꼭 필요한 정보를 제공한다. 체액은 보통 버려지고 천대받는 존재이지만 의사가 다루는 필수 재료로, 저마다 고유한 언어로 의사에게 속삭이며 환자의 문제를 알려준다. 전문의가 된다는 것은 특정 체액의 언어에 능숙해진다는 것으로, 그 색과 질감과 굳기의 해석법을 배우고 일생 동안 그 비밀을 궁리한다는 의미다.

전문 분야를 선택하는 것은 체액을 선택하는 것과 비슷하게 느껴졌다. 나는 한 분야에 정착하지 않고 버텨서 지금도 일반의를 하고 있지만, 내가 항상 특별히 끌렸던 체액은 소변이다.

소변은 복부 뒤쪽에 박혀 있는 한 쌍의 콩알 모양 기관, 신장에서 만들어진다. 성분은 대부분 혈액에서 걸러진 수분이고, 몸에서 나온 액체 노폐물이 섞여 특유의 색과 냄새를 유발한다. 신장에서 만든 소변은 요관을 거쳐 편리하게 방광에 모인다. 모인 소변을 플라스틱 컵에 배출하기만 하면 주삿바늘을 쓰지 않고 채취해 검사할 수 있다. 소변은 환자의 상태에 관해 워낙 풍부한 정보를 제공한다는 점에서 특별한 체액이며, 소변검사는 워낙 자주 하는 것이라 영어로는 '소변urine'과 '분석analysis'의 합성어인 '유리널리시스urinalysis'로 통칭된다. 소변은 의료계에서 별명으로 통하는 유일한 체액이라고 할 수 있겠다.

신장전문의가 소변검사를 통해 진단하는 모습을 처음 봤던 기억이 난다. 의대에서 신장학 선택과목을 수강할 때였다. 교수가 작은 플라스틱 소변컵을 들고 흰 가운을 펄럭이며 병원 복도를 총총 걸어 신장내과 현미경실로 갔고, 나는 그 뒤를 따라갔다. 교수가 검사띠를 소변에 담그자 맨눈으로는 볼 수 없던 혈액과 단백질이 검사띠에 표시되었다. 피펫으로 소변을 일부 취해 원심분리기에 넣었다. 원심분리기가 고속으로 회전하자 떠다니던 세포가 분리관 바닥에 농축되었다. 이 물질을 한 방울 취해서 현미경으로 들여다보니 파편들이 시야 전체에 퍼져 있었다. 교수는 환자의 증상과 검사에서 나타난 이상 징후를 모두 종합해, 사구체신염이라는 드문 신장질환으로 진단했다. 소변을 수정 구슬처럼 들여다보며 마법 같은 투시력으로 환자의 몸속을 꿰뚫어본 것이다. 그 순간부터 나는 소변의 비밀스러운 언어를 배우기로 결심했다.

그 후 몇 달 동안 검사띠와 원심분리기 다루는 법을 연습했고, 현미경으로 단서를 포착하는 눈을 키웠다. 검사실의 의료기사들과도 친해져서, 내 공부에 도움이 될 만한 흥미로운 소변 샘플이 있으면 보관해달라고 부탁했다. 곧 검사실 냉장고에 내 이름이 붙은 전용 컵이 놓였고, 나는 매일같이 점심시간에 들러 새 샘플을 살펴봤다.

어느 날 현미경을 들여다보는데 혈류가 진균에 감염된 중증 환자의 소변에서 효모가 자라는 것이 보였다. 효모균이 신장의 여과장치를 장악하여 소변에까지 흘러든 것이었으니 치명적인 상태였다. 또 한 번은 성병 기생충을 보았다. 세모편모충이라는 눈물방울 모양의 생물이 남성 환자의 소변 속에서 수중발레를 하듯 헤엄치며 빙글빙글 돌고 있었다. 환자가 안전하지 않은 성관계를 맺었다는 뜻인데, 부지불식간에 얼마나 많은 파트너에게 감염을 퍼뜨렸을지 알 수 없었다. 나는 세모편모충 감염증에 관해 기초 지식밖에 없었지만, 환자는 소변 볼 때 타는 듯한 느낌 때문에 병원을 찾았거나, 아니면 흔히 그렇듯이 증상이 전혀 없었으리라고 짐작했다. 몸에서 배출된 물질을 판독하는 것만으로 한 번도 만나본 적 없는 사람들의 삶이 눈에 보이는 듯했다. 새로운 발견을 할 때마다 마치 끊어진 실이 갑자기 하나로 이어지는 것 같은 스릴을 느꼈다. 탐정이 결정적인 단서를 마주칠 때 이런 기분일까 싶었다.

내 환자의 소변을 검사할 때는 검사실에 샘플을 보내 컴퓨터로 결과를 받아보지 않고 내가 직접 했다. 장갑 낀 손에 환자의 따뜻한 샘플을 들고 복도를 걸어 현미경 검사실로 가서 직접 단서를 뽑아냈다. 내 손으로 해봄으로써 환자 몸속에서 진행 중인 병을 더 깊이 느낄 수 있었고, 검사띠와 원심분리기 사용을 반복하면서 환자와 더 친밀한 관계를 형성할 수 있었다. 동시에 내가 가장 좋아하는 체액의 진가를 점점 더 실감했다.

소변의 오묘한 언어가 곧 이해되기 시작했다. 검사띠에서 백혈구가 검출되면 요로감염을 짐작할 수 있고, 현미경으로 결정체가 보이면 신장결석이 있을 수 있으며 그것이 옆구리 통증의 원인일 수 있다. 하나하나의 분석 결과는 소변의 언어로 전해지는 중요한 메시지였다.

물론 소변 이외의 다른 체액을 통해서도 몸속을 간접적으로 들여다보고 병을 진단할 수 있다. 대변은 입과 코에서 대장까지 위장관 전체에 관한 정보를 전해주고, 가래는 호흡기 깊숙한 곳의 상황을, 뇌척수액은 접근하기 어려운 중추신경계의 상태를 전해준다. 이런 배출물은 소변과 마찬가지로 질병의 증거를 쓸어내 밖으로 드러내주므로, 몸의 구멍으로 내시경을 집어넣는 방법보다 더 원시적이면서 예방적인 검사 수단이다.

그러나 소변은 다른 어떤 체액보다도 유용한 정보를 제공해준다. 요로라는 배출 경로상의 문제뿐만 아니라 몸 전체의 문제, 심지어 언뜻 신장과 무관해 보이는 문제도 알려주기 때문이다.

소변이 붉은색을 띠면 신장결석이나 방광암 같은 문제일 수도 있지만, 적혈구의 유전적 결함이나 근육의 손상 탓일 수도 있고, 최근에 비트를 먹었기 때문일 수도 있다. 소변을 통해 한참 먼 곳에 있는 폐의 감염 원인이 드러나거나 최근에 마약을 복용했음을 알 수도 있고, 당뇨병인 경우 멀리 떨어져 있는 췌장의 이상을 확인할 수도 있다. 예전에는 의사가 소변을 맛보아 단맛을 확인함으로써 당뇨병을 진단했다. 미각이 유일한 검사 수단이었던 시절의 이야기다. 오늘날에는 다행히 그럴 필요가 없지만, 소변의 모든 암호를 해독하다 보면 각종 와인을 시음하고 품평하는 소믈리에가 된 듯한 기분이 들기도 한다.

의대를 졸업하고 몇 년 뒤, 응급실에서 일하면서 소변을 주목해야 하는 더욱 근본적인 이유를 깨달았다. 나는 응급실에 찾아온 환자를 문진할 때면 주된 문제가 무엇이든 항상 소변에 관해 물어보았다. 발열, 구토, 설사, 기침 등 증상이 무엇이든 예외 없이 최근의 소변량을 물었다. 검사띠나 현미경을 이용한 검사보다 훨씬 초보적인 방법이지만, 신장에서 만들어지는 소변의 양은 환자의 수분 공급 수준을 나타내는 중요한 지표다.

수분 섭취량이 적거나 구토, 설사 등으로 체내 수분이 손실되어 탈수 상태가 되면 평소에는 솟구치던 혈류가 가뭄에 말라버린 개울물처럼 느려져 중요 장기에 공급되는 영양분이 줄어든다. 신장은 혈관이 느슨해진 것을 감지하고 소변 배출을 늦추거나 멈추어 대응한다. 체내의 수분을 보존하면서 진한 노란색의, 때로 악취가 나는 소변을 극소량만 배출한다. 질병이나 감염 때문에 소변량이 위험 수준으로 줄어들면 심각한 질병의 적신호가 켜진 것이다. 그런 환자는 추가로 진단을 내리고 수액주사를 맞혀야 할 때가 많다. 이처럼 소변은 질병을 알리는 중요한 신호다.

탈수증의 일반적인 치료법은 식염수를 정맥으로 투여하는 것이다. 경증이든 중증이든 감염 환자의 경우, 식염수 정맥주사로 컨디션이 나아지고 불안정한 활력징후가 정상으로 돌아오는 경우가 많다. 환자의 소변 흐름도 회복되어, 노란색 소변이 찔끔찔끔 나오던 것이 이제 맑은 소변이 콸콸 나온다. 이것도 소변의 메시지로, 상태가 호전되었다는 뜻이다. 간단한 소금물이 바로 내가 정맥주사로 가장 흔히 투여하는 치료약이다. 특별히 더 좋은 묘약이나 비약이 따로 있지 않다.

의대 1학년 시절에는 환자의 정맥에 왜 항상 짠물을 주입하는지 궁금했다. 사람은 염분이 거의 없는 맹물에 의존해 살지 않는가. 목마를 때도, 농작물에 물을 줄 때도, 우리 몸을 씻을 때도, 필요한 것은 맹물이다. 그런데 맹물을 정맥에 주입하면 독이 된다. 금방 혈구가 터지고 뇌가 부풀어올라 발작, 혼수상태, 사망에 이를 수 있다. 가장 일반적으로 사용하는 수액은 생리식염수라는 표준용액으로, 염화나트륨 함량은 소금을 많이 친 수프 수준이다. 우리는 맹물에 둘러싸여 사는 것 같지만, 우리 몸을 채울 수 있는 물은 오로지 소금물인 셈이다. 왜 그럴까?

알고 보니 그 답은 소변 그리고 신장이 소변을 만드는 방식에 있었다. 신장은 혈류에서 뽑아내는 소변의 성분을 시시각각 세밀하게 조절함으로써 몸의 수분뿐 아니라 염분까지 지켜낸다. 소변은 대부분 물이지만 염분도 포함하고 있어 우리 몸속 수분과 전해질의 균형을 적절하게 유지하는 수단이 된다.

몸에 병이 나면 신장은 그 임무에 각별히 열심히 매달린다. 탈수상태에 맞서 혈중 나트륨과 염화물의 농도를 높게 유지하고 칼륨

농도를 낮게 유지하기 위해 고군분투한다. 이는 바닷물과 대략 비슷한 염분 비율이다. 인류의 조상은 바다에서 진화한 뒤 육지로 기어나와 정착했지만, 인간은 여전히 몸속에 바닷물을 담고 산다. 신장은 혈류를 걸러 소변을 뽑아냄으로써 혈액 속의 원시 바다를 보존하고 생존에 필수적인 소금 비율을 유지한다.

신장이 없었다면, 또한 소변의 역할이 없었다면, 우리 조상들은 바다를 떠날 수 없었을 것이다. 갓 태어난 아기도 양수라는 짠 바다(그 자체가 거의 태아의 소변으로 이루어져 있다)에서 나와 바깥 생활에 적응할 수 없을 것이다. 병에 걸려 소변이 줄면(환자가 소변이 별로 나오지 않는다고 하거나 부모가 아픈 아기의 기저귀가 잘 젖지 않는다고 하면) 우리 몸이 생명의 바다, 즉 태곳적 짠물을 몸속에 유지하기 위해 싸우고 있다는 신호다.

나는 소변에 관심을 기울이다 보니 신장을 깊이 존경하게 되었다. 신장은 우리 몸에서 신진대사가 가장 활발한 기관 중 하나로, 항상 혈액의 농도를 조절하고 소변의 성분 균형을 유지하고 있다. 신장은 재료의 적절한 배합을 추구하는 숙련된 요리사다. 신장은 우리 몸의 생화학적 균형을 유지하는 데 두루 중요한 기관이지만, 일생 동안 눈에 띄지 않고 묵묵히 일한다. 더 개성 넘치고 유명한 복부 장기들에 밀려나 복부 뒤쪽에 숨어 있다. 신장은 언제나 찬밥 신세다.

그렇지만 평생 소변을 만들며 몸의 섬세한 조화를 지켜주는 신장의 노고가 없다면 다른 신체 계통도 기능을 지속하지 못한다. 심장의 박동, 근육의 움직임, 뇌 속 신경세포의 발화 등을 일으키는 전기 활동도 마찬가지다. 그 모든 하나하나의 움직임은 물속에서 염 이온이 왔다 갔다 하는 덕분에 일어난다. 신장이 혈액을 소변으로 바꿔주는 덕분에 뇌가 혈액을 생각으로 바꿀 수 있는 셈이다.

어렸을 때 '무릎뼈는 허벅지뼈에 연결되지'라는 가사의 노래를 부르곤 했는데, 의학 공부를 하면서 우리 몸의 각 부분은 훨씬 깊은 수준에서 서로 연결되었다는 사실을 알게 되었다. 내부 장기들은 복잡하게 얽힌 생태계를 이루고 있었다. 그 개념이 실제로 피부에 와닿은 것은 환자의 신장이 소변 생성 기능을 잃어가는 모습을 지켜보면서였다.

내가 신부전을 처음 가까이서 관찰한 것은 레지던트 시절 중환자실에서 죽음에 임박한 환자들을 돌볼 때였다. 나는 매일 아침 의사, 간호사, 치료사, 약사로 구성된 대규모 의료진의 일원으로 불빛이 환한 중환자실을 돌아다니며 회진했다. 각 환자의 상태와 검사 수치를 확인하고, 이상이 생긴 장기를 하나하나 확인했다. 중환자실에서 온갖 장기에 문제가 생기는 것을 보았다. 심장이 고장 나면 혈액이 역류하여 몸에 체액이 찬다. 폐가 고장 나면 인공호흡기에 의존해야 한다. 장이 고장 나면 음식물의 이동이 막혀 복부가 부풀고 구토가 일어난다. 간이 고장 나면 황달이 생기고 복수가 찬다. 더 나아가 '뇌부전'이라고 해야 할까, 병세가 심해지면 환자는 의식이 왔다 갔다 하고 주변 인식이 어려워지고 섬망 증상을 보이며 때로는 정신증과 다를 바 없는 모습을 보이기도 한다. 중환자실에는 모든 질병의 가장 심각한 사례가 모여 있다. 병원에서 생겨난 섬망도 여기에 포함된다.

놀랍게도 신장은 다른 어떤 장기보다 더 자주 고장이 났다. 그러면 소변의 흐름이 현저히 느려지곤 했고, 때로는 완전히 멈추기도 했다. 한편 소변은 계속 만들어지지만 염분 함량이 변해서 몸의 염분이 위험천만하게 불균형해지고 혈류에 노폐물이 쌓이는 경우도 있었다. 그런 현상은 비뇨기 계통과 전혀 무관한 질환을 앓는 환자들에게서도 자주 일어났다. 우리 몸에서 소변을 생산하는 시설, 신장은 거의 모든 중증질환에 유달리 취약해 보였다.

신장이 망가지는 현상은 중환자실의 간부전 환자들에게서 가장 두드러지게 나타났다. 의료진이 아침 회진을 돌면서 각 환자의 일일 혈액검사와 소변검사 결과를 읽어 내려갈 때, 중증 간부전 환자가 갑자기 신부전 징후도 보이기 시작하는 경우가 많았다. 소변량이 줄었거나 혈액 중 노폐물과 특정 전해질이 늘어나면, 간에 이어 신장까지 덩달아 고장 난 이유를 찾기 위해 통상적인 검사들을 실시했다. 그러나 신장 자체에는 문제가 없을 때가 많았다.

물론 중환자실 환자가 동시에 여러 장기가 고장 나는 것은 드문 일이 아니었고, 두 장기가 함께 고장 나는 이유는 보통 생리학적으로 쉽게 설명할 수 있다. 심부전 환자의 경우 정체된 체액이 폐에 가득 차서 호흡곤란이 일어나고 결국 폐도 기능을 상실한다. 간부전 환자는 대사되지 않은 독소가 신경세포의 기능을 교란해 뇌부전, 즉 섬망 증상을 보이곤 한다. 그리고 일시적인 섬망이든 영구적인 치매든, 뇌부전은 흡인을 일으켜 폐부전으로 이어진다.

그러나 신장과 간이 함께 고장 나는 현상은 마땅히 설명할 방법이 없었다. 오른쪽 신장이 간 뒷면에 딱 붙어 있으니 두 장기는 이웃이긴 하지만, 거의 모든 면에서 동떨어진 것처럼 보인다. 기능도 전혀 다르고, 공유하는 동맥이나 정맥도 없다. 같은 복부에 위치한 두 기관치고는 생리적으로 관련이 없어도 너무 없다. 그렇지만 중환자실에서 간과 신장이 함께 고장 나는 것을 번번이 보았다.

여기에는 병명도 있다. '간신장증후군hepatorenal syndrome'이라고 한다. 그저 '간hepato'과 '신장renal'을 함께 지칭하는 막연한 이름이다. 증후군을 뜻하는 'syndrome'은 본래 라틴어로 '동시 발생'이라는 뜻으로, 함께 잘 나타나지만 딱히 단일한 원인을 알 수 없는 한 무리의 징후와 증상을 가리킨다. 증후군은 인체가 어떤 행동을 보이는 이유를 알 수 없을 때 의학계에서 붙이는 말이다. 간신장증후군의 경우에는 신장과 간의 어떤 상호의존 관계 때문에 유발되는지 아직 밝혀지지 않았다. 다만 간경변 환자가 신부전을 일으키면 사망이 임박한 징조라는 것은 알려져 있다. 또한 간경변 환자가 신장 기능이 거의 멎었다가도 간 이식만 받으면 신장 기능이 거짓말처럼 회복되는 이유 역시 수수께끼다.

내가 소변을 좋아하게 된 것은 몸의 다양한 측면을 알려주는 힘 때문이었지만, 신장 자체도 그런 예지력이 있었다. 간부전 환자의 신장 기능을 모니터링하면 간을 간접적으로 감시할 수 있었다. 간신장증후군이 왜 일어나는지는 설명할 수 없었지만, 일어나리라고 예측할 수는 있었다. 신장은 다른 중증질환에도 적신호를 나타내주었다. '심신장증후군cardiorenal syndrome'은 역시 잘 알 수 없는 이유로 말기 심부전이 신부전으로 이어지는 것을 가리키며, 간의 경우와 마찬가지로 일단 소변량에 변화가 생기고 신장이 기능을 잃기 시작하면 임종이 머지않았다는 신호일 때가 많다. '다발성 장기부전 증후군multiple organ dysfunction syndrome'은 중증 환자에게서 장기부전이 도미노처럼 연쇄적으로 발생하는 치명적인 상태를 가리키며, 인체 생태계의 붕괴라고 볼 수 있다. 보통 신장이 먼저 망가지고, 이후 연쇄반응이 촉발되어 결국 사망에 이른다.

간신장증후군 환자들을 진단하고 돌보면서 환자를 생태학적으로 바라보는 것이 얼마나 중요한지 알게 되었다. 장기들은 건강할 때도 서로 연결되어 있지만, 아플 때는 더 큰 상호의존성을 보인다. 그래서 의사는 간접적으로 진단을 내릴 때가 많다. 췌장암은 간이나 담도 계통에 이상이 생긴 뒤에야 발견되기도 하고, 난소암은 장에 문제가 생긴 뒤에야 증상이 나타나곤 한다. 마찬가지로 중환자실 환자 몸속의 심각한 질병이 소변의 양과 성분을 통해 내게 속삭일 때가 있다. 인간의 몸은 단순히 개별 부품의 모음이 아니며, 한 기관의 상태를 알 수 있는 단서가 다른 기관 속에 숨어 있다.

☙

나는 의대에 가기 전에 자연계의 생태를 이해하고 있었지만, 의사 수련을 받으면서 의술의 본질도 우리 몸속에 대한 생태학적 이해라는 것을 알게 되었다. 자연계와 마찬가지로 우리 몸속에도 많은 공생관계가 존재하며, 대부분은 쉽게 이해가 된다. 예를 들면 심장과 폐는 흉부에 함께 자리하고 있으며, 우리가 계단을 뛰어오를 때는 함께 빨라지고 쉴 때는 함께 느려진다. 포식자와 피식자의 개체수가 균형을 이루며 함께 오르락내리락하는 것과 비슷하다.

그러나 예컨대 신장과 간을 보면 그 공생관계가 명확히 드러나지 않는다. 땅속에서 나무뿌리와 균류가 결합해 균근을 이루는 것처럼 눈에 잘 띄지 않는다. 서로 연결된 우리의 장기들은 혈류의 신호라는 미묘하고 복잡한 언어로 소통하고 있으며, 그 신호는 의학의 힘으로는 아직 완전히 해독하지 못했다. 한밤중에 울부짖으며 암호 같은 메시지를 허공에 띄우는 늑대처럼, 혈류 신호에는 우리가 온전히 이해할 수 없는 의미가 담겨 있다.

자연에서 한 종이 다른 종에 미치는 영향은 우리의 좁은 지식으로는 예측할 수 없는 경우가 많다. 따라서 어느 한 종이라도 멸종하면 생태계의 균형이 예상치 못한 방식으로 흔들릴 수 있다. 마찬가지로 우리 몸속 생태계의 어느 한 부분이라도 무너진다면, 최신 과학 지식으로도 설명하기 어려운 이유로 전체 질서가 무너질 수 있다.

자연계와 그 안에 사는 다양한 생물들은 다른 인간들과 함께 우리 몸을 둘러싸고 있다. 서로 얽혀 있는 그 개체들이 우리 몸 밖의 삶을 구성한다. 그러나 우리 몸속에는 또 다른 개체들이 자연계처럼 나름의 생태계를 이루고 있다. 우리 각자는 커다란 전체의 일원이지만, 우리 각자 안에도 통합되고 맞물린 전체가 들어 있다. 생태계 속의 생태계인 셈이다.

신장은 우리 몸의 중심은 아니지만, 소변 생성을 통해 신체의 모든 부분을 보조하고 있으니 우리 몸을 떠받치는 기관이다. 소변이 꾸준히 흐르지 않으면 전체 시스템이 무너진다. 신장은 연약하다기보다 예지력이 있는 기관이다. 탄광 안에서 유해가스를 미리 경고해주는 카나리아 같은 존재다. 그리고 소변은 신장이 도움을 청하는 절규의 언어다.

지방
영웅과 적 사이

그 광경을 본 것은 알래스카의 배로Barrow 마을 거리를 걷다가 모퉁이를 돌았을 때였다. 작은 초록색 트레일러 주택 앞 눈 덮인 마당에 번들거리는 고래 지방 더미가 널브러져 있었다. 지방 한 덩이는 길이가 사람 키만 했고, 너비는 60센티미터 정도에 두께는 30센티미터에 가까웠으며, 분홍색과 노란색 반점이 얼룩덜룩 나 있었다. 손가락으로 눌러보니 단단하고 미끌미끌하고 차가웠다.

지방 더미 사이사이에는 북극고래의 잔해가 흩어져 있었다. 살코기도 있고, 고래가 바닷물에서 먹이를 걸러내는 데 쓰는 까만색 고래수염도 있고, 크기가 운동용 짐볼만 하고 내 허벅지 굵기의 대동맥 밑동이 남은 거대한 심장도 있었다. 한쪽에 놓인 나무 썰매는 이 모든 살덩이를 먼 해빙에서 운반해오는 데 썼을 것이다. 썰매 바로 옆에는 긴 칼날이 놓여 있고, 그 밑의 눈은 피로 붉게 물들어 있었다.

나는 그때 앵커리지에서 알래스카 원주민의 감염 위험을 연구하는 공중보건학 선택과목을 수행하고 있었다. 극한 환경이 인체에 미치는 영향에 늘 관심이 많았기에, 연구를 잠시 쉬는 동안 미국 최북단 마을인 배로에 가보기로 했다. 혹독한 지형과 기후가 어떻게 세계에서도 유례없는 식습관을 형성했는지, 여행을 통해 알 수 있었다.

고래 지방을 넋 놓고 바라볼 때, 트레일러 문이 열리더니 야구모자를 쓰고 검은 선글라스를 낀 남자가 오른손에 커다란 금속 갈고리를 들고 나왔다. 남자는 바닥에 굴러다니는 축구공만 한 지방 덩어리 쪽으로 걸어갔다. 그 위에 양다리를 벌리고 서서 뾰족한 갈고리 끝을 덩어리에 푹 꽂아 넣으니 덩어리가 출렁거렸다. 남자는 갈고리에 지방을 매달고, 금속 굴뚝에서 연기가 피어오르는 집으로 다시 들어갔다. 초록색 트레일러에 사는 가족들에게 마당에 널려 있는 지방은 앞으로 몇 달 동안 생계를 책임질 식량이었다.

서구인들이 알래스카 북부를 '발견'하기 전, 원주민 이뉴피아트족은 땅과 바다에서 나는 것으로 자급자족하며 살았다. 이 지역에는 고래, 바다코끼리, 바다표범처럼 피하지방이 풍부한 동물이 엄청나게 많지만 과일, 채소, 곡물은 거의 나지 않는다. 이뉴피아트족의 전통 식생활은 이러한 현실을 충분히 반영했다. 거의 동물성 음식만을 먹었고, 황제 다이어트나 구석기 다이어트처럼 탄수화물을 적게 섭취하고 단백질과 지방을 아주 많이 섭취했다. 동물성 지방이 전체 섭취 칼로리의 절반 이상을 차지했다. 해양 포유류가 살아 있을 때 몸의 에너지 저장소 역할을 하던 지방이, 죽은 후에는 이뉴피아트 가족의 지하 냉동창고를 채웠다. 인간이 자연에서 착안한 그 시설은 생존을 위해 에너지를 저장한다는 면에서는 똑같다.

이뉴피아트족의 전통 식단은 내가 의대에서 건강과 영양에 관해 배운 모든 원칙에 어긋난다. 내가 받은 교육에 따르면 환자들이 고지방식, 특히 동물성 지방이 많은 식사를 피하게 해야 심근경색·뇌졸중·대사질환의 위험을 낮출 수 있다. 동시에 비만을 경고해야 한다고 배웠을 뿐, 식사에 포함된 지방과 비만한 사람의 몸속에 쌓인 체지방이 어떻게 관련되고 혈중 지방인 콜레스테롤이나 중성지방과는 어떤 관련이 있는지 명확히 이해하지 못한 채 의대를 졸업했다. 최신 영양학 연구도 혼란스럽고 상충되는 설명을 내놓을 뿐이고, 내가 환자들에게 조언하는 원칙을 뒷받침하는 구체적인 증거는 거의 없었다. 어쨌거나 지방은 형태에 관계없이 다 우리의 적이라고 했다.

그러나 북극권에서 지방은 항상 건강과 생존을 뜻했다. 알래스카 배로의 주민들은 이제 땅과 바다에서 자급자족하며 살지 않지만, 마당에 쌓아놓은 고래 지방은 여전히 든든한 식량이다. 나는 지방을 신체의 모든 부분을 통틀어 가장 나쁘게 보고 비만의 원흉으로 여기는 데 익숙했는데, 여기서는 지방이 찬미의 대상이었다. 북극권에서 만물의 삶, 특히 인간의 삶은 지방을 떼어놓고 이야기할 수 없다.

∽

내가 실습실에서 해부한 남성 시신은 비만이었다. 해부를 시작하자마자 피부 밑에서 제일 먼저 드러난 것은 허리를 뒤덮은 5센티미터 두께의 지방층이었다. 반투명하면서 숙성된 치즈처럼 누런빛을 띠었고, 메스를 쑤셔 넣으면서 가르자 서걱거리는 소리가 났다. 우리는 첫날 수업 주제였던 등 근육을 찾아 지방층을 헤치며 들어갔다.

지방이라면 피부 바로 밑의 피하지방이 가장 잘 알려져 있지만, 몸속으로 들어가보니 내장을 감싸고 있는 지방이 훨씬 더 많았다. 심장은 노란 지방조직에 싸여 있어서 그 색깔이 의학 교과서에 나오는 심장 사진과 정반대였다. 붉은 고기 빛깔의 바탕에 군데군데 노란색인 게 아니라 거의 노란색이고, 붉은 근육이 몇 군데 살짝 비쳤다. 장도 기름진 노란색 층으로 뒤덮여 있었고, 대장에는 작은 지방 덩어리들이 장신구처럼 매달려 있었다. 장을 옆으로 치우고 신장이 있어야 할 복부 깊숙한 곳을 들여다보니 커다란 노란색 덩어리가 두 개 있었다. 덩어리를 갈라서 열자 그제야 신장이 드러났다.

지방은 해부할 때 골칫거리였다. 장갑과 해부 도구가 기름기로 미끌미끌해져 작업하기가 어려웠다. 자잘한 지방 덩어리가 사방에 달라붙어 녹색 수술복이 금세 까만 얼룩투성이가 됐다. 냄새를 줄이고 지방이 물러지는 것을 막기 위해 실습실 온도가 낮게 유지되고 있었지만, 두 목적 모두 달성되지 않았다. 지방질이 닭고기 국물 냄새를 풍기며 사방을 뒤덮어 모든 해부 작업이 더 까다로워졌다.

실습 첫날 내 몸을 의대 해부용으로 기증하겠다고 결심하면서, 나는 이 결정이 의도하지 않은 부수적 효과를 가져올 수도 있다고 생각했다. 나이가 들어서도 몸을 날씬하게 유지하려고 하는 동기가 되지 않을까. 평균적인 미국 성인은 체내에 지방이 계속 쌓이면서 해마다 몇 킬로그램씩 체중이 는다. 내 건강을 위해서뿐만 아니라 내 기름진 몸을 해부하게 될 의대생들을 위해서라도 평균적인 추세를 거스르고 싶었다.

내가 해부하는 시신의 주인이 어떤 삶을 살았을지 생각해보았다. 과다한 체지방이 무릎뿐만 아니라 내장에까지 부담을 주었을 것이다. 비만인들이 흔히 겪는 부정적인 시선에 힘들었을지도 모른다. 삶의 모든 면에서, 특히 의료서비스를 이용할 때 그런 일이 많았을 것이다. 어찌 됐든 혼란스럽고 상충되는 영양 관련 조언을 의사한테 숱하게 들었을 것은 틀림없다.

병원에서 환자를 보기 시작하면서 알게 되었는데, 비만한 환자는 진찰하기도, 진단을 내리기도 어려웠다. 지방층 탓에 청진기를 통한 심장이나 폐의 소리가 더 멀게 들렸고, 복부 장기를 손으로 촉진할 수 없어 당황스러웠다. 환자의 목정맥을 보고 심장 문제를 파악하는 것은 중요한 진찰 기술로, 숙달하려면 반복적인 연습이 필요하다. 그런데 대부분의 환자는 조금만 과체중이어도 목의 지방 때문에 미세한 정맥 박동을 관찰할 수 없었다. 암으로 수척해져 가는 환자는 목정맥이 잘 보였으므로 그 기술을 연마하는 기회로 삼았다. 나는 끝까지 숙달하지 못했지만, 딱히 문제가 되지 않는 듯했다. 보통은 담당의가 X선이나 그 밖의 영상 검사를 지시했고, 결국 비슷한 정보를 얻을 수 있었다.

의대생 시절 뭄바이에 갔을 때, 비만으로 인한 걸림돌이 없는 의료 현장을 목격했다. 내가 일한 공립병원의 환자들은 하나같이 깡마른 몸이었다. 빈곤과 영양부족에 시달리거나, 병세가 극심해져 몸이 수척해지기 전까지는 병원을 찾을 여유가 없는 가난한 사람들이 대부분이었다. 내가 배운 진찰 기술을 마른 환자들에게 써보니 미국에서와 비교할 수 없을 만큼 쉽게 잘 통하는 듯했다.

나는 인도 의사들의 진찰 기술에 크게 감탄했다. 그에 견주면 미국에서 나를 지도했던 담당의들은 미숙해 보일 정도였다. 가난한 인도 환자들은 값비싼 영상검사 비용을 감당할 수 없으므로 의사들은 신체 진찰에 의존해 진단을 내려야 했다. 미국 의사들이 CT나 MRI 같은 영상검사를 남용하는 문제가 분명히 있지만, 몹시 과체중인 환자의 경우는 진찰이 어려워 그런 검사가 더 필요해지는 면도 있다. 그리고 직접 진찰을 하지 않을수록 진찰 요령을 잊어버려서 점점 더 하지 않게 되는 악순환이 일어난다.

비만한 환자의 경우 어찌어찌 진단은 내렸다고 해도, 치료에도 지방이 걸림돌이 되곤 했다. 팔의 정맥을 찾기 어려워 정맥주사를 놓기가 만만치 않았다. 여러 번 시도하면 환자의 고통이 가중되고, 긴급한 치료가 지연되는 답답한 상황이 초래된다. 생명을 유지하기 위해 호흡 튜브를 삽입해야 할 때도 비만한 환자의 경우에는 더 어려웠다. 목의 가동성이 떨어지고 인두가 좁아서 '기관氣管'이 잘 보이지 않는다. 튜브를 제 위치에 삽입하지 못하면 사망할 수도 있기 때문에, 몹시 비만한 환자에게 삽관할 생각을 하면 의사들은 식은땀이 난다. 그런 환자는 허리뼈 사이로 긴 바늘을 찔러 뇌척수액을 뽑는 척추천자도 거의 불가능했다. 내가 해부했던 시신처럼 환자의 허리에 지방이 두껍게 끼어 있으면 기다란 바늘로 척추관을 정확히 조준한다는 것은 영 가망이 없었다.

지방이 많으면 거의 모든 진료가 더 어려워졌고, 비만한 환자들은 불필요한 고통을 겪었다.

알래스카 배로의 봄은 고래잡이 철이다. 나는 이뉴피아트인들이 지방을 어떻게 다루는지 더 알고 싶었다. 여기저기 물어본 끝에 허먼 아소크라는 고래잡이꾼을 만났다. 바로 다음 날 고래를 잡으러 해빙으로 나간다고 했다. 같이 데려가달라고 했더니, 내가 그린피스(때때로 전통적인 고래잡이를 반대하는 환경단체)의 운동가가 아니라는 것을 확인하고는 포경단에 끼는 것을 허락해주었다.

이튿날 아침, 우리는 스노모빌을 타고 해안을 떠나 얼어붙은 북극해 위를 질주했다. 포경단원은 허먼과 그의 10대 아들과 딸 그리고 그의 친구 그레그였다. 해안에서 멀어질수록 우리가 떠나온 마을은 지평선 아래로 서서히 가라앉았고, 온 사방에 얼음과 하늘만 있었다. 보고 있기 힘들 만큼 눈부신 순백색의 얼음 땅이 몇 킬로미터를 이어지다가 마침내 짙은 색 물이 나타나 얼음을 갈랐다. 우리는 얼음 가에 캠프를 차리고 북극고래가 나타나기를 기다렸다.

기다리고 또 기다렸다. 사냥은 분만실에서 소아과 의사가 대기하는 일과 비슷하다. 아무 일 없이 지루하게 마냥 기다리다가 어느 순간 갑자기 숨 가쁜 액션이 몰아친다. 나는 망망대해를 열심히 주시하면서 멀리서 숨 기둥을 뿜는 고래가 없는지 살폈다. 그러면서 물살에 유유히 떠다니는 푸른 빙산의 아름다움을 감상했다. 바다는 워낙 차디차 보여서 아무리 비만인 사람이라도 빠지면 살 가망이 없을 것 같았다. 사람 몸의 지방은 아무리 양이 많아도 해양 포유류처럼 효과적으로 분포되어 있지 않아 단열 효과를 제대로 내지 못한다.

20세기 초의 포경산업이 거대한 수상 공장에서 고래를 대량으로 도살하고 가공해 북극권 전역의 고래 개체수를 급감시킨 것과 달리, 허먼은 전통 방식으로 고래를 사냥한다. 허먼은 스노모빌 뒤에 우미악을 끌고 왔다. 나무 골격에 바다표범 가죽을 덮어씌운 전통 배다. 우미악은 얼음 가에 놓여 바다 위로 앞머리를 내밀고 있었다. 북극고래가 가까이 오면 바로 출발할 태세였다. 배 안에는 그레그가 가져온 폭약 작살이 놓여 있었다. 이뉴피아트족 선조들이 사용했던 돌촉 또는 상아촉 작살을 개선한 현대식 무기다.

캠프 바로 옆에는 갓 찍힌 북극곰의 발자국이 얼음 가장자리를 따라 이어져 있었다. 거친 털이 테두리에 살짝 붙어 있는 커다란 발자국에 나는 불안했다. 고래를 찾으러 넓은 바다를 한 번 볼 때마다 뒤도 한 번씩 돌아보았다. 주변에 흩어져 있는 하얀 얼음덩어리 뒤에서 고개를 내밀고 우리를 엿보는 북극곰이 있을 것만 같았다. 허먼은 북극곰이 바다표범을 사냥 중인 것 같다면서, 북극곰은 짐승의 지방 부위를 항상 먼저 먹는다고 했다. 이뉴피아트인들과 마찬가지로 곰도 지방을 노리는 것이다. 북극지방에서 가장 이문이 많이 남는 장사다. 곰이 부근에 도사리고 있다고 생각하니 내

뱃살과 옆구리 살이 새삼 새롭게 보였다. 모두 생존에 필요한 양식이었다.

허먼에게 이뉴피아트 문화에서 지방이 얼마나 중요한지 묻자, 그는 비닐봉지를 꺼내더니 그 속에 든 벽돌 모양의 생고래기름 덩어리를 보여주었다. 하얀 덩어리에 검은 껍질이 2~3센티미터 두께로 덮여 있었다. 막탁이라고 하는 이뉴피아트족의 전통 간식이다. 허먼이 주머니칼로 얇게 썰어내 모두에게 나눠주었다. 한 입 베어 물고 씹어보았다. 입술에 기름기가 묻어났다. 짭조름한 바다 맛이 나고 의외로 전혀 질기지 않았다.

함께 간식을 즐기면서, 피의 절반이 이뉴피아트 사람인 그레그는 자기가 원주민이라는 것을 사람들이 자주 의심한다고 투덜거렸다. 그레그는 피부색이 허먼보다 하얬지만 쓰는 말씨는 같았다. 자기가 막탁을 이렇게 좋아하는데 어떻게 이뉴피아트 사람이 아니냐고 했다.

"내가 외모는 백인 같아도 영혼은 이뉴피아트 사람"이라고 그는 힘주어 말했다. 마치 지방을 날로 먹는 것이 이뉴피아트 정체성의 핵심이라고 말하는 듯했다.

그날 시간이 더 지난 후에, 허먼이 커다란 흰색 플라스틱 통을 가져왔다. 순수한 기름처럼 보이는 액체가 통에 4분의 3 정도 차 있고 축사 냄새가 났다. 허먼이 기름에 나무 숟가락을 넣고 휘저으니 기다란 까만색 조각 몇 개가 위로 떠올랐다. 키닉탁이라는 음식이라고 했다. 녹여서 정제한 바다표범 지방에 바다표범 육포를 재운 것이다. 내게 한 조각을 건네주었는데, 기름에 흠뻑 젖어 굵은 기름방울이 통 안으로 뚝뚝 떨어졌다. 쫄깃하고 기름지고 알싸하면서 맛이 좋았다. 나는 두 개, 세 개째 먹었지만, 허먼의 10대 자녀들은 마을 슈퍼마켓에서 산 감자칩을 더 맛있게 먹었다.

통에 든 것 같은 바다표범 기름은 이뉴피아트 요리에서 조미료, 디핑 소스, 식용유 등 만능 식재료로 쓰인다고 허먼은 설명했다. 또 예전에 돌로 만든 등잔에 주로 쓰던 기름이기도 했다. 일대에 나무가 거의 자라지 않으니, 불을 밝히고 땔감으로 쓸 만큼 풍부한 가연성물질로는 동물의 지방이 유일했다. 지방을 등잔에 담아 태우는 것은 지방을 몸속에 섭취하고 대사하여 열과 에너지를 내는 것과 생화학적으로 동일한 작용이다. 허먼과 그레그는 휑한 얼음벌판 위에서 사냥할 때 몸을 따뜻하게 해줄 수 있는 음식은 오로지 지방뿐이라고 주장했다.

지방은 북극권에서 인간이 살아남는 데 가장 중요한 수단이었기에, 이뉴피아트족은 목숨을 걸고 지방을 채취하곤 했다. 우리 발밑에 있는 얼음을 생각해보았다. 이미 녹고 있는 불과 1미터 남짓의 얼음층 덕분에 지금 우리는 저체온증으로 죽지 않고 살아 있다. 역사적으로 비극은 자주 일어났다. 그레그는 70명의 사람들과 함께 유빙을 타고 떠내려갔던 이야기를 들려주었다. 워낙 널따란 얼음이어서, 단파 라디오를 통해 소식을 들을 때까지는 자신들이 떠내려가고 있다는 사실조차 몰랐다고 한다. 헬리콥터의 구조로 모든 사람을 구하고 장비 하나하나를 다 건졌다. 옛날 같았으면 모두 영원히 실종될 운명이었다. 한때 이뉴피아트인들은 개썰매를 타고 봄철의 아슬아슬한 얼음 위로 사냥 여행을 떠났다. 단지 일용할 지방을 구하기 위해서였다.

사냥 둘째 날 점심 무렵, 드디어 고래가 나타났다. 바다 저 멀리 물보라가 뿜어 오르더니 갑자기 수많은 북극고래 떼가 일제히 펄쩍펄쩍 뛰어오르며 꼬리와 지느러미로 수면을 때렸다. 내가 놀라서 일어나 소리치자, 허먼은 즉시 나를 조용히 시키며 앉으라고 손짓했다. 얼음 뒤에 쪼그리고 앉아 가만히 바라보았다. 육중한 몸집으로 그런 곡예를 펼치다니 대단했다. 검은색 피부가 무척 매끄러웠고 햇살을 받아 눈부시게 빛났다. 그리고 피부 바로 밑에는 보호막이자 영양 공급원인 지방층이 자리하고 있었다.

고래 떼는 우리의 공격권 안으로 다가오지 않고 멀리 사라졌다. 우리는 하루 더 얼음 위에 머물렀고, 생명이 약동하는 북극지방의 여름철답게 수많은 바다표범과 오리들이 지나갔다. 그러나 고래는 더 눈에 띄지 않았고, 우리는 빈손으로 얼음 위를 떠났다.

비만은 현대 생활의 한 단면으로, 미국의 다른 모든 지역처럼 알래스카 북부에도 이미 널리 퍼져 있다. 이곳에서 날씬한 사람은 몇 명 만나보지 못했는데, 그중 한 명이 허먼이었다. 서구 사회가 접촉해 현대문명으로 끌어들인 모든 원주민 민족 중에서도 이뉴피아트족은 특히 급격한 변화를 겪었다. 구석기 생활과 구석기 식단을 유지하던 사람들이 불과 몇 세대 만에 자동차를 타고 다니고 슈퍼마켓에 음식이 넘쳐나는 전형적인 현대 미국인의 좌식 생활을 하게 되었다. 해양동물의 지방에 의존하던 육식 위주 식단에 탄수화물과 가공식품이 침투했다.

그런데 지방이 주식主食의 자리를 내주고 등장에서 사라지면서, 지방은 주민들의 몸에 많이 나타나기 시작했다. 이렇게 이뉴피아트인들이 현대사회의 비만 유행으로 직행한 데는 운동량이 현저히 줄어든 것도 크게 일조했다. 지극히 고된 생계를 꾸리며 살던 사람들이 일반 미국인들처럼 종일 뒹굴거리며 살게 된 것이다. 현대화가 고속으로 진행된 셈이다.

자연에서 자급자족하는 사람들이 보통 그러듯, 과거 이뉴피아트족은 풍요로운 철에 지방을 체내에 저장하여, 빈번히 찾아오는 결핍기를 그것으로 더 수월하게 났다. 체내 지방은 생식기관처럼 미래 지향적인 기관이며, 사냥이 어려운 계절에 대비한 보험이다. 현미경으로 관찰했을 때 둥근 입자가 빈틈없이 빽빽이 들어차 있는 것도 체내 저장소라는 역할에 충실한 모습이다. 그러나 현대의 북극지방은 이제 미국의 다른 지역과 마찬가지로 풍요와 결핍의 순환이 없다. 풍요만 있을 뿐이다.

  배로를 여행하고 2년 뒤, 나는 알래스카 북부의 다른 지역에 있는 병원에서 일했다. 그곳 사람들의 비만율은 몹시 높아 보였다. 미국 본토에서 알래스카 북부로 이주해 살고 있는 한 남자는 내게 이렇게 말했다. "여기 오면 다들 살이 쪄요." 해양 포유류나 철새들이 북극지방에서 살이 찌듯, 사람도 같은 현상을 보인다.

∽

  우리가 섭취하는 지방과 체내에 쌓이는 지방의 혼란스러운 관계를 더 명확히 알아보고자 매사추세츠 종합병원 비만대사영양센터의 리 캐플런 소장과 이야기를 나눴다.

  지방과 건강의 수수께끼에 대한 그의 대답은 다음과 같았다. "하나의 정답은 없습니다."

  캐플런 소장은 몸에 붙은 지방이 모두 건강에 좋지 않은 것도 아니고, 식사에 포함된 지방이 모두 건강에 좋지 않은 것도 아니며, 두 지방과 고혈압·고콜레스테롤·당뇨병 같은 대사질환과의 관계는 더욱 불명확하다고 말했다. 민족 간의 유전적 차이 때문에 비만에 대한 일률적 해법이란 있을 수 없다. 한 예로, 최근 연구에 따르면 극북 지역 원주민은 특정한 유전적 적응 덕분에 바다 포유류의 지방에 많이 함유된 오메가3 지방산을 몸에서 더 잘 활용할 수 있다. 그렇다면 이뉴피아트족이 동물성 지방 함량이 높은 식단에도 불구하고 역사적으로 건강을 유지하면서 콜레스테롤 수치가 매우 낮았던 이유가 어느 정도 설명된다.

캐플런은 같은 민족 안에서도 개인 사이의 유전적 차이가 아주 크다고 설명했다. 모든 사람의 몸은 저마다 체지방량의 설정값이 있다. 캐플런은 이를 가정에 있는 온도조절기의 온도 설정에 비유했다. 아무리 식단을 조절하고 운동을 해도 몸은 그 기본 무게에서 좀처럼 벗어나지 않는다. 그래서 마른 사람 중에는, 비만인 사람이 살 빼는 것만큼이나 살찌기가 힘든 사람도 있다. 게다가 우리 몸의 지방은 생리학적으로 일률적인 설명이 불가능하다. 내장을 감싸고 있는 지방(내장지방)과 피부 밑의 지방(피하지방)은 생리적으로 전혀 다른 작용을 한다. 지방은 사실 단일한 기관이 아니라 여러 개의 기관이며, 지방의 다양하고 미묘한 의미는 이제야 조금씩 과학적으로 밝혀지고 있다.

캐플런은 무엇보다 의사들을 호되게 비판했다. "비만을 질병이라고 하면서 여느 질병과는 다르게 취급한다"는 것이다. 현대의 모든 생활습관병은 "효과적인 약만 찾으면 되는" 상황이고, 고혈압·고콜레스테롤·당뇨병의 치료제는 다양하게 나와 있다. 그런데 비만에 대해서는 말이 달라진다. "비만을 해결할 방법은 현대인의 생활을 완전히 바꾸는 것밖에 없다고 말한다"는 것이다. 그는 의사들이 비만을 다르게 간주하는 이유에 대해 한 가지 가설을 제시

했다. "비만은 겉으로 확연히 드러나고, 굶기만 하면 몸무게는 단기적으로 줄일 수 있으니까요." 그래서 의사들이 비만을 질병이라기보다 개인적인 결함으로 간주하는 경향이 있고, 사회 전체가 의료계를 따라 같은 태도를 취한다는 것이 캐플런의 생각이다.

나는 의학적 질병이면서 개인의 절제력 부족이라는 두 요소를 모두 지니고 있는 또 다른 증상이 바로 떠올랐다. 중독이다. 오늘날 미국에 오피오이드(아편유사제) 중독이 만연함에 따라, 의사들은 비로소 중독을 개인적 결함이나 범죄라기보다 질병으로 인식하면서 효과가 입증된 약물로 치료하기 시작했다. 캐플런에게 근래에 출시된 비만 치료제 몇 종에 관해 물었더니, "미국 의사들은 한심할 만큼 적게 사용하고 있다"고 했다. 그는 비만의 원인에 대한 무지를 탓하며 나를 비롯한 의사들에게 "일관성을 유지하라"고 충고했다.

식단과 지방과 질병의 수수께끼는 이제 조금씩 풀리기 시작했을 뿐이다. 의료계의 무지와 편향 탓에 의사가 환자들에게 하는 영양 관련 조언은 끊임없이 바뀌고 있다. 지난 반세기 동안 매 10년마다 새 음식이 질타의 대상으로 떠오르면서, 매번 권장 사항이 완전히 바뀌곤 했다. "그러다 보니 이제 대중은 의사들을 바보로 생각한다"고 캐플런은 말했다.

캐플런은 자신의 센터에서 환자를 검진할 때 식습관과 운동에 주목할 뿐 아니라 스트레스를 얼마나 받는지, 수면의 질은 어떤지,

특정 오염물질에 노출되었는지 등을 조사한다. 모두 인체의 지방 설정값을 올려 체중 증가를 유발하는 것으로 보이는 요인들이다. 섭취 칼로리와 소비 칼로리의 단순한 계산식은 인체의 신진대사를 지나치게 단순화한 것이어서, 의사가 환자에게 조언하는 데 도움이 되지 않는다. 덜 먹고 운동을 더 많이 하라는 조언은 비만 환자의 실망과 불신을 사기 십상이다. 상황은 그렇게 간단한 경우가 거의 없기 때문이다. "우리 몸의 유전자 2만 2천 개 중 5천 개가 신진대사에 관여합니다. 왜 복잡하지 않겠습니까? 복잡성이 거의 무한대에 가깝죠." 캐플런의 말이다.

의사로 일한 지 몇 년쯤 됐을 때, 그때까지 본 적이 없는 몸무게의 환자가 찾아왔다. 내털리는 비만도가 병적 수준인 48세의 여성으로, 몸무게가 200kg을 훌쩍 넘었다. 오른쪽 다리의 극심한 통증으로 응급실에 실려왔는데, 병실에 들어가보니 거대한 몸이 시선을 압도했다. 대형 침대마저 좁아서 몸이 양옆으로 흘러내릴 지경이었다. 금발에 흰머리가 드문드문 나 있고, 얼굴은 고통으로 일그러져 있었다.

오른쪽 다리가 보라색과 흰색 반점으로 얼룩덜룩했다. 발을 만져보니 얼음장처럼 차가웠다. 다리에 피가 통하지 않는 게 분명했다. 발등을 손가락으로 짚어보며 맥박을 찾았지만 느껴지지 않았다. 간호사가 끌고 온 도플러 장비(주로 산모의 배 속에 있는 태아의 심장 박동을 확인할 때 사용하는 의료 장비—옮긴이)로도 맥박이 감지되지 않았다.

상황을 정확히 파악하기 위해 긴급히 CT 촬영을 해야 했지만, 통증부터 빨리 완화해주고 싶었다. 간호사에게 정맥주사로 모르핀을 놓아달라고 했다. 환자의 몸 크기를 고려해 통상적인 양의 두 배를 투여했다. CT 촬영을 의뢰했더니 영상의학과 기사에게서 바로 전화가 왔다. 환자의 몸이 너무 커서 촬영이 불가능하다는 것이다. 장비의 체중 제한을 훌쩍 초과하는 몸무게라고 했다.

CT 의뢰를 취소하고 다리 혈관의 초음파검사를 의뢰했다. 검사 결과 동맥에 피가 흐르지 않는 것이 확인됐다. 혈전이나 동맥파열일 듯했지만, 초음파검사로는 몸속을 깊숙이 관찰할 수 없어 혈류가 막힌 원인을 정확하게 알 수 없었다. 원인이 무엇이든 막힌 혈관을 뚫는 혈관 수술이 필요할 텐데, 가장 가까운 혈관외과도 최소한 시간 거리였고 시간이 촉박한 상황이었다. 다리를 살릴 수 있는 시한은 혈류가 멈춘 시점부터 약 6시간이었다. 응급실에 도착했을 때가 이미 3시간이 지난 시점이었다. 빨리 이송하지 않으면 다리를 잃을 가능성이 높았다.

가장 가까운 대형병원에 전화해 비상대기 중인 혈관외과 의사와 통화했는데, 의사가 환자 이송을 거부했다. 자기 병원 CT 기사에게 확인해보니 그쪽 CT 장비로도 무게를 감당할 수 없고, 어차피 수술대가 너무 좁아 눕힐 수 없으니 수술이 불가능하다는 것이다. 나는 짜증이 나서 전화를 끊었다.

이제 어떻게 할지 궁리하는데, 간호사가 환자의 통증이 아직도 극심하다고 알려줬다. 아까처럼 대량의 모르핀을 한 번 더 놓아주라고 지시했다. 두 번째, 세 번째 병원에 전화했지만 역시 이런저런 핑계를 대며 거절했다. 자동응답기 같은 반응들이었다. 환자를 전원하려고 하면 항상 판매원이 되어 고객을 설득하는 기분이 들고, 전화 통화에 너무 긴 시간을 써야 할 때가 많다. 내털리는 판매가 계속 안 되고 있었고, 내가 전화에 매달리는 동안 나를 기다리는 다른 환자들은 마냥 대기해야 했다. 가슴 한구석에 두려움이 엄습했고, 네 번째 병원에서도 거절당하자 두려움은 공포로 번졌다. 네 번째 혈관외과 의사에게 고함을 내지르며 전화를 끊었다. 다들 내털리가 너무나 비만이어서 치료할 가치조차 없다고 생각하는 걸까.

한편 모르핀은 내털리의 통증에 거의 효과가 없었다. 모르핀을 거듭하여 추가로 놓아주면서도 호흡이 더 힘들어질까 봐 불안했다. 진통제를 너무 많이 투여하면 호흡부전이 올 염려가 있었다. 내털리의 큰 몸집을 고려할 때 호흡 튜브 삽입은 불가능에 가까웠다. 그러나 나는 내털리가 고통받는 것도 원치 않았다.

드디어 다섯 번째 병원에서 전원을 받아주었지만, 이송에 필요한 비만 환자용 들것을 갖춘 구급차를 찾는 데 또 1시간이 걸렸다. 6시간의 시한이 지났고, 나는 패배감을 느꼈다. 게다가 그렇게 짧은 시간 동안 어떤 환자에게도 투여해본 적 없는 다량의 모르핀을 투여했는데도 통증마저 거의 줄여주지 못했다.

사흘 뒤, 내털리를 받아주었던 혈관외과 의사와 이야기를 나눴다. 내 추측대로 다리 동맥에서 혈전이 발견되었고, 혈전을 제거했지만 다리는 이미 살릴 수 없는 상태였다. 그 이튿날 다른 쪽 다리도 같은 현상을 보였다. 차가워지면서 통증이 동반되었고, 색이 얼룩덜룩해졌다. 의사는 두 번째 혈전을 발견해 너무 늦지 않게 제거했다.

그러나 입원 사흘째 되는 날 세 번째 혈전이 나타났다. 이번에는 폐에 혈전이 생긴 폐색전증이었다. 모든 노력을 기울였지만 심정지 상태에 빠진 내털리는 끝내 소생하지 못했다. 혈관외과 의사와 나는 비참한 결과에 놀라고 낙담한 심정을 나눴다. 극심한 혈전 생성도 당혹스러웠다. 그는 비만이 위험 요인이었다고 말했고, 나도 동의했다. 지방은 마치 내분비기관처럼 작용하여 혈전 형성을 촉진하는 호르몬을 분비한다. 생의 마지막이 멀지 않았던 그날 내가 끔찍한 고통을 덜어주지 못했다는 생각에 더욱 마음이 아팠다. 환자가 이해할 수 없는 이유로 사망할 때마다 나는 며칠 동안, 때로는 몇 년 동안 사례를 머릿속으로 복기하며 내가 어떻게 달리 대처할 수 있었을지를 생각한다. 젊은 환자인 경우에는 더욱 그렇다.

내털리의 사례는 언제까지나 계속 곱씹게 될 것 같다.

우리 몸의 지방은 의료서비스의 질과 속도에 영향을 미치지만, 내털리의 경우는 병적 비만 환자의 진료를 가로막는 제도적·기술적 장벽이 여실히 드러난 사례였다. 내가 어떻게 하든 내털리의 죽음은 불가피했는지도 모른다. 그러나 내털리의 비만은 그의 고통을 극심하게 가중했으며, 동시에 목발에서 휠체어, CT 장비에 이르기까지 모든 의료 장비에 내재된 한계를 보여주었다.

내털리가 죽고 몇 달 후, 나는 더욱 심각한 병적 비만 남성을 진료했다. 환자는 몸무게가 자그마치 300kg대 후반이었다. 몸무게에 따른 장애 때문에 몇 년째 요양원에서 지냈는데, 기침과 발열로 병원 검진을 받아야 했기 때문에 소방대원 50여 명이 7시간 걸려 요양원에서 끌어냈다. 소방대원들은 큰 창문을 제거하고 전용 경사로를 제작했다. 경사로를 통해 환자를 침대째로 탑차에 싣고 병원으로 옮겼다.

비만인은 의료 시스템을 이용할 때 비인간적인 대우를 받는 경우가 많다. 탑차에 실려 이송되는 것은 하나의 극단적인 사례일 뿐이다. 경증이나 중등도의 비만인 사람들도 병원에 가면, 대기실 의자나 혈압계의 압박대가 너무 작아 불편을 겪는 등 수많은 수모를 겪는다. 그리고 극심한 고도비만 환자의 경우에는 생각해봐야 할 중요한 문제가 또 하나 있다. 어디에 선을 그어야 하는가? 의료 시스템의 모든 부분이 400kg대의 환자를 감안해 설계되어야 하는가? 아니면 체지방이 어느 한계를 넘어선 사람은 비만 관련 치료를 포기해야 하는 것일까? 결국 쉽게 풀 수 없는 구조적·윤리적 문제로 귀착된다.

배로 마을을 떠나기 전날 밤, 나는 저녁으로 고래 지방을 먹었다. 허먼이 남은 막탁을 냉동창고에서 꺼내주어 받아온 게 있었다. 숙소의 좁은 부엌에 서서, 검은 껍질을 잘라내고 하얀 지방을 잘게 썰었다. 지방을 녹여 기름을 만들고, 그 기름으로 얇게 썬 감자를 튀길 생각이었다. 이름을 붙인다면 '고래유 튀김'이다.

지방은 인체 부위 중 감정과 판단이 가장 많이 개입되고 문화에 따른 시각차도 큰 부분이지만, 나는 프라이팬에서 지글거리는 막탁 덩어리를 보며 생각했다. 북극권에서는 지방이 적이 아니라 영웅이었다. 이뉴피아트족은 지방 덕분에 사람이 살 수 없을 것 같은 이곳에서 대대로 살 수 있었다. 오늘날 대부분의 이뉴피아트인은 예전처럼 지방에 의존하지 않지만, 해양 포유류의 지방은 배로의 슈퍼마켓에서 파는 대부분의 식품보다 훨씬 건강에 좋다는 사실이 최신 연구를 통해 입증되고 있다. 미국 질병통제예방센터는 이제 알래스카 원주민들에게 지방함량이 높아도 전통 음식의 섭취를 늘리라고 권장하고 있다. 현대 과학이 드디어 오랜 상식을 따라잡고 있는 것이다.

모든 사람의 몸은 그 해부학적 구성이 어느 정도는 사회경제적·역사적 배경을 따른다. 현재 의료 종사자들 사이에서는 우리가 지방에 품고 있던 편견과 의료업계의 구조적 문제에 대한 인식이 높아지고 있다. 더 나은 길로 가기 위한 첫걸음이다. 수십 년 동안 편향된 영양 이론 속에서 여러 차례 단추를 잘못 꿰었지만, 의학계가 이제 드디어 체내 지방과 음식 속 지방에 대한 손가락질을 멈추고 대사, 유전, 식량 수급 사정이 우리 몸의 구성에 미치는 복잡다단한 영향을 고려하게 된 것인지도 모른다.

이뉴피아트족의 옛 신화에서는 지방의 신성함에 대해 뭐라고 이야기했을지 궁금했다. 안타깝게도 이뉴피아트 전통 종교에 관한 정보는 모두 사라졌고, 이뉴피아트인의 식습관과 유전적 특징처럼 땅과 바다에 의해 형성된 고대의 세계관은 아무것도 남아 있지 않다. 나는 저녁을 먹으면서 머릿속으로 상상해보았다. 허먼의 조상들이 아름답고 거대한 바다 동물의 신비로움을, 생명이 약동하는 여름철의 찬란함을 그리고 몸에 좋고 맛있고 생명력이 넘치는 지방의 충만함을 노래하는 모습을.

폐
안과 밖의 연결고리

1969년, 미국 농무부는 가축의 허파가 인간의 식용으로 적합한지 여부를 결정하기 위한 연구에 착수했다. 식용으로 쓰이는 모든 고기와 내장은 농무부 규정에 따라 검사를 거치지만, 이 연구에서는 평소보다 훨씬 더 철저히 검사했다. 정부 병리학자들이 여러 도축장에서 소 수백 마리의 폐를 수거해 면밀히 해부했다. 기관지('기관氣管'부터 좌우로 갈라지는 공기 통로)에서 안쪽 깊숙이 폐포(폐 속의 미세한 공기주머니)까지 샅샅이 들여다보았다. 목표는 폐를 식용으로 판매하고 섭취해도 안전한지 과학적으로 판단하는 것이었다.

대부분의 검체에서 소가 들이마신 먼지와 곰팡이 포자가 발견되었고, 도살 전후에 흡인된 것으로 보이는 위 속의 내용물도 소량 관찰되었다. 정부 과학자들이 더욱 우려한 것은 많은 오염물질이 폐 깊숙한 곳의 가느다란 기관지에서 발견되었다는 사실이었다.

통상적인 육류 검사 과정에서는 살펴보기 어려운 부위였다. 양과 송아지의 폐도 똑같이 조사했는데, 역시 같은 불순물이 발견됐다.

연구를 지시한 농무부 관료들은 해결 방법이 하나뿐이라고 보았다. 현실적으로 모든 동물의 폐를 일일이 해부해볼 수는 없으니, 소비자를 보호하기 위해 폐의 식용 판매를 전면 금지하기로 결정했다. 인류는 오랜 옛날부터 허파를 먹어왔지만, 이 규정은 1971년 《미국 연방규정집》에 등재되어 오늘날에 이른다. 허파가 개의 식용으로는 허용된다. 개를 키우는 사람은 펫푸드 매장에서 많이 파는 '렁 큐브lung cubes'라고 하는 쫄깃한 간식을 애용하는 경우가 많다. 그러나 인간의 식용으로 허파는 수유기의 젖샘과 함께 미국 농무부의 매우 짧은 블랙리스트에 올라 있다. 한편 비수유기의 젖샘은 식용으로 쓰는 것이 허용된다.

농무부 문서와 연방규정집에 그 같은 배경이 나와 있었는데, 이 법의 의학적 근거가 잘 이해되지 않았다. 우리는 곰팡이 포자와 먼지를 매일같이 하루 종일 숨으로 들이마시고 있다. 많은 양을 들이마시는 것은 건강에 해로울 수 있겠지만, 먹는 것은 딱히 위험하다고 생각되지 않았다.

위 속 내용물도 마찬가지다. 양胖은 소의 위 안쪽 면으로, 지금도 음식으로 많이 먹는다. 정부 병리학자들이 폐에서 조금 검출됐다고 우려했던 '오염물질'에 항상 절여져 있는 부위다. 내가 보기에 허파의 섭취를 금하는 법령은 안전하지 않은 식품을 금지한 것이라기보다 '혐오 식품'을 규정한 것이 아닌가 싶었다.

⤫

폐는 흉곽 속에 숨어 있지만 몸 밖의 세상과 이어져 있다는 점에서 독특한 장기다. 폐는 피부처럼 세상과의 경계면을 이루지만 안으로 뒤집어져 있다. 폐 속의 공기는 숨 쉴 때마다 드나들며, 대기와 연속적으로 이어져 있다. 모든 사람의 폐는 저마다 대기의 조그만 영역을 차지하고 있으며, 우리 몸은 그 폐 속의 공기를 통해 산소를 얻고 이산화탄소를 배출한다.

따라서 폐는 공기 중의 모든 먼지와 곰팡이 포자에 자연히 노출되어 있다. 1969년에 정부 병리학자들은 그 사실을 확인했을 뿐이다. 완벽하게 깨끗한 폐는 아직 숨을 쉬지 않는 태아의 폐뿐이다. 순결했던 폐는 신생아가 첫 숨을 쉬는 순간부터 공기 중의 불순물로 인해 탁해진다. 그 후 숨을 쉴 때마다 더러움은 계속 쌓여간다. 대체로 폐는 일상적인 부하를 꽤 잘 처리하고 오염물질을 끊임없이 스스로 청소한다. 그러지 않고서 곰팡이가 득시글대는 지구의 대기권 하층 속에서 산다는 것은 불가능하다.

폐가 몸의 안과 밖을 잇는 연결고리라는 것을 해부학 실습실에서 사람의 폐를 처음 봤을 때 확실히 깨달았다. 메스의 칼날이 단단한 뼈에 닿을 때까지 피부와 지방을 가른 다음, 전동 원형톱으로 양쪽 갈비뼈를 깎았다. 열린 복부의 내장 위로 뼈 가루가 쏟아졌다. 몇 번 더 절개한 다음 흉벽 일부를 들어내니, 두 개의 폐로 둘러싸인 심장이 드러났다. 시신의 주인이 어떤 삶을 살았는지 바로 알 수 있었다. 그의 폐는 마치 소나기구름처럼 짙은 회색 반점으로 얼룩덜룩했다.

건강한 폐는 촉촉한 분홍빛이 도는 베이지색인데, 수십 년간 태운 담배 연기와 그을음이 기도를 타고 폐를 잿빛으로 바꿔놓은 상태였다. 우리는 해부용 시신과 관련해 생전의 어떤 병력도, 개인적인 사연도 듣지 못했다. 그들의 삶을 짐작할 만한 유일한 단서는 해부를 통해 얻을 수 있었고, 상상은 우리의 자유였다. 폐를 한 번 본 것만으로도 상상력을 발휘하기는 어렵지 않았다. 생전에 만나본 적 없는 이 수수께끼의 남성이 하루하루를 어떻게 살았을지가 머릿속에 그려졌다. 담배 연기가 오랜 세월 쉼 없이 입술에 감도는 모습을 상상하면서, 내가 생전에 진찰했더라면 폐에서 어떤 소리가 났을지 생각해봤다. 아마 흡연자가 흔히 달고 사는 만성염증 때문에 그르렁거리고 쌕쌕거리는 소리가 들렸을 것이다.

그 시신의 폐는 농무부 병리학자들이 동물의 폐에서 발견하고 염려했던 문제의 조금 더 극단적인 사례였을 뿐이다. 인간은 동물보다 오염물질을 훨씬 많이 들이마신다. 한 가지 이유는 담배나 대마초 같은 식물을 태워서 의도적으로 흡입하는 사람이 많기 때문이다. 폐는 우리 몸의 관문으로, 대기오염에다 장작과 화석연료의 연소뿐 아니라 석면, 실리카, 석탄 분진 같은 산업 부산물의 노출을 고스란히 감당한다. 고고학자들은 폐에 검댕이 남아 있는 흔적을 토대로 옛 인류가 언제 처음 불에 음식을 익혀 먹었는지 알 수 있다. 그 역시 이미 죽은 몸이 전해주는 옛 사연이다. 흡연으로 인한 장기의 오염은 평소 매일같이 장기에 일어나는 오염과 본질적으로 같다. 다만 상상할 수 있는 최악의 한계까지 몰아붙인 것일 뿐.

시신의 심장에서도 폐의 색깔과 일맥상통하는 단서가 관찰됐다. 관상동맥이 석회화하여, 장갑 낀 손가락으로 만져보니 굳은 캐러멜처럼 바스락거렸다. 흡연은 관상동맥질환을 일으키는 주요 위험인자이며, 시신의 주인도 그 병을 앓았을 가능성이 매우 높았다. 폐에 들어간 독소는 혈류를 타고 멀리 떨어진 장기에까지 영향을 미치는데, 특히 담배 연기 속의 잔류 물질은 관상동맥을 포함해 전신의 혈관을 손상시킨다. 따라서 시신의 주인은 이따금 가슴통증을 앓았거나, 한 번 또는 반복적으로 심근경색의 위기를 겪었을 것이다.

시신의 몸속을 들여다본다는 것은 과거 질병의 흔적을 읽는 일이며, 차가운 실습대에 눕혀져 긴장한 의대생들의 손에 해부되기 전까지 그 사람이 어떤 삶을 살아왔는지 엿보는 일이었다. 모든 사람의 몸과 그 속의 모든 장기에는 사연이 있다. 장기에서 장기로 이어지는, 질병과 건강의 이야기가 있다.

내가 해부한 시신의 주인은 생전에 건강이 좋지 않았고, 아마도 수많은 만성질환을 앓다가 결국 어떤 급성질환으로 죽음에 이르렀을 듯했다. 농무부 검사관들이 평소 동물의 사체 검사를 할 때도 그런 식으로 질병의 증거를 찾는다. 병든 동물의 신체 부위를 인간이 먹으면 실제로 건강에 문제가 생길 수 있다. 그러나 1969년 가축의 폐 연구에서 발견된 것은, 검사한 폐가 대부분 병들었다는 사실이 아니었다. 만약 질병의 증거가 발견되었다면 그 특정 검체를 문제 삼는 것은 당연하다. 하지만 발견된 것은 동물들이 호흡한다는 증거뿐이었다.

해부 실습을 시작한 지 얼마 되지 않았을 때였다. 이제 막 복부 지방을 깊이 파고들면서 신체 부위의 라틴어 이름을 열심히 외워 대던 그 무렵, 나는 도축장을 견학하기로 했다. 소고기의 부위가 사람의 근육과 어떻게 대응되는지 자세히 알고 싶었다. 뉴저지주 중부, 공업지대 한가운데에 있는 코셔(유대교의 식사 율법에 따라 먹기에 합당하다고 결정된 음식을 가리키는 말—옮긴이) 도축장 한 곳을 찾아 업주에게 전화를 걸었다. 업주는 내 요청에 놀란 반응을 보이더니 몇 가지 질문을 하면서 내가 "난리 치는 비건이나 그런 부류"가 아님을 확인한 뒤, 다음 도축일에 견학을 허락했다. 처음에 내 관심은 근육이었지만, 알고 보니 내 견학의 중심 테마는 바로 폐였다.

청명한 가을 아침, 나는 뉴저지주의 고속도로를 타고 정유공장, 주유소, 대형 화물트럭들을 지나 도축장으로 향했다. 작업장의 묵직한 금속 문을 열자 쇠사슬 소리와 전기톱의 굉음, 소들의 울음소리가 들려왔다. 현관 사무실을 지나 끔찍한 소리가 나는 쪽으로 걸어가자 차가운 공기에 축사 냄새가 진동했다.

　도축은 이미 진행되고 있었다. 회색 수염을 길게 기르고 허벅지까지 올라오는 고무장화를 신은 랍비들이 커다란 나무 테이블 주위에 둘러서서 번들거리는 살 더미를 검사하고 있었다. 주로 흑인과 히스패닉계 인부들이 거대한 전기톱을 휘두르면서, 4등분된 소를 갈고리에 매달아 천장에 설치된 트랙을 따라 이동시키고 있었다. 건물 안으로 곧장 연결되는 좁은 통로를 통해 건물 밖에 있는 소들을 한 마리씩 도축 구역으로 들여보냈다. 그런 다음 뒷다리에 쇠사슬을 묶어 천천히 들어 올렸다. 앞발굽이 콘크리트 바닥에서 떨어지는 순간, 마지막 '음매' 소리가 크게 울려 퍼지며 칙칙한 도축장 벽에 메아리쳤다. 랍비가 단칼에 신속하게 목을 베자 핏물이 쏟아져 바닥을 철썩 때렸고, 소는 마지막 울음소리의 메아리가 채 잦아들기도 전에 이미 죽은 목숨이었다.

　나는 매달려 있는 고깃덩이들 사이를 걸었다. 4등분된 소의 사체에서, 해부학 실습시간에 보았던 것과 같은 근육과 뼈의 구조가 눈에 들어왔다. 사람이나 소나, 거죽 밑에는 번들거리는 붉은색 조직에 흰색 조직이 맞물려 있다. 하나하나 라틴어 명칭이 붙은 근육과 뼈들이 꼭두각시 인형처럼 줄줄이 꿰어져 있다.

실제로 도살을 하는 랍비는 다른 랍비들보다 덜 바빠 보였다. 작업 사이사이에는 대개 긴 칼에 묻은 피를 닦으며 그냥 서 있었다. 턱수염은 단정하게 다듬어져 있고, 동그란 모자가 짧은 갈색 머리에 딱 붙어 있었다. 그에게 다른 랍비들은 무슨 일을 하느냐고 물었다.

그는 음식물에 관한 유대교 식사 율법 카슈룻에 따라 고기가 적절히 해체되고 청결성 판정이 이루어지게 하고 있다고 설명했다. 카슈룻의 기본 규칙은 나도 알고 있었다. 육류와 유제품은 분리하고, 비늘 없는 어패류와 돼지고기는 먹지 않는다. 그런데 잘 알려지지 않은 기준이 또 하나 있다고 한다. 심한 폐렴을 앓은 동물은 코셔 음식으로 인정되지 않을 수 있다는 것이다.

건강한 동물과 사람의 폐는 숨을 쉴 때마다 팽창하고 수축하면서 흉막과 서로 부드럽게 미끄러진다. 흉막은 폐의 표면과 흉벽 안쪽을 각각 덮고 있는 막이다. 그런데 심한 폐렴으로 흉막에 염증이 생기면 마치 윤활되지 않은 실린더 속 피스톤처럼 흉막이 서로 달라붙는다. 폐렴이 치유되면 폐가 달라붙었던 자리에 흉터가 생긴다. 흰색 띠 모양의 섬유조직을 사이에 두고 두 표면이 서로 붙어 있는 모습이다. 카슈룻을 준수하도록 훈련받은 도축사들('쇼헷'이라고 불린다)이 소의 폐를 면밀히 검사하면서 그 같은 폐렴의 흔적을 찾고 있었다. 유착이라고 하는 그 흉터들은 과거 질병의 흔적이며,

흉터가 하나 있을 때마다 카슈룻에 부합하지 못할 가능성이 높아진다. 아슈케나즈 유대인의 전통에 따르면 유착의 수와 크기에 따라 코셔 등급이 결정된다. 최고 등급인 '글랏'은 '매끄러운'이라는 뜻으로, 폐 표면에 거친 흉터가 전혀 없는 상태를 말한다.

가장 중요한 절차는 흉터 속에 폐를 관통하는 구멍이 숨어 있는지 확인하는 것이다. 갓 도살된 소가 몸속을 드러낸 채 매달려 있는 상태에서, 한 쇼헷이 폐를 흉강에서 쑥 빼냈다. 그리고 한 손에 기관氣管을 쥔 채 검사대로 돌아왔다. 폐 두 덩이가 대롱거리며 매달려 있었다. 공기 호스를 기관에 꽂고 공기를 주입했다. 마치 큰 빵 두 덩어리가 부풀듯 폐가 갑자기 부풀어올랐다. 쇼헷은 양손을 오므려 폐의 흉터 부위를 감싸고, 새지 않게 조심하면서 양손에 물을 채웠다. 흉터에 구멍이 있다면 폐 속의 공기가 뽀글뽀글 올라올 것이다. 자동차 정비사가 타이어 펑크 난 곳을 찾는 방법과 비슷하다. 그렇게 하여 밖에서 안으로 뚫린 구멍이 확인되면 그 동물은 온전한 상태가 아니므로 몸 전체가 코셔 음식이 될 수 없다. 공기방울이 확실한 진단 기준인 셈이다.

카슈룻의 청결과 건강 개념은 몸의 내부와 외부를 가르는 장벽의 신성함에 바탕을 둔 듯했다. 청결을 유지하려면 밖의 것을 안으로 들어가지 못하게 막아야 한다. 많은 문화권에서 집 안에 들어가거나 예배당에 들어갈 때 신발을 벗는 것도 그런 맥락이다. 동물이나 사람이 들이마신 공기와 불순물은 폐로 흡입되어 폐포까지 단

숨에 들어가지만, 그곳은 아직 진정한 '몸속'이라고 볼 수 없다. 폐 속 공기는 외부 대기와 연속적으로 이어져 있기 때문이다. 우리 몸의 진정한 경계는 폐포의 내벽이다. 흉막에서 폐 깊숙한 그곳까지 구멍이 뚫렸다면 외부의 더러움이 '몸속'으로 침입할 수 있다. 신성한 장벽이 뚫리면서 정결함과 순수함이 훼손되는 것이다.

코셔 인증을 위한 동물 사체 검사에서 폐는 남다른 중요성이 있다. 엉덩잇살까지 포함해 모든 부위의 정결함을 좌우하는 것이 바로 폐다. 과거에는 코셔 판정을 위해 18종의 부위를 검사하며 온갖 결함을 찾았지만, 수백 년간 경험이 쌓이면서 폐를 검사하는 것이 단연 가장 효과적임을 알 수 있었다. 발견되는 결함 부위 중 폐가 차지하는 비율이 충분히 높아서, 특별한 경우를 제외하고는 나머지 17개 부위를 굳이 검사할 필요성이 크지 않았다.

해부학적으로 말이 되는 얘기였다. 몸의 입구를 지키는 기관이자 병원체가 득시글거리는 외부 세계의 맹공을 견뎌내는 기관으로서, 폐는 대표 부위의 역할을 할 만하다. 코셔 도축 검사에서는 폐를 어떤 장기보다 중시하며, 폐에 질병의 흔적이 보이면 그 동물의 몸 전체가 식용으로 부적합하다고 간주한다.

미국에서 동물의 폐는 몸에서 떨어져 나오는 순간 독특한 법적 제약을 받게 된다. 나는 농무부, 국립문서기록관리청, 국립농업도서관 등에 보관된 자료에서 농무부가 처음 조사에 나선 계기가 된 역사적 배경을 찾아봤지만 아무것도 나오지 않았다. 농무부 관계자 몇 사람도 폐 식용 금지를 유발한 최초의 동기에 관련된 기록을 찾지 못했다.

법률 전문가들에게 물어봤지만 대부분 이 법령에 관해 알지 못했다. 펜실베이니아대학교 로스쿨 학장이자 식품 규제 전문가인 시어도어 루거에 따르면, 폐 식용 금지법은 규제의 관성을 보여주는 전형적인 사례다. 이 법이 유지되고 있는 이유는 하나다. 폐지하라는 압력이 크지 않기 때문이다. 루거는 이메일로 이렇게 설명했다. "규제가 시대에 뒤떨어지는 일반적 현상은 영향력이 상대적으로 작은 정책 분야에서 흔히 나타납니다. 법 개정을 요구하는 로비의 힘이 부족하기 때문이지요." 대중의 요구도 거의 없고 업계의 압력도 크지 않기 때문에, 농무부가 폐 섭취의 안전성을 재평가하는 데 자원을 투입할 동기가 거의 없다는 것이다.

미국의 폐 식용 금지를 풀라는 압력이 존재하긴 하는데, 뜻밖에도 스코틀랜드에서 기원한다. 스코틀랜드의 전통 음식 해기스는 동물의 다진 내장(염통, 간, 허파 등)을 위에 채워 넣어 삶은 것이다. 해기스 애호가들은 허파가 특유의 부슬부슬한 식감을 내기 때문에 반드시 필요한 재료라고 주장한다.

스코틀랜드를 여행하면서 해기스를 먹어봤는데, 다양한 고기,

치즈, 빵과 함께 성대한 호텔 조식에 포함되어 나왔다. 얇게 썬 동그란 조각 두 점으로 나온 해기스는 연갈색의 부슬부슬한 모습이었고, 귀리와 보리가 점점이 박혀 있었다. 입에 조금 넣어보니 간 맛밖에 나지 않았기에, 그때는 미국에서 금지된 장기를 먹고 있다는 생각을 하지 못했다. 간의 강렬한 맛에 다른 맛은 거의 덮여버렸다. 나중에 알게 된 사실이지만, 허파는 마치 두부처럼 함께 조리한 재료의 맛이 그대로 밴다.

영국은 1971년 미국의 폐 판매 금지법이 제정된 후부터 폐지를 위해 힘써왔다. 법에 가로막혀 스코틀랜드 정통 해기스를 미국에 수출할 수 없기 때문이다. 영국의 전 환경식품농무부 장관 오언 패터슨에 따르면, 미국의 금지 조치는 타당한 건강상의 우려에 근거한 것이 아니다. 영국이 세계의 많은 나라에 해기스를 수출하고 있지만, 자기가 아는 한 식품 안전성에 대한 불만은 단 한 번도 제기되지 않았다는 것이다. 그는 이렇게 불평했다. "미국은 EU가 충분한 근거 없이 미국 상품 수입을 막을 때마다 짜증을 냅니다. 그럼 미국도 그러지 말아야죠. 그런데 폐 수입을 막고 있지 않습니까." 답답한 감정을 숨기지 않았는데, 충분히 이해할 만했다.

패터슨은 2012년에서 2014년까지 미국을 몇 차례 방문하면서 수십 년 전부터 이어져온 폐 식용 금지 철폐 노력에 적극 나섰지만 뜻을 이루지 못했다. 그는 해기스를 미국에 아무리 많이 수출해도 영국의 최대 식음료 수출품인 스카치위스키의 수출액에 결코 근접하지는 못할 것이라고 인정했다. 그럼에도 이제 브렉시트 이후 상황에 맞게 영국과 미국 사이에 양자 무역협정이 체결될 것이고, 그 협상에서 해기스가 주요 논의 대상 중 하나가 되리라는 기대를 드러냈다.

꽃

　스코틀랜드에서만 허파를 먹는 것은 아니다. 금지 조치 이전에는 미국에서도 세계 각지에서 온 이민자들이 허파를 즐겨 먹었다. 예를 들면 룽겐 스튜는 동유럽 출신 유대인들이 먹던 허파 수프다. 다만 유대인인 우리 가족은 아무도 먹어본 적이 없다. 우리 가족과 친했던, 브루클린에 사는 지인에게 물어보니 자기가 아는 룽겐 스튜 레시피에 자부심이 대단했다. 그런데 만들어본 지 40년이 됐다고 한다. 허파에서 기관지와 혈관을 잘라내고 살짝 데친 다음 "막"(흉막)을 제거했다고 회상했다. 잘게 썰어서 양파, 당근에 가끔은 감자도 넣고 끓였는데, "끝내주게 맛있다"고 했다.
　내 어릴 적 친구의 어머니는 이탈리아 출신 이민자의 딸로, 아버지의 고향인 토스카나주 루카의 노점에서 파는 전통 음식 코라텔라의 레시피를 내게 알려주었다. 허파 등 내장으로 만드는 음식인데, 허파를 익히기 전에 두드려 공기를 빼야 한다고 했다. 허파는 살보다 공기가 많은 부위이니 그럴 만했다.

나와 대화를 나눈 이들 중에는 수십 년 전 간이식당이나 레스토랑에서 허파 요리를 팔던 것이 기억난다는 사람이 많았다. 또 다른 친구의 아버지는 어릴 때 외식했던 경험을 들려주었다. 지금은 사라진 뉴저지주 베이온의 그린스펀스라는 레스토랑에서 가족들과 저녁을 먹을 때면 항상 허파를 주문했다고 한다. 겉보기에 딱 허파 조직처럼 생긴 부드러운 고깃덩어리가 그레이비처럼 걸쭉한 소스에 익혀져 나왔는데, 푸짐하고 기름지고 찰진 요리였으며, 허파는 "식감이 푹신하고 아주 맛있었다"고 한다. 허파 판매가 불법이 된 사실을 전혀 몰랐는데, 어릴 때 먹었던 요리를 재현해보려고 얼마 전 정육점에서 허파를 달라고 했다가 비로소 알았다고. 그도 허파가 사라진 것을 안타까워했으며, 모든 이들이 옛날에 즐겨 먹었던 요리를 애틋하게 추억했다.

몇 달 동안 이 주제를 조사하고 맛있는 허파 요리에 관해 이야기를 주고받은 끝에, 허파를 제대로 다시 먹어보기로 결심했다. 미국 북동부에 동물 허파의 암시장이 있는지는 모르겠지만 찾아도 나오지 않았다. 다음번에 외국에 나갈 때까지 기다릴 수밖에 없었다. 이스라엘 여행을 준비하던 중, 현지에서 여행 가이드를 하는 친구에게서 어느 불가리아 음식점 메뉴에 허파 요리가 있다는 말을 들었다.

비행기를 장시간 타고 가서 처가에 며칠 머무른 뒤, 야파에 있는 몬카라는 음식점을 찾아갔다. 식당은 텅 비어 있었고, 종업원들은 밖에 앉아 담배를 피우고 있었다. 나도 모르게 해부학 실습실에서 봤던 폐가 떠올랐다. 아내 애나, 한 살배기 아들과 함께 플라스틱 테이블에 앉았다. 메뉴의 메인 요리 페이지 맨 아래에 '허파조림'이라는 것이 있었다. 드디어 금단의 내장을 찾은 것이다.

웨이터가 와서 주문을 받았다. 아내가 먼저 샐러드를 주문했다. 웨이터는 주문을 받아 적으며 고개를 끄덕였다. 이어서 내가 주문하자 웨이터는 동작을 멈췄다. 펜을 종이에서 떼지 않은 채 눈을 들어 나를 바라보며 말했다. "뭔지 알고 주문하시는 거죠?"

아내의 통역을 통해 대답했다. "네, 미국에선 팔지 않는 요리여서 많이 기대돼요."

허파 요리는 불가리아, 루마니아, 튀르키예 출신의 나이 지긋한 손님이 아니면 거의 주문하지 않는다고 했다. 우리 같은 관광객은 절대 주문하는 일이 없어서 뜻밖이라는 설명이었다. 몬카 레스토랑은 이스라엘이 건국된 1948년에 문을 연 이래 허파 요리와 창자 수프로 유명했지만, 요즘은 창자 수프가 허파조림보다 훨씬 인기라고 한다.

요즘 사람들이 허파 요리를 잘 먹지 않는 이유를 물었더니 이런 대답이 돌아왔다. "요리하는 법을 모르니까요." 자기도 요리법을 모른다면서, 형이 몬카의 전속 허파 요리사라고 한다. 자기는 허파를 토마토 과즙에 '아주' 오래 삶아야 한다는 것만 안다고 했다.

이윽고 요리가 나왔는데, 접시의 절반은 밥이고 그 위에 소스가 밴 베이지색 콩이 뿌려져 있었다. 나머지 절반에는 양의 허파 고기가 놓여 있었다. 번들거리면서 연한 분홍빛이 도는 갈색이었으며, 내 눈에는 담배에 찌든 회색 반점이나 어떤 오염의 흔적도 보이지 않았다. 고기 조각은 윤나는 흉막이 덮여 있어, 레스토랑의 천장 조명을 받아 무지갯빛으로 빛났다.

고기를 자르면서 잠깐 해부학 실습실로 돌아간 듯한 기분이 들었다. 나이프와 포크로 해부하면서 보니, 여러 갈래로 갈라진 기관지가 부드러운 살을 관통하며 폐포를 모두 연결하고 있었다. 살아 있을 때는 공기로 채워져 있었을 그 주머니들이 죽은 뒤에는 토마토 즙으로 채워져 양배추로 덮여 있었다. 허파는 1cm 정도 크기의 정육면체로 쉽게 쪼개졌다. '폐소엽肺小葉'이라고 하는 조각들로, 한때는 서로 가지런히 맞춰져 허파를 구성했지만 장시간 조리로 인해 부스러져 있었다.

허파 조각을 밥과 무른 콩과 함께 입에 넣으면서 생각했다. 아마 나는 양이 마지막 며칠 동안 숨으로 들이마신 곰팡이 포자와 먼지도 함께 먹고 있으리라. 그러나 미국 농무부 연방 규정에서 '불순물'로 지칭한 그 물질은 나와 가족들에게 해를 끼치지 않을 것이다. 오히려 음식의 영양 성분을 더해줄 수도 있다. 게다가 포자와 먼지 등 우리가 숨으로 들이마시는 이물질의 대부분은 결국 목구멍으로 삼키게 된다. 폐에 흡인된 음식물을 밀어 올리는 점액섬모 운동에 의해 그 같은 이물질도 끊임없이 목구멍으로 올라오기 때문이다. 우리는 폐에서 나온 그 찌꺼기를 날마다 하루 종일 무의식적으로 점액째 삼키고 있다. 인체에 프로그래밍된 '자기 식인 행위 auto-cannibalism'의 독특한 사례다. 다시 말해, 우리는 폐 식용 금지법이 막아준다고 하는 오염물질을 이미 끊임없이 섭취하고 있다. 더군다나 공기 중에 곰팡이 포자와 먼지가 얼마나 많은지 생각하면, 무엇이건 사람이 입에 넣는 음식은 아마 포자와 먼지가 잔뜩 들어 있지 않을까 싶다.

허파는 연하고 맛있었다. 고기와 토마토가 섞여 깊은 맛을 냈다. 내 아들은 아직 어려서 음식에 대한 호불호가 없고 거부감이 없기 때문에 그 점을 이용해 나와 같은 음식을 먹였다. 아들도 나도 아주 맛있게 먹었다. 애나도 내가 전에 소개했던 다른 내장 요리들에 비해 별 거부감 없이 먹었다.

살아 있는 동안 동물의 내장은 같은 공간 속에 서로 연결되어 있다. 그러나 도축된 동물의 몸에서 나오는 순간 각 장기는 사회경제적·문화적 여건 그리고 집단에서 정의한 식품 범위의 미묘한 차이에 따라 다른 취급을 받는다. 많은 문화권에서 폐는 하층계급의 음식으로 여겨지며, 식품과학은 객관성이라는 허울 아래 대중의 호불호를 반영하곤 한다. 어떤 장기를 먹느냐는 해부학이나 생리학보다는 문화와 계급의 문제이고, 맛보다는 습관과 전통의 문제다.

　사후에 몸을 열어보면 인간을 비롯해 숨 쉬는 모든 동물의 폐는 몸 안팎의 관계를 보여준다. 해부 실습실에서든 코셔 도축장에서든, 폐는 일생 동안 공기가 드나들면서 써나간 교환과 응보의 이야기를 들려준다. 법도 폐처럼 얼마든지 자세히 들여다볼 수 있고 인식이 바뀔 수 있는 대상이다. 내 생각에 폐는 먹고 싶다면 먹어도 건강에 완벽히 무해한 부위다. 다만 미국에서는 합법적으로 먹기가 매우 어려울 뿐.

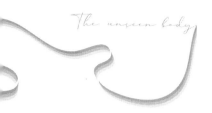

눈
눈빛이 말해주는 것들

사고 직전 프레드가 마지막으로 본 것은 뿜어 나오는 불꽃이었다. 펜실베이니아주의 시골 마을에서 금속가공 일을 하는 그는 연삭기로 문짝 경첩을 갈고 있었다. 불티가 폭죽처럼 튀어 올랐다가 작업장 바닥에 파편처럼 흩어져 내렸다. 경첩을 다른 각도에서 갈려고 기계의 위치를 바꾸어 다시 경첩에 대는 순간, 오른쪽 눈이 뭐에 찔린 듯 심하게 아팠다. 통증을 참으며 오른쪽 눈을 감은 채 집에서 응급실까지 차를 몰고 왔다.

프레드는 응급실 진료칸 안에서 계속 서성거리며 격앙된 목소리로 사고 상황을 설명했다.

"쇳조각이 눈을 막 긁는 느낌이에요!" 그가 외쳤다.

덥수룩한 짧은 금발이 땀으로 범벅이 된 채, 그는 기름때투성이 손을 다친 눈에 대고 누르고 있었다. 키가 나보다 머리 하나 정도

컸는데, 상처 입은 야생동물처럼 괴롭게 터덕거리는 모습에 내가 불안했다. 앉아달라고 부탁해도 소용없었다.

눈 질환을 진단하고 치료하는 데는 인체의 기본 특성에서 오는 애로점이 있다. 우리 몸은 사물이 눈에 들어오지 못하게 막는 데 그야말로 결사적이라는 것. 진찰하는 의사의 손도 예외가 아니다. 그러나 기름때 묻은 자기 손으로 그렇게 꾹 누르다 보면 금속 파편에 다친 눈이 더 상할까 염려됐다. 눈은 다치거나 자극받은 후에 비벼서 더 다치는 경우가 너무 많다. 통증 완화를 약속하며 겨우 구슬려서 침대에 앉히고 조심스레 얼굴에서 손을 떼어냈다. 오른쪽 눈을 거의 뜨지 못했지만, 다친 부위가 순간적으로 보였다. 파르르 떨리는 눈꺼풀 사이로 핏빛이 언뜻 스쳤다.

응급실에는 얼굴을 다쳐서 오는 환자가 굉장히 많다. 어느 이비인후과 전문의는 음주로 인한 안면 부상 덕분에 자녀들을 대학에 보낼 수 있었다고 내게 말하기도 했다. 나도 응급실에서 일하자마자 알게 되었지만, 인간은 술에 취해 과격하게 잘 넘어지는 경향이 있으며, 그 충격을 고스란히 받아내는 신체 부위가 바로 얼굴이었다. 그런데 얼굴 부상 환자들을 많이 진료하다 보면 한결같은 특징이 있었으니, 안구에 직접 타격을 입은 경우는 놀라울 정도로 드물었다는 점이다.

　얼굴은 불그죽죽 멍이 들고, 눈꺼풀이 퉁퉁 부어 눈을 뜨지도 못하고, 콧등은 깨지고 코곁굴은 박살 나서 피와 뼛조각이 들어차 있어도, 눈꺼풀을 가까스로 뒤집어보면 안구는 안와 지방에 둘러싸인 자리에 무사히 편안하게 놓여 있는 것이 보통이었다. 안구가 사방으로 자유롭게 돌아가고, 검은 동공이 빛을 받으면 축소되고, 겉면이 붉은 기색 없이 평온한 흰색이면, 안구는 이번에도 화를 면했다는 것을 알 수 있었다.

　사람의 얼굴은 소중하면서 섬세한 안구가 다치는 것을 막기 위해 정교한 모양으로 설계되어 있다. 안구는 안와라고 하는 오목한 뼈 안에 깊숙이 놓여 있고, 안와 둘레에는 원형으로 돋아 오른 뼈가 방패처럼 둘러쳐져 있다. 눈 위에는 눈썹을 정점으로 차양처럼 튀어나온 뼈가 있고, 눈 아래에도 돌출한 광대뼈가 있다. 사람마다 높이가 천차만별인 콧등은 높은 만큼 안구를 보호해주고, 관자놀이 쪽의 눈 끄트머리도 얼굴뼈의 한 귀퉁이가 견고하게 지키고 있다. 안와 주변의 굴곡진 구조는 날아오는 물체나 주먹, 테이블 모서리 등을 효과적으로 막아내게끔 설계되어 있으며, 대개는 방어를 잘 해낸다.

　우리 몸에는 눈을 보호하기 위한 반사신경도 정교하게 갖춰져 있다. 몸을 움츠리거나 날아오는 물체를 손으로 막는 것과 같은 반응은 워낙 본능적이어서 조절하기가 어렵다. 눈꺼풀은 날아오는 파편을 막기 위해 무의식적으로 감기고, 근거리의 물체가 안전하다는 것을 머리로는 알아도 좀처럼 떠지지 않는다. 그런 본능 때문에 나는 콘택트렌즈 끼는 법을 어렵게 배웠고, 안약 넣기는 솔직히 지금도 쉽지 않다. 특히 의사가 눈 속에 들어간 미세한 물질을 찾으려고 할 때 환자의 반사작용을 억누르기는 무척 어렵다.

얼굴의 특별한 구조에서 알 수 있듯이 눈은 매우 중요하면서 연약한 기관이다. 그런데 그 모든 예방 수단에도 불구하고 때로는 방어막이 뚫려 눈 속에 뭐가 들어가는 경우가 있다.

그 같은 이물질의 유입은 우리 몸에 일어나는 모든 현상 중에서도 가장 골치 아픈 축에 든다. 몸의 다른 부위에 붙어 있으면 눈에 띄지도 않을 먼지 한 톨조차 눈에 들어가면 몹시 성가시고 도저히 무시할 수 없다. 눈꺼풀 가장자리에서 이물질을 막아주는 속눈썹조차, 한 올이라도 빠져서 눈에 박히면 긴급히 조치해야 한다.

항상 촉촉하게 유지되는 안구 표면은 우리 몸의 겉면에서 매우 민감한 부위 중 하나다. 그 점에서 안구는 고환과 비슷하다. 외상이 가해지면 눌리거나 다친 정도에 견주어 막대한 고통을 유발한다. 역시 쌍으로 되어 있는 기관인 난소도 민감하지만, 골반뼈에 감싸여 있어 직접 타격을 받을 일은 거의 없다. 인체의 가장 섬세하고 연약한 부위는 모두 한 쌍의 구체로 되어 있는 듯하다.

뭐가 눈 속에 들어갔다고 환자가 호소하는 경우, 보통은 실제로 안구 '속'에 들어간 것은 아니다. 대개는 안구 '겉'에, 즉 눈꺼풀 밑에 있거나 눈꺼풀의 주름 속에 끼어 있다. 프레드의 경우도 일단 안구 겉에서 금속 조각을 찾아보았다.

나는 '아이 박스'라고 하는, 응급실에 상비된 안과용 기구 보관함에서 작은 마취액 병을 꺼냈다. 내 지시에 따라 프레드는 침대에 기대 누워 고개를 뒤로 젖히고 천장을 올려다보았다. 오른쪽 눈 안쪽 모서리에 마취액 몇 방울을 떨어뜨리자 잠시 고였다가 눈꺼풀 사이로 또르르 흐르면서 안구를 촉촉이 적셨다. 환자의 안구 표면을 약으로 마취시키는 방법은 의료 분야를 통틀어 가장 유용한 수단 중 하나다. 그 방법이 없다면 이물질 제거는 환자에게나 의사에게나 무척 가혹한 작업일 것이다.

잠시 후 안약이 효과를 발휘해 환자가 눈을 편하게 뜰 수 있게 됐다. 타는 듯한 통증이 진정되자 경직됐던 얼굴 근육도 비로소 풀렸다. 나는 환자 머리맡 벽의 거치대에서 조명등을 꺼내 들고 환부 위로 몸을 굽혔다. 내 손을 오른쪽 눈으로 가져가자 그가 고개를 움찔하며 피했다. 몸을 계속 들썩이는 것이 아직 본능적인 경계를 풀지 못하는 모습이었다.

"가만히 계세요." 얼굴이 서로 닿을 듯한 거리에서 내가 말했다.

그에게서 엔진오일 냄새가 진동했다.

왼손 손가락으로 눈꺼풀을 벌리고 빛을 비춰가며 안구 표면을 살폈다. 어딘가에 거뭇한 점이 묻어 있을지 모른다. 까만 동공이 갈색 홍채로 둘러싸여 있고, 둘 다 투명한 각막으로 덮여 빛을 반사하고 있었다. 점이나 흠집은 어디에도 보이지 않았다. 흰자위를 자세히 보니 몇 군데가 진분홍색으로 물들어 있었다. 우리 몸의 다친 부위가 항상 그렇듯, 외상 입은 안구에도 치유를 돕기 위해 피가 몰린다. 눈에 눈물도 넘쳐흘렀다. 침투한 이물질을 씻어내려는 몸의 작용이다.

눈 속의 이물질을 샅샅이 찾으려면 눈꺼풀을 뒤집어야 한다. 환자의 눈꺼풀 뒷면에 뭐가 붙어서 눈을 깜빡일 때마다 각막을 긁는 경우를 여러 번 보았다. 나는 안과용 기구함에서 멸균 면봉 하나를 꺼내, 그 끝으로 윗눈꺼풀을 지그시 눌렀다. 다른 손으로 속눈썹을 잡고 위로 당겨 눈꺼풀을 뒤집으니 촉촉한 분홍색 속면이 드러났다. 내가 안과 진찰법을 처음 배울 때 애를 먹었던 부분이다. 눈물에 젖은 눈꺼풀은 미끄러워서 잘 잡히지 않았고, 확 세게 잡아당겨 뒤집으려니 망설여졌다. 내 눈이 민감한 부위이니 남의 눈도 함부로 다루기가 꺼려졌다.

다른 여러 불편한 시술이 그렇듯, 이것도 여러 해 연습하니 빠르고 정확하게 하는 요령이 생겼다. 안구를 핀셋으로 잡고 칼로 째는 안과 의사의 과감함에는 절대 미칠 수 없겠지만, 나도 눈을 적절히 과감하게 다룰 줄 알게 되었다.

눈 틈새를 샅샅이 뒤졌지만, 티끌 하나 파편 하나 보이지 않았다. 나는 조명등을 끄고 허리를 폈다.

"아무것도 안 보이네요." 내가 말했다. 프레드가 의심스럽다는 듯 불신하는 표정으로 나를 쏘아보았다. 틀림없이 무엇(흔히 콘택트렌즈)이 눈에 남아 있다고 확신하는 환자들에게서 많이 본 표정이었다. 환자 중에는 심지어 콘택트렌즈가 안구 뒤로 넘어가버린 것 같다고 걱정하는 사람도 있었다. 그럴 때는 수색을 철저히 해보지만 대개 소득이 없고, 렌즈는 벌써 빠졌는데 이물감이 남아 그런 것 같다고 환자에게 말해준다. 또 눈꺼풀 틈새는 막다른 골목이어서 물체가 통과할 수 없다고 설명한다. 그래도 환자들은 나를 믿지 못하고 불신의 표정을 드러내곤 하는데, 프레드도 그랬다.

눈에 뭐가 들어가 있다는 느낌은 워낙 생생해서 처음엔 착각일리 없다고 생각하기 마련이다. 그래서 의사가 제대로 보지 않았다고 생각해 의사의 말을 믿지 않는다. 눈의 이물감을 호소하는 환자의 상당수는 대개 긁힌 상처 외에 아무것도 없다. 목에 뭐가 걸렸다고 하는 환자도 마찬가지다.

그러나 프레드의 경우는 달랐다. 남은 가능성은 하나라고 그에게 말해주었다. 금속 조각이 실제로 안구 속에 들어갔을 수 있다. 연삭 숫돌은 고속으로 회전하므로, 튀어 오르는 금속 불티가 충분히 고속으로 날아가 안구를 뚫고 들어갈 수 있다. 그런 것을 안구

내 이물이라고 하는데, 흔치는 않지만 발생하면 뚜렷한 징후가 나타날 때가 많다. 안구에 구멍이 뚫리면 물풍선이 터지는 것처럼 파열되고 내부의 점성 물질이 새어 나와 쪼그라들 수 있다. 그러면 안구의 흰색 표면이 접히고 찌그러진다. 동공도 변형되어 일반적인 원형이 아닌 눈물방울 모양이 되거나 마치 검은 물줄기가 주변의 홍채로 흘러들어가는 듯한 모습을 띠기도 한다.

반면 손상된 안구가 정상처럼 보이는 경우도 있다. 프레드는 안구가 적절히 통통하고 탱탱했으며 동공도 완벽히 동그랬다. 그러나 맨눈으로만 봐서는 확신할 수 없다. 안구내 이물이 있는 환자가 각막의 찰과상만 진단받고 응급실을 나오는 경우는 허다하다. 안구내 이물을 발견하지 못하고 방치하면 시력이 심각하게 손상될 수 있다. 확실히 알려면 CT 촬영으로 안구 속을 들여다보는 방법밖에 없다. 나는 컴퓨터로 검사를 의뢰하고 결과를 기다렸다.

의사의 일은 언뜻 순전히 과학적이고 기술적인 것처럼 보이지만, 환자를 대하는 일은 본질적으로 사회적 행위다. 내가 의사 수련을 받으며 가장 중요하게 깨우친 교훈 중 하나는, 수업 시간이나 인체의 현미경 사진을 통해 배운 것이 아니다. 요령 없는 의사가 환자와 가족들을 대하는 모습을 보면서 느낀 것이다. 이를테면 임종과 관련된 논의를 할 때 담당의가 틀에 박힌 태도나 의사소통 능력 부족으로 환자와 가족들을 당혹스럽게 하는 모습, 급히 서두르는 담당의가 변기에 앉아 있는 여성 환자의 심장과 폐 소리를 청진기로 들으며 수치심과 모멸감을 주는 모습 등이었다. 예로 든 것은 내가 의사로 일하면서 본 가장 심각한 사례이지만, 기억에 깊이 남아 내 진료 스타일을 정립하는 데 도움이 되었다.

유난히 불편했던 의사 한 명은 내가 환자로 만난 사람이었다. 의대 시절 정기검진을 받는 중이었는데, 의사가 컴퓨터 화면에서 눈을 떼지 않고 대화하는 내내 독수리 타법으로 키보드를 치고 있었다. 당시는 의사들에게 전자문서의 부담이 커져가던 시절이어서, 이 의사는 하루하루 진료 기록을 작성하는 것만도 버거운 게 아닐까 싶었다. 지독히 느린 타이핑 속도로 보아 그럴 것 같았다. 바쁘게 돌아가며 기술에 과도하게 의존하는 세상에서 의사의 눈은, 여느 사람들처럼 스크린에 고정되기 쉽다. 그 일은 무척 답답한 기억으로 남았다. 인간적인 대접은 상대를 보는 데서 시작한다는 교훈을 깨달았다.

의료 행위를 하려면 이렇다 저렇다 진단을 내리는 능력만으로는 부족하다. 의사는 환자를 인간 대 인간으로 대하고 신뢰를 쌓지 않으면 안 된다. 여기서 중요한 것이 눈의 역할이다. 일상에서뿐만 아니라 의료 현장에서도 눈은 사회적으로 큰 의미를 지니기 때문이다. 우리는 남들을 볼 때 자연스레 그 사람의 눈에 초점을 맞춘다. 마치 각 개인의 자아는 몸의 다른 어느 곳보다 시각기관 속에 있다는 듯이. 눈맞춤은 교감의 징표로, 영아가 처음으로 나타내는 사회적 행동 중 하나다. 그러므로 눈맞춤은 의사와 환자의 관계에서 매우 큰 역할을 한다. 너무 많아도, 너무 적어도 어색할 수 있다.

의사들은 환자의 장기와 검사 데이터에 집중하느라 사람 간 교류의 기본을 까맣게 잊는 실수를 범하곤 한다. 나는 환자가 어디가 아파서 왔든, 내 소개를 하거나 환자의 상태를 놓고 이야기 나눌 때 먼저 눈빛으로 소통하는 습관을 들였다. 환자나 가족들과 내가 얼마나 눈을 맞추는지 자각하는 연습을 했고, 적절한 수준을 유지하려고 애쓴다. 결국은 모든 환자와 피부 접촉을 하지만, 오히려 신체 접촉 없는 눈맞춤이 여러모로 더 친밀하게 느껴진다. 심지어 조금 떨어진 거리에서도 효과가 크다.

눈은 감각기관일 뿐 아니라 복잡한 감정을 능동적으로 전달하는 기관이기도 하다. 상대의 눈을 빤히 바라보는 시선은 상황에 따라 협박이 되기도 하고 유혹의 제스처가 되기도 한다. 안구 주변의 해부학적 구조도 메시지를 보내는 데 일조한다. 눈썹과 눈꺼풀은 미세한 근육 덕택에 능란한 움직임이 가능하다. 놀라서 함께 올라가기도 하고, 실망으로 처지기도 한다. 화가 나면 콧등에 주름이 지기도 한다. 인체 표면의 그 같은 의사전달 동작은 환자의 감정을 알 수 있는 중요한 정보를 의사에게 제공한다. 예컨대 내가 병실을 나설 때 프레드의 눈 주변 피부 모양새로 보아, 그가 나를 완전히 바보로 생각한다는 것을 알 수 있었다.

인간은 후두에서 내는 목소리로 무한한 생각과 감정을 표현할 수 있지만, 눈은 어째선지 그 사람의 깊은 내면과 더 밀접하게 얽혀 있다. 아이를 어릴 때 떠나보낸 어떤 여성의 인터뷰를 들은 적이 있는데, 비슷한 상실을 겪은 사람을 눈빛으로 알아볼 수 있다고 했다. 눈빛은 얼굴에서 나오는 제2의 목소리라 해야 할까, 목소리보다 솔직할 때가 많다.

한 시간 뒤, 프레드의 CT 촬영이 끝났다. 영상의학과 의사의 공식 판독이 나오기를 기다리는 동안 내 컴퓨터 화면에 영상을 띄웠다. 안구가 두 개의 검은 원으로 나타나 있었고, 오른쪽 안구 중앙에 하얀 점이 있었다. 드디어 조그만 금속 조각이 발견된 것이다. 구멍 난 안구를 그렇게 샅샅이 과감하게 검사하지 말았어야 했다는 생각이 들었다.

프레드에게 이 사실을 알리자마자 눈빛과 눈가에 걱정이 번지는 기색이 보였다. 금속이 눈 속에, 즉 실제로 안구 '속'에 있어서 나는 제거할 수 없다고 설명했다. 안과 전문의가 봐야 하니 다른 병원으로 옮겨야 했다. 의사 일은 예리한 관찰력만으로는 부족하다. 내 눈을 믿지 않고 CT 같은 영상의학 기술의 힘을 빌려야 할 때를 판단할 수 있어야 한다.

＊

　옛 시인이 '눈은 영혼의 창'이라고 했는데, 나는 의료 현장에서 그 말을 실감했다. 그런가 하면, 위중한 환자는 간혹 눈이 생명을 구하는 진단의 창이 되기도 한다.

　펜실베이니아의 시골 마을 응급실에서 일하던 어느 날 아침, 다급한 전화가 걸려왔다. 차 조수석에 탄 친구가 얼굴이 파랗게 질리고 숨을 쉬지 않아서 지금 병원으로 급히 차를 몰고 있다고 했다. 간호사 몇 명, 의료기사 한 명과 함께 '차량 환자 인출'을 위해 병원 앞 찻길 가로 나갔다. 차가 우리 앞에 급정거하자 구급 침대를 조수석 문 쪽에 붙이고 큰 체구의 남자를 끌어 내렸다. 얼굴은 새파랗고 몸은 첫 숨을 쉬지 못한 신생아처럼 축 늘어져 있었다. 나는 그의 웃옷을 움켜잡고 구급 침대에 눕히는 것을 도왔다. 몸을 털썩 내려놓자 이마의 선글라스가 제멋대로 비뚤어졌다. 응급실로 재빨리 끌고 가자 한 간호사가 산소마스크를 얼굴에 씌우고 다른 간호사가 팔에 정맥주사를 꽂았다.

　남자의 상태가 심각했기 때문에 원인을 파악하는 것이 급선무였다. 내가 손에 잡은 것은 청진기도, 혈압계도, 반사 망치도 아니었다. 프레드의 눈을 들여다볼 때 썼던 바로 그 조명등이었다. 지

극히 위태로운 환자의 경우는 눈을 들여다보면 몇 가지 결정적인 정보를 빠르게 얻을 수 있다.

나는 왼손 손가락으로 남자의 눈꺼풀을 하나씩 벌리면서 동공에 빛을 비췄다. 먼저 동공이 '풀린' 상태인지 확인했다. 동공이 매우 커져 빛을 비춰도 줄어들지 않는 상태는 불길한 징후다. 두개골 내 압력이 위험할 정도로 높아진 것으로, 뇌출혈이 크게 일어났을 가능성이 있다. 혼수상태의 환자가 동공이 풀려 있으면 나는 두개골 속에서 무슨 치명적인 문제가 발생했다고 판단해, 즉시 머리 CT 촬영을 진행시키고 신경외과 의사를 호출한다.

그러나 이 남성의 동공은 풀려 있지 않았다. 오히려 반대로, 두 동공이 점처럼 작았다. 바로 상황을 알 수 있었다. 오피오이드(아편 유사제) 과다 복용이다.

헤로인이나 펜타닐 같은 오피오이드는 의식을 저하시키고 호흡을 느리게 하며, 때로는 둘 다 완전히 상실시켜 치명적인 상태를 초래한다. 눈에도 작용해 동공을 마치 두 개의 검은 양귀비씨처럼 수축시킨다. 양귀비라는 식물은 일찍이 인류에게 진통 작용뿐 아니라 중독과 의존성을 유발하는 데 독보적인 힘을 발휘하는 약물을 선사했으니, 그것이 바로 아편이다.

남자의 동공을 보자마자 간호사에게 오피오이드 해독제인 날록손을 준비시켰다. 콧속으로 한 번 분사해 넣고, 몇 밀리그램을 정맥에 주사했다. 30초가 채 지나지 않아 환자가 침대에서 머리를 들었다. 눈을 크게 떴고, 얼굴은 숨을 갓 쉬기 시작한 신생아처럼 파란색에서 분홍색으로 변했다. 수술복 입은 사람들이 자기를 둘러싸고 있는 것을 보고는, 눈빛과 눈가에 당황하는 기색이 역력했다. 날록손이 즉시 효과를 보였으니 진단이 확정됐다. 처져 있던 눈꺼풀이 일순간에 꼿꼿이 섰고 동공이 검은콩처럼 커졌다.

"여기 응급실입니다." 그의 얼굴에 빤히 쓰여 있는 질문에 내가 대답하고, 이어서 물었다. "오늘 약물 투약하신 것 있나요?"

"헤로인 조금이요. 그런데 평소 하던 양만 했는데요. 저 지금까지 과다 복용한 적 한 번도 없어요." 그는 혹시 헤로인에 훨씬 더 강력하고 치명적인 오피오이드인 펜타닐이 섞인 게 아니었을지 의문을 나타냈다.

내가 그 주에 본 오피오이드 과다 복용 환자는 그가 처음이 아니었다. 나는 펜실베이니아의 그 지역에서 일하면서 그런 환자를 자주 진료했다. 미국을 휩쓸고 있는 오피오이드 중독 만연 사태가 이 지역을 강타했고(미국은 2000년대 이후 오피오이드 중독으로 인한 사회문제가 심각한 상태로, 의료계의 오피오이드 처방 남용이 약물 과용으로 이어졌다는 평가다—옮긴이), 오피오이드 피해자들이 그처럼 심각한 상태로 응급실에 실려오는 경우가 잦다.

그렇게 축 늘어져서 온 환자들을 검진할 때 동공이 점처럼 작은 것을 확인하면 안도감이 든다. 문제의 원인이 확실하고 해결책도 간단하다. 호흡 튜브도, 응급 뇌 CT도 필요 없고, 비상 대기 중인 신경외과 의사를 호출하거나 환자를 다른 병원으로 옮길 필요도 없다. 날록손을 한 번만 뿌려주면 바로 혼수상태에서 회복되니, 현대 의학을 통틀어 가장 마법 같은 소생술이라 할 만하다. 눈은 인간의 영혼을 비추는 창이기도 하지만, 향정신성 약물에 생화학적으로 교란된 뇌의 상태를 비추는 창이기도 하다. 그런 의미에서 눈은 의사소통 기관이기도 하다. 특히 혼수상태로 말을 잃은 사람에게는 더욱 그렇다.

해독제가 널리 보급된 이후로 내가 오피오이드 과다 복용 환자를 접하는 빈도는 줄었다. 구급대원과 경찰이 날록손을 휴대하고 다니고, 펜실베이니아를 비롯한 여러 주에서는 최근 약사가 의사의 처방전 없이 날록손을 조제할 수 있게 되었다. 그래서 이제 과다 복용자가 응급실까지 오지 않고 의식을 되찾는 경우가 더 많다. 대개는 날록손을 언제 어떻게 사용해야 하는지 더 잘 아는 가족들의 손에 소생되곤 한다. 일단 의식을 회복하고 나면 정신이 말짱해져 그 이상의 치료나 병원 이송을 거부하는 경우가 많아서, 수축된 동공을 내 눈으로 볼 일이 없다.

미국에서 오피오이드에 버금가는 중독 사태를 빚고 있으면서 덜 유명한 약물로 메스암페타민(필로폰)이 있는데, 역시 환자의 눈에 투약 여부가 드러난다. 메스암페타민, 통칭 '메스'는 오피오이드와 정반대 작용을 일으킨다. 진정되고 나른해지는 것이 아니라, 흥분하고 활력이 넘치며 동공이 커진다. 한번은 2층 창문에서 떨어진 환자가 응급실로 실려왔다. 구급대원들은 좁은 골목길 바닥에서 몸이 부자연스럽게 뒤틀리고 접힌 채 쓰러져 있는 그를 발견했다. 환자는 여자친구와 말다툼하다가 무슨 이유에서인지 창밖으로 몸을 던졌는데 자신도 왜 그랬는지 모르겠다고 한다. 어디가 아프냐고 물으니 아무 데도 아프지 않다고 한다. 추락한 높이를 생각하면 어디가 부러졌을 게 거의 틀림없는데, 말이 되지 않았다.

그런데 눈을 들여다보니 상황이 짐작됐다. 검은 동공이 엄청나게 커서 블랙홀처럼 빨려들 듯했고, 하늘색 홍채 테두리는 얇디얇았다. 오피오이드로 수축된 동공과는 정반대 모습이었다. 메스는 강력한 각성 효과가 있기 때문에 아드레날린 주사를 맞은 것처럼 몸에 힘이 솟는다. 혈압과 심박수가 치솟고, 동공은 경계 태세를 취하면서 한껏 확장되므로 환자의 상황을 훤히 들여다볼 수 있는 창이 된다.

그에게 그날 메스를 피우거나 흡입하거나 주사로 맞았는지 물었다. 그는 부인했지만 여전히 의심스러웠으며, 통증이 없다고 해서 심각한 부상이 없다고 확신할 수는 없었다. CT를 찍어보니 골반과 양쪽 어깨뼈, 갈비뼈 여러 개, 척추뼈 몇 개에 골절이 있었다. 통증을 느끼지 못하는 이유는 동공 상태로 짐작되는 메스 투약 때문인 듯했다. 소변검사에서 메스 양성 반응이 나오자 그는 다투기 직전에 주사를 놨다고 인정했다. 창문에서 뛰어내린 터무니없는 행동도 그것으로 설명이 됐다.

나는 펜실베이니아 시골에서 일하면서 근무 때마다 거의 매번 메스 투약 환자를 본다. 반면에 도시의 응급실에서 일하는 동료 의사들은 코카인이나 코카인 파생물인 크랙을 투약해 동공이 확장된 환자들을 마주한다. 둘 다 도심에서 더 쉽게 구할 수 있는 약물이다. 황폐해진 지역사회 주민들이 불안을 달래기 위해 손대는 약물의 종류에 따라 응급실을 찾는 환자의 유형이 달라지고, 눈의 모습도 달라진다. 약물중독 사태는 지역에 따라 양상이 달라서, 지역사회 황폐화를 유발한 사회경제적 요인에 따라 다른 약물이 선택된다. 다만 오피오이드는 이제 미국에서 시골이나 도시 할 것 없이 모든 계층의 사람들에게 보편적인 중독 물질로 술과 어깨를 나란히 하게 된 것으로 보인다.

눈이 깊숙이 감춰진 진실을 비추는 창이라면, 응급실 근무는 지역사회가 겪는 사회경제적 고충과 병폐를 비추는 창이다. 도움의 손길을 내밀 방법은 하나, 진실을 똑바로 보고 눈을 돌리지 않는 것이다.

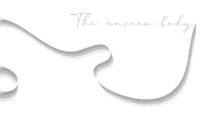

점액
생명은 항상 끈적거린다

18세인 크리스천이 매일 아침 가장 먼저 하는 일은 점액 처리다. 첫 작업은 분무 기구를 이용해서 세 가지 약제를 차례차례 에어로졸화하여 흡입하는 것이다. 약물을 폐 깊숙이 주입하여 폐 속 구석구석에 쌓인 가래를 부드럽게 만들기 위한 치료다. 흡입치료를 하는 동안은 기침이 끊이지 않아서, 때로는 가슴과 등의 근육이 뻐끗할 정도다. 그다음으로는 조끼를 찬다. 몸에 착용하면 공기압의 진동으로 몸통을 두드리는 장치다. 머리가 덜덜거리는 상태로 20분 동안 앉아서 버틴다. 학교 가기 전에 가래를 몸에서 떨어내기 위해서다.

이 아침 일과의 목표는 오로지 점액을 빼내는 것이다. 크리스천은 아침마다 다양한 색조의 녹색 점액을 소주잔 두 잔 정도 배출하며, 이 의식을 아침마다 거르지 않고 경건하게 수행한다. 그러지 않으면 계단을 오를 때 숨이 차고, 온종일 기침이 멈추지 않아 학교 급우들에게 방해가 된다.

크리스천이 앓고 있는 병은 '낭성섬유증cystic fibrosis', 세상에서 가장 끈적한 점액을 만드는 병이다. 유전자의 돌연변이 때문에 발생하는 선천적 질환으로, 폐의 점액이 보통보다 진득하고 끈끈해진다. 그 점액이 기도에 달라붙어 건강에 해를 끼친다. 우리 몸은 점액의 특성이 조금만 바뀌어도 온갖 문제가 일어나기 때문에 크리스천의 하루 일과는 온통 점액 관리로 이루어져 있다.

점액의 가장 기본적인 특성은 점성이며, 그 점에서 물과 구분된다. 물은 자유롭게 흐르고 뚝뚝 떨어지지만, 점액은 서서히 움직인다. 물방울은 서로 달라붙고 합쳐져 더 큰 물방울을 형성하지만, 점액은 응집력이 강해 흔들림이 없다. 점액은 물과 달리 끈기가 있어서 기도의 내벽 등 곳곳에 달라붙고, 제거하려 해도 잘 떨어지지 않는다. 물과 점액의 차이는 과일주스와 과일 젤리의 차이, 소금물과 뼛국물의 차이, 물에 전분을 풀기 전후의 차이와 같다. 점액은 질감이 묵직하다. 점액은 우리 몸 안에서 폐에 낀 가래 외에도 콧물, 침, 질 분비물 등 다양한 형태로 나타난다. 눈에 잘 띄지 않지만 대변이나 때로는 소변에도 들어 있다. 어떤 이름으로 불리든 기본적으로 점액이라는 점에서는 모두 같다.

　나는 의대생 시절에 점액이 체액 중에서도 특별한 위치에 있다는 사실을 금방 깨달았다. 의료 종사자들은 온갖 체액을 다루지만 다른 체액보다 점액을 특히 싫어하는 듯했다. 젤처럼 쫀득하면서 끈적하고 덩어리진 가래의 질감이 질색이라고 말하는 의사를 수없이 봤다. 간호사 중에서도 환자의 점액성 분비물을 치우는 것보다 혈변을 치우는 편이 낫다고 하는 사람을 많이 봤다. 심지어 C. 디피실레 환자의 혈변도 점액보다는 낫다는 것이다. 친구나 가족들이 내게 의사 일을 하면서 피를 보면 메스껍지 않으냐고 묻곤 한다. 그럴 때는 의료 종사자들이 보통 메스꺼워하는 체액은 피가 아니라 점액이라고 말해준다.

　의대 시절 알게 된 펜실베니아대학교 호흡기내과의 존 맥기니스 전문의는 자기 일을 가리켜 "매일같이 종일 점액만 다룬다"고 표현한다. 자신은 점액을 주로 다루는 분야를 선택했지만, 점액에 유독 강렬한 반응을 보이는 사람이 많다고 한다. 끈적한 점성과 특유의 부글거리는 소리, 때로는 냄새 때문이라고. "버스나 비행기에서 옆자리에 앉은 사람이 기침을 하는데 그르렁 가래 끓는 소리가 나면 '아이고, 나 이제 무슨 병에 걸리려나' 싶을 것"이라고 한다. 점액은 사람 몸에서 나오는 어떤 물질보다 병을 강하게 연상시키는 데다 "감정이 결부된다"는 것이다.

　내가 점액에 대해 품고 있던 혐오감은 의대를 다니면서 경이로

움과 감탄스러움으로 이내 바뀌었다. 알고 보니 우리 몸이 점액을 만드는 이유는 자연계의 많은 동물, 식물, 균류의 몸이 점액으로 덮여 있는 이유와 다르지 않았다. 즉 자신을 보호하기 위해서다. 달팽이와 민달팽이는 몸이 미끌미끌한 점액막으로 덮여 있어 나뭇잎이나 보도 위를 지나갈 때 은빛 자취를 남긴다. 점액막은 몸이 건조되는 것을 막고 미생물을 차단하는 방패 구실을 한다. 가오리, 상어, 타마린드 씨앗, 일부 버섯 종도 윤활제 겸 방어막 구실을 하는 점액으로 덮여 있다.

그러나 이들 생물과 달리 인간의 몸은 머리부터 발끝까지 점액으로 덮여 있지 않다. 질기고 건조한 피부가 연속적인 외피를 이루면서, 거기에 구멍이 뚫린 특정 부위에만 점액이 나타난다. 구멍 부위는 피부가 말려들어가 여러 곳에 주머니를 이루고 있는데, 모두 얼굴, 사타구니, 엉덩이에 모여 있다. 코곁굴(콧구멍 주변의 굴처럼 생긴 뼈 속 공간—옮긴이)처럼 막다른 골목도 있지만, 입·코·질·직장처럼 대부분은 몸속의 공간과 관으로 이어지는 통로다. 폐 속을 메운 여러 갈래의 기관지도, 조금 복잡하게 얽혀 있긴 하지만 결국 그런 주머니의 일종이다.

우리 몸의 모든 구멍에 공통적으로 존재하는 것이 점액이다. 여느 피부의 건조한 표피와 달리, 구멍 부위의 내벽은 점액을 꾸준히 생성해 언제나 촉촉함을 유지한다. 말려들어간 그런 부위들은 자연의 습지와 비슷해서, 표면은 대체로 마른 땅이지만 가끔 축축한 곳이 있다. 피부의 색깔과 톤은 사람마다 다양하지만, 그 축축한 곳은 누구나 진분홍색 혈액이 풍부한 막으로 덮여 있다. 그것을 점막이라고 하는데, 점액을 분비하는 막이어서 붙은 이름이다.

그런 구멍들은 우리 몸에 꼭 필요한 입구와 출구 역할을 한다. 건조한 외부와 항상 촉촉한 내부 사이의 중간 지대인 것이다. 구멍들은 항상 위험에 노출되어 있기도 하다. 사람들이 물건을 집어넣고 싶은 유혹을 느껴서 넣었다가 빼내지 못해 응급실을 찾는 경우도 많지만, 가장 큰 위협은 미생물의 침입이다. 온전한 피부는 각질층이 갑옷 구실을 하여 세균 등 미생물의 침입을 막지만, 피부가 연속되지 않고 끊어지는 곳마다 갑옷의 틈새처럼 미생물이 체내로 침입할 수 있는 통로가 된다. 병원성 미생물이 제일 좋아하는 것이 우리 몸의 축축한 구멍이다. 미생물은 인체 곳곳의 분홍색 주머니에서 어둠 속의 눅눅함을 반기며 마음껏 번성하고 증식하곤 한다.

우리를 위협하는 미생물은 저마다 선호하는 부위가 있다. 효모균은 질(때로는 입)에서 번성하고, 인플루엔자와 코로나바이러스는 코나 목 또는 폐 안의 습한 곳을 좋아한다. 임질을 일으키는 임균은 가장 까탈스럽지 않은 균 중 하나로, 점막이 있는 주머니라면 어디든 가리지 않는다. 요도, 직장, 질에 자주 침투하며, 때로는 남성과 여성의 생식기관을 타고 올라가 난소나 고환까지 도달하기도 한다. 나는 눈과 목구멍이 임균에 감염된 환자도 보았다.

우리 몸의 여러 구멍을 지키기는 쉽지 않은 일이어서 점액은 꼭 필요한 존재다. 점액은 만능 방어 무기이자 생존 전략으로, 모든 구멍에서 일정하게 끊임없이 밖으로 흘러나와 미생물을 막아준다. 미생물이 우리 몸에 침입하려면 끈적한 점액의 흐름을 거슬러 올라가야 한다. 또 점막이 건강하게 고스란히 유지되려면 항상 촉촉해야 하는데, 점액은 물과 달리 점착력이 있는 윤활제여서 그 임무에 적합하다. 점액은 비록 성가시고 징그러울 때가 많지만 미워해선 안 되는 존재다. 적절한 균형만 유지되면 침입 세력의 맹공에 맞서 우리의 건강을 지켜주는 열쇠다. 점액은 우리가 건강할 때는 몸 곳곳의 표면을 얇게 덮는 정도로만, 즉 음지에서 묵묵히 방어임무를 수행하는 데 딱 필요한 만큼만 생성된다.

좋은 것도 너무 많으면 크게 해로울 수 있다. 크리스천 같은 낭성섬유증 환자들이 절감하고 있는 사실이다. 흡인한 음식물과 흡입한 먼지를 내보내는 자가청소 기전으로 폐의 점액을 토해내거나 밀어 내기 위해서는 점액의 점도가 딱 적절해야 한다. 점액섬모운동은 기도에 촘촘히 박힌 미세한 털들이 점액을 계속 쓸어 올림으로써 이물질을 목구멍 쪽으로 밀어 올리는, 매우 중요한 기전이다. 점액이라는 대걸레로 쓰레기를 말끔히 닦아내는 셈이다. 이렇게 점액이 일정하게 흐름으로써 체내의 모든 주머니는 청소와 관리가 이루어지는데, 이때 중요한 것이 점도다.

점액이 제구실을 하려면 수분, 염분, 단백질, 탄수화물이 알맞게 혼합되어 찰기가 딱 적당해야 한다. 낭성섬유증 환자는 유전자의 돌연변이로 인해 기도 내벽에 있는 미세한 이온 펌프가 오작동하여 염분과 수분이 가래에 제대로 공급되지 않는다. 그에 따라 가래가 진득하고 끈적해져 정상적인 청소 기전이 작동하지 않게 된다. 그러면 점액이 폐에 쌓여 독성균이 터를 잡을 수 있게 되고, 폐렴이 끊임없이 재발하면서 호흡 능력이 차츰 악화한다. 이렇게 폐 속에 정착한 균은 박멸하기가 몹시 어려워서, 의사들은 크리스천이 진료실에 올 때 반드시 마스크를 쓰게 하고 있다. 크리스천 같은 낭성섬유증 환자들이 마스크를 쓰는 이유는, 한번 폐에 정착하면 제거할 수 없을지도 모르는 균이 옮는 것을 막기 위해서다.

크리스천이 폐 청소 일과를 엄격히 지키는 데는 병에 걸리지 않으려는 동기가 크다. 그는 하루에 네 번 조끼를 착용하고, 잠자리에 들기 전에 다시 분무기 치료를 하고, 분무기 옆에 놓아둔 작은 쓰레기통에 소주잔 한 잔 분량의 녹색 점액을 또 뱉어낸다.

다행히도 크리스천은 낭성섬유증으로 인한 장의 문제는 없다. 일부 환자는 진득한 점액이 장에까지 쌓여 장이 완전히 막히는 바람에, 막힌 부분을 수술로 제거해야 하는 경우도 있다. 내 동료인 뉴저지주 캠던의 소아외과 전문의 더글러스 캐츠는 낭성섬유증 환자들에게 이 수술을 여러 번 시행했는데, 막힌 장에 붙어 있는 점액을 가리켜 "진득하고 끈끈한 에폭시 수지 같은, 어디에나 달라붙는 지독한 코딱지"라고 표현했다.

　나는 소아과 레지던트 시절에 폐 상태가 급속히 나빠져 입원한 낭성섬유증 환자들을 치료했다. 증상은 보통 호흡곤란, 폐 기능 악화, 점액 분비 증가 등이었다. 환자들은 대부분 10대였고, 마른 체격에 병약한 상태였다. 청진기로 폐 소리를 들어보면 내가 아는 온갖 종류의 병든 숨소리가 불협화음처럼 섞여서 들려왔다. 환자들에게는 병원에 구비된 가장 강력한 항생제를 투여했는데, 다른 환자에게는 거의 처방하지 않는, 최후의 수단 격인 약이었다.

　최신의 광범위 항균제는 최악의 약물내성균에 시달리는 최중증 환자가 아니면 처방하지 않아야 할 충분한 이유가 있는데, 크리스천 같은 낭성섬유증 환자가 바로 처방해야 할 대상에 해당한다. 그가 최근에 입원한 것은 작년 7월, 밤잠을 이루지 못할 정도의 기침이 며칠 동안 이어진 뒤였다. 며칠에 걸쳐 최고 강도의 항생제를 정맥주사로 투여하니 호흡과 점액이 평소 수준으로 돌아왔다.

　내과 레지던트를 하면서 성인을 치료할 때는 낭성섬유증 환자를 거의 보지 못했다. 낭성섬유증 환자는 보통 그리 오래 살지 못하기 때문이다. 지난 수십 년간 낭성섬유증 환자의 기대수명은 20대에 불과했지만, 최근에 관리 방법이 개선되고 특히 발전된 폐 점액 제거 장치를 크리스천 같은 환자가 쓸 수 있게 된 덕분에 기대수명이 배로 늘어 40대가 되었다. 크리스천은 날마다 아무리 꼼꼼하게 폐를 청소해도 결국은 점액으로 폐가 망가지리라는 것을 알고 있다. 언젠가는 양쪽 폐 이식만이 살 수 있는 유일한 희망이 될 것이다. 만약 새 폐를 얻는다면, 이제 점액이 적절한 점도로 만들어질 테고 크리스천의 삶은 완전히 바뀔 것이다.

맥기니스를 비롯한 펜실베이니아대학교의 호흡기내과 전문의들은 새로 개발된 낭성섬유증 표적치료제를 사용하기 시작했다. 폐 속의 고장 난 이온 펌프에 직접 작용해 점액이 제대로 생성되게끔 순식간에 교정해주는 최첨단 치료제로, 아직 암울한 낭성섬유증의 예후를 개선해줄 것으로 기대된다. 그런데 치료받은 환자들이 불안해한다고 맥기니스는 말한다. 낭성섬유증 환자들에게 점액을 뱉어내는 일은 어릴 때부터 꼬박꼬박 지켜온 일과여서, 흘러나오던 점액이 갑자기 멎는 순간 불안해진다. 점액이 나오지 않으면 폐 깊숙한 곳에 점액이 박혔을까 봐 걱정한다는 것이다. 환자들이 항상 위험하다고 알고 있던 현상이다. 이 약은 특정 유전자변이가 있는 환자들(안타깝게도 크리스천은 해당되지 않는다)에게 낭성섬유증 치료 역사상 유례가 없을 정도로 근본적인 치유 효과를 보이고 있다.

점액은 우리 몸의 모든 주머니에서 날마다 조용히, 꾸준히 흘러나온다. 점액을 남보다 많이 생성하는 사람도 있다. 이를테면 다양한 물질에 알레르기가 있는 사람이나 흡연자가 그렇다. 흡연자는 담배 연기의 만성적인 자극으로 인해 폐의 점액 생성이 과다한 상태로 고정된다. 그런가 하면 최소한의 양만 생성하는 사람도 있다. 여성의 질 분비물은 사람마다 색깔과 양이 고유한 패턴을 띤다. 우리는 자기 몸에서 나오는 분비물에 워낙 익숙해서 무슨 변화가 있으면 금방 알아차린다.

미묘한 차이도 확연하게 느껴지며, 점액의 변화 때문에 병원을 찾는 사람도 많다. 개발도상국을 여행하고 와서 대변에서 점액을 발견하는 사람도 있고, 기침하는 아이의 가슴에서 고양이가 가르랑대듯 가래 끓는 소리가 나서 폐렴일까 싶어 데리고 오는 부모도 있다. 또 여성들은 질 분비물이 평소와 미묘하게 다른 패턴을 보여서 병이 아닌지 궁금해하기도 한다. 진료 업무의 대부분은 몸의 이런저런 구멍에서 나오는 점액의 상태를 살피는 일일 때가 많다.

다른 모든 체액과 마찬가지로 점액도 내게 유용한 진단 도구다. 나는 환자의 분비물에 관해 자세히 질문한다. 어떻게 변했는지, 변화를 언제 처음 자각했는지, 하루 중 어느 시간대에 가장 성가신지, 주변 사람의 눈에 띨 정도인지 등등을 묻는다. 점액을 해석하여 질병을 판별하는 과정은 다른 모든 체액의 경우와 다르지 않다. 점도, 색깔, 양 등의 정보를 바탕으로 진단에 필요한 단서를 얻을 수 있다.

환자를 진찰할 때는 환자 몸의 촉촉한 주머니를 들여다보며 점액을 찾는 일이 판단 과정의 상당 부분을 차지한다. 불빛을 깊숙이 비추어가며 동굴을 탐험하듯 진단에 필요한 단서를 찾는다. 인두통(목앓이)의 경우는 혀를 밑으로 눌러 시야를 확보하고 환자에게 "아" 소리를 내게 한다. 그러면 편도가 보이므로 사슬알균 인두염(드물게는 임균 인두염)의 징후인 진득한 고름이 덮여 있는지 확인할 수 있다. 환자의 질을 들여다볼 때는 조명이 달린 특수 기구를 사용해 몽글몽글한 알갱이가 있는 점액(효모균 감염의 징후)이나 진득한 분비물(클라미디아 감염의 징후)을 찾는다. 반면 남성 성병은 보통 분비물의 양이 그리 많지 않다. 신체의 구멍마다 진찰하는 요령이 따로 있는데, 모두 점차 숙달할 수 있었다.

때로는 점액을 직접 채취해 검사하고 진단해야 하는데, 섬세한 기술이 필요할 때가 많다. 호흡부전으로 인공호흡기에 의존하는 환자의 경우, 목구멍으로 삽입된 호흡 튜브는 숨길인 동시에 폐 점액에 접근할 수 있는 통로이기도 하다.

나는 레지던트 시절에 중환자실 로테이션을 하면서 점액을 빨아들이는 석션 작업의 쾌감을 알게 되었다. 간호사의 안내에 따라 카테터를 환자의 기관 깊숙이, 호흡 튜브를 통해 밀어 넣었다. 후

루룩거리는 소음이 가래 덩어리에 접근했음을 말해주었다. 천천히 카테터를 당기면서 끈끈한 덩어리를 살살 끌어 올렸다. 완강히 버티는 녀석을 드디어 밖으로 뽑아냈다. 갈색 얼룩이 섞인 녹황색 덩어리였다. 마치 팽팽한 대결 끝에 대어를 낚아 올린 듯한 기분이었다. 환자의 몸속에서 점액 덩어리를 빼내는 작업은 의료 분야를 통틀어 가장 통쾌한 시술 중 하나다.

응급의료 현장에서 또 한 가지 중요한 업무는 점액으로 인해 유발되는 환자들의 과도한 불안과 공포를 가라앉히는 것이다. 점액에 변화가 생겼다는 것은 무슨 문제가 있다는 뜻이지만, 항생제를 써야 하는 세균 감염보다는 저절로 낫는 바이러스 감염인 경우가 더 많다. 아이의 가슴 속에서 점액이 가르랑거리는 소리는 보통 후비루(점액이 코에서 목 뒤로 넘어가는 현상)를 동반한 감기일 뿐이고, 녹색 점액은 환자들이 흔히 생각하는 것과 달리 대개 그리 심각한 병의 징후가 아니다.

비록 내가 환자들에게 점액 이야기를 유난히 많이 하고 점액이 줄어들고 말라붙고 멎게 하는 치료법을 많이 쓰긴 하지만, 점액은 우리의 적이 아니다. 미생물이 몸의 방어막을 뚫고 들어가 터를 잡으면, 점액이 우리의 일차적인 무기가 된다. 미생물을 씻어내기 위해 점액의 흐름이 빨라지고, 점액이 단단히 '무장'하면서 색깔과 점도가 변한다. 우리 몸을 지켜내기 위해 효소, 항체, 면역세포 등이 전투에 가담하면서 점액이 더 걸쭉해지는 것이다. 점액이 많이 늘고 젤처럼 쫀득해지고 다채로운 색을 띠면, 우리 몸이 싸움을 벌이고 있다는 신호다.

점액은 우리가 병들었을 때 가장 눈에 잘 띄지만, 언제나 우리 몸의 틈새를 덮고 있다. 우리가 다쳤을 때도 점액은 치유를 돕는다. 나는 환자가 열상을 입었을 때 꿰매야 하는 경우와 그냥 두어도 잘 아무는 경우를 구분할 줄 알게 되면서, 점막과 여느 피부의 뚜렷한 차이를 절감했다. 여느 건조한 피부는 찢어진 부위를 봉합사, 스테이플러, 접착제 등으로 맞붙여 재생을 쉽게 해주어야 할 때가 많다. 반면 분홍색 점막은 며칠이면 마술처럼 아물어서, 보통은 전혀 손댈 게 없다. 입안, 뺨 안쪽, 혀, 질 점막 등에 꽤 큰 상처가 나도 금방 낫기 때문에, 나는 대개 상처가 아주 크고 많이 벌어진 경우만 봉합한다.

우리 몸의 점액은 상처를 진정하고 회복을 촉진하는 자가 생산 연고와 같은 역할을 한다. 개처럼 상처를 핥을 생각을 하는 사람은 많지 않지만, 나는 상처에 점액을 바르면 실제로 더 잘 낫지 않을까 하는 생각을 종종 한다.

사람의 몸은 대부분 물로 되어 있다고 누구나 초등학교 때 배운다. 성인의 몸은 약 60퍼센트가 수분이라고 한다. 나도 어렸을 때 그 사실을 배우면서, 인간뿐 아니라 모든 생물이 그럴 것으로 이해했다. 생물을 투명한 물이 담긴 비닐봉지가 출렁거리며 다니는 모습으로 상상했다. 그렇지만 왠지 내 몸은 많이 단단해 보였다. 나중에 의대에서 해부용 메스를 잡거나 현미경을 보면서 인체 구조를 공부할 때, 물은 거의 찾아볼 수 없었다. 점성이 없고 정말로 물 같은 체액은 눈물과 소변밖에 없었는데, 눈물과 소변은 몸에서 나오는 것이지 몸을 구성한다고는 할 수 없었다.

대신에 우리 몸속은 젤 같은 다양한 질감의 점액으로 가득하다. 피도 물보다 조금 더 진하다. 혈연관계가 중요하다는 뜻의 옛말이지만, 생리학적으로도 맞는 말이다. 피는 단백질 함량이 달걀흰자와 비슷해서 세게 휘저으면 걸쭉해지고, 외상을 입은 환자에게서 뚝뚝 떨어지고 흘러나오는 모습을 보면 물보다 확실히 끈적해 보인다. 체내의 점도는 거기서 계속 더 높아진다. 안구 속 조직은 날달걀의 흰자와 점도가 비슷하고, 일부 장기는 단단하면서 찰진 젤라틴 느낌이다. 인체 속에는 '피와 살'이라는 이분법으로 나눌 수 없는 별의별 질감이 존재한다. 우리 몸은 마치 프랑스 치즈 가게처럼, 다양한 밀도의 경연장이다.

초등학교에서 배우는 것 또 하나가 인체의 기본단위는 세포이며, 건물이 벽돌로 지어지듯 우리 몸은 세포로 이루어져 있다는 것이다. 나는 의대에 가서야 비로소 세포와 세포 사이에 있는 존재에 관해 배웠다. '세포외바탕질extracellular matrix'은 섬유성의 젤 같은 물질로, 마치 포장용 완충재로 쓰는 스티로폼 조각처럼 몸 구석구석의 틈새를 메우며 세포를 둘러싸고 있다. 세포가 벽돌이라면, 온몸에 퍼져 있는 이 점액성 망상구조는 시멘트라고 할 수 있다.

몸 밖으로 흘러나와서 우리가 매일 접하는 점액과 달리, 세포외바탕질은 평소에 볼 수 없는 체내 점액인 셈이다. 세포외바탕질은 우리 몸의 상당 부분을 이루고 있다. 조직학 시간에 온갖 인체 조직의 표본 수백 개를 현미경으로 들여다보았는데, 다양한 모습의 바탕질이 꼭꼭 함께 등장했다. 우리는 보통 각 표본에 들어 있는 세포에 주목했지만, 세포 사이와 주변에는 항상 바탕질이 있었다. 성기게 엮인 섬유 가닥이 살에 형태를 잡아주고 인장강도를 부여하는 철근처럼 보였다. 그런가 하면 점액은 부어 넣은 콘크리트처럼 구조를 지탱하고 압축력에 저항하는 충전재 역할이었다.

조직학 용어로 세포외바탕질의 점액을 '기저물질ground sub-stance'이라고 한다. 우리 몸의 바탕이자 근간을 이루기 때문일 것이다. 기저물질을 포함한 세포외바탕질은 모든 신체 부위와 장기의 상당 부분을 이루고 있어서, 성인 체중의 약 15%를 차지한다. 또 인체의 가장 큰 단일 요소로, 우리 몸의 모든 부위를 하나로 통합해주는 역할을 한다. 우리 몸이 물렁한 것은 바로 이 점액의 연속체 덕분이다.

과학자들은 체내 점액의 중요성에 이제 막 눈뜨고 있다. 체내 점액은 특히 인공장기를 만드는 데 매우 중요하다. 미래에는 실험실에서 폐를 배양하여 낭성섬유증 환자 등에게 이식할 수 있게 될 것이다. 언론의 관심은 주로 줄기세포에 쏠려 있지만, 줄기세포가제대로 기능하고 성장하기 위해서는 줄기세포를 둘러싼 세포외바탕질도 똑같이 중요하다는 사실이 드러나고 있다. 세포를 둘러싸고 있는 점액은 우리 몸의 장터 구실을 하며, 그곳에서 영양소와노폐물, 세포 간 신호 등의 교환이 일어난다.

체외 점액과 마찬가지로 체내 점액도 몸의 방어에 중요한 역할을 한다. 미생물이 체내로 침입하려면, 다시 말해 촉촉한 주머니속을 파고드는 것을 넘어 진짜 살 속으로 침입하려면, 세포외바탕질을 통과해야 한다. 세포외바탕질은 달리는 말의 발굽에 달라붙는 진흙처럼 미생물의 움직임을 둔화시킨다. 전이하려는 악성종양도 마찬가지여서, 점액을 분해하는 특수 효소를 분비해야만 점액을 통과해 이동할 수 있다. 우리 몸이 백혈구 지원군을 보낼 때싸움이 일어나는 장소도 점액 속이다. 즉 점액은 전투가 일어난다는 신호일 뿐 아니라 전장 그 자체다.

인체의 기저물질은 우주의 암흑물질과 비슷하다. 밑바탕을 이루는 물질이면서 최근까지 관심 밖이었다는 점에서 그렇다. 우리 몸을 접착제처럼 묶어주는 기저물질의 역할을 앞으로 더 제대로 규명한다면, 향후 치료법 개발에 큰 실마리가 될 수 있을 것이다.

알고 보면 생명체는 내가 초등학교 때 상상했던 출렁거리는 물봉지보다는 스튜에 가까운 존재다. 주성분은 물이 맞지만, 물만으로는 너무 묽은 데다 유기체의 기본 단위인 유기분자가 빠져 있다. 스튜에는 걸쭉한 성분이 필요하다. 물만으로는 생명력이 없고, 건강의 비결은 점액이다. 단, 그 특성과 점도가 적절해야 한다. 우리 몸이 대부분 물로 되어 있다는 말은 사실이지만 오해의 소지가 있다. 우리를 이루는 성분은 사실 점액이니까.

손발가락
춥고 거친 극지의 삶

내가 내 손가락과 발가락을 가장 예민하게 의식했던 경험은 첫 러시아 여행 때였다. 설날 무렵 상트페테르부르크에 도착했는데 기온이 영하를 훨씬 밑돌았다. 따뜻한 보금자리 같은 실내에서 밖으로 나올 때마다 손발가락이 금방 시리면서 감각이 없어졌다. 불편한 느낌이 계속되니 러시아 체류가 그리 즐겁지 않았다.

　나는 대학을 갓 졸업하고 어느 사회연구소에서 인턴으로 일하려고 러시아에 가 있었다. 환경단체가 러시아 임업에 미치는 영향을 연구할 계획이었고, 아직 의대에 갈 생각은 전혀 하지 않을 때였다. 도착한 지 며칠 안 되었을 때 연구소 동료인 토냐와 바냐 부부가 친구들 가족과 함께하는 러시아정교회 크리스마스(율리우스력에 따라 1월 7일에 치러진다—옮긴이) 모임에 나를 초대했다. 러시아 북서부 시골의 오두막집으로 여행을 간다고 하는데, 아주 외진 동네인 듯했다. 나는 흔쾌히 초대에 응했다.

토냐와 바냐 그리고 부부의 어린 두 딸 사샤, 마샤와 함께 야간 열차를 탔고, 내려서는 버스를 타고 장시간을 이동했다. 저녁 무렵 버스에서 내리니 눈 덮인 숲속에서 도로가 끊겨 있었다. 밖은 어두웠고, 버스 헤드라이트 불빛에 비친 숲길은 눈이 치워진 기색이 전혀 없었다. 내내 덜컹거리고 추운 버스를 타고 온 탓에 이미 손발가락이 시렸고, 눈 속을 헤치고 갈 생각에 그저 막막했다.

영어를 전혀 못 하고 엄청난 턱수염을 가슴까지 기른 바냐가 먼저 눈밭으로 뛰어들었다. 토냐가 내게 그다음으로 가라고 손짓했다. 눈은 내 허벅지 중간 높이까지 쌓여 있었다. 바냐와 내가 번갈아 선두에 서서 새하얀 눈을 무릎으로 헤치며 한 걸음 한 걸음 나아갔고, 토냐와 사샤, 마샤가 뒤를 따랐다.

잠시 후에 문득 느꼈는데, 의외로 온몸이 따뜻했다. 손끝과 발끝까지도 훈훈했다. 아닌 게 아니라, 장갑과 부츠에 땀이 차 있었다. 러시아에 온 후로 바깥에서 손발이 편안한 느낌은 처음이었고, 더구나 그곳은 눈이 허리께까지 쌓인 어두운 밤의 숲속이었다. 잠시 이동을 멈추고 휴식할 때 나는 기진맥진해서 숨을 몰아쉬며 하얀 입김을 내뿜었다. 그러자 추위가 금방 다시 밀려왔다. 1분도 지나지 않아 손발 끝이 차가워지면서 걱정이 됐는데, 다시 걸으니 금세 또 따뜻해졌다. 계속 움직이는 동안은 손발이 편안했고, 주변의 아름다운 겨울 풍광도 즐길 수 있었다. 눈 덮인 침엽수들이 별이 총총한 밤하늘을 항해 삐죽삐죽 솟아 있었다.

숲속 빈터에 다다르자 저 멀리 덩그러니 서 있는 통나무집이 보였다. 창문에 불이 켜져 있고, 굴뚝에서는 연기가 피어나고 있었다. 토냐와 바냐의 친구들이 벌써 스키를 타고 도착해 집을 따뜻하게 해놓은 것이다. 난롯불에 몸을 녹이고 처음 만난 이들의 포옹과 환대를 받으며, 나는 따뜻한 보금자리에 다시 들어왔다는 사실과 손발가락이 모두 무사하다는 사실에 안도감을 느꼈다.

오두막 한가운데에는 페치카라는 장작 난로가 떡하니 놓여 있고, 그 주위로 작은 방 네 개가 빙 둘러 배치되어 있었다. 페치카는 벽돌로 지은 정육면체 모양이었는데, 높이가 내 키만 했고 너비와 깊이도 그만 했다. 부엌 쪽으로는 장작을 넣는 구멍이 작게 나 있었다. 페치카가 오두막집의 유일한 열 공급원이었다.

이튿날 아침, 침대에 누운 채 눈을 뜨니 토냐가 빨간 천을 머리에 두르고 불을 지피는 모습이 보였다. 토냐는 긴 나무 부삽을 가지고 희뿌연 소나무 장작을 그을음투성이 입구로 집어넣고 있었다. 헐겁게 쌓아놓은 장작더미 밑에 불붙인 신문지를 쑤셔 넣자 금세 불이 붙어서 머리에 두른 천과 같은 색으로 빛났다. 칙칙한 색으로 죽어 있던 나무 속에서 생명의 온기를 끄집어낸 것이다.

토냐가 피운 불은 하루 종일 천천히 타오르며 그 열기가 집 중앙에서 주변 방으로 퍼져나가 구석구석 스며들었다. 페치카의 온기는 짧고 어두운 복도를 통해 꽤 멀리 떨어진 현관문까지도 전해졌다. 오두막의 손발가락까지 따뜻한 셈이다. 전통 난로 페치카는 장작의 타는 열을 최대한 끌어낼 수 있게 설계되어 바깥 기온이 영하 40도 가까이 떨어지는 추위 속에서도 집을 아늑하고 따뜻하게 유지해주었다. 페치카가 집의 중심에 놓인 것은 혹한의 환경에서 열이 그만큼 소중하기 때문이고, 극한 조건에서 인간의 생명과 사지(특히 말단의 손발가락)가 그만큼 위태롭기 때문이다.

아침 식사 후에 나는 스키를 타고 오두막 주변의 눈 덮인 언덕과 들판을 탐험하러 나갔다. 날씨는 상트페테르부르크보다 더 추웠고, 전날 밤 눈 속을 헤쳐나갈 때의 쾌적함과는 달리 오두막을 나서자마자 손발가락이 아파왔다.

나는 손발을 따뜻하게 하려고 온갖 방법을 다 동원했다. 발이 시리면 머리에 모자를 쓰라는 격언을 떠올렸지만, 만화처럼 우뚝한 초대형 러시아 털모자를 바나에게 빌려 써도 도움이 되지 않았다. 털모자의 귀덮개가 연약한 귀에 부는 바람을 막아주긴 했지만, 발가락을 따뜻하게 해주는 효과는 전혀 없었다. 나는 발을 쿵쿵 구르고 감각 없는 발가락을 바위와 나무에 계속 차며 온기를 되찾으려 애썼다. 처음에 발가락의 감각이 남아 있을 때는 그렇게 몇 번 차주면 잠시나마 도움이 되었다. 그러나 한기가 부츠 속으로 깊이 파고들면 발가락을 아무리 나무에 대고 쳐도 소용이 없었다. 발가락을 마구 치면 답답함을 푸는 데는 도움이 됐지만, 내 발가락을 따뜻하고 편안하게 하기 위한 싸움은 러시아의 맹렬한 추위 앞에서 승산이 없었다.

발끝이 감각이 없으면서도 욱신거리고 아파서 서둘러 오두막으로 돌아가는데, 주변에 드문드문 서 있는 자작나무가 눈에 들어왔다. 한 그루 한 그루가 사람의 몸을 연상케 했다. 희고 꼿꼿한 줄기가 척추처럼 서 있고, 나뭇가지가 팔다리를 편 것처럼 뻗어나가고 있었다. 가지 끝에는 얼음과 눈에 완전히 뒤덮인 잔가지들이 달려 있었다. 반투명한 얼음 밑으로 가지 끝의 새순이 비쳐 보였다. 지금은 비록 꽁꽁 얼어 있지만, 봄이 되면 언제 겨울이었냐는 듯이 쑥쑥 돋아나 잎과 꽃을 피우리라.

나무들이 부러웠다. 자작나무는 손가락이 꽁꽁 얼어붙었음에도 마치 나를 조롱하듯 태연자약하게 서 있었는데, 나는 내 사지 끝에 달린 손발가락을 강타하는 맹추위에 미칠 지경이었다. 만약 내 손발가락이 잔가지처럼 얼음에 뒤덮인다면 살려낼 가망이 없으리라. 나무들의 회복력에 견주면 내 몸은 너무 연약하게 느껴졌다.

내가 이리 고생하는 것은 다 미국에서 가져온 싸구려 방한복 탓일까? 떠나기 전에 친척이 선물로 니트 장갑을 주었는데, 따뜻해 보였지만 러시아에서 끼어보니 따뜻하지 않았다. 니트 틈으로 바람이 너무 잘 통해 손이 시렸다. 내 부츠도 러시아의 추위에는 영

제구실을 못 했다. 아니면 내 몸에 근본적인 문제가 있는지도 모른다. 혈액순환이 좋지 않아 몸이 강추위를 견디지 못하는 것일까?

일단 오두막으로 돌아와서 달궈진 페치카에 손을 직접 대보았다. 손이 녹기 시작하면서 몹시 고통스러웠다. 덥혀질 때의 통증이 시린 고통보다 훨씬 심했다. 전날 오두막을 찾아올 때 손발이 무척 포근했던 생각을 하니 안타까웠다. 손발 끝을 편안하게 유지할 방법이 분명히 있을 테지만, 집 밖에 나갈 때는 무조건 멀리 가지 않기로 마음먹었다. 여차하면 바로 안전한 집으로 달려 들어올 수 있을 테니. 오두막이라는 보금자리 밖의 광활한 혹한 속에서 내 고통받는 손발가락을 지킬 방법은 그것뿐이었다.

이튿날, 바냐가 손쉬운 방법을 알려주었다. 토냐의 통역을 통해 말하기를, 손이 시리면 장갑을 벗고 손을 옷 속에 묻으라는 것이다. 다음번에 밖으로 나갔을 때 해보았다. 손을 옷 속에 넣어 가슴 피부에 갖다 댔더니 금방 녹았다. 마치 손을 페치카에 직접 대는 것 같은 효과가 있었다. 발도 똑같이 할 수 있으면 좋겠는데, 그럴 만큼 몸이 유연하지 않으니 불가능했다.

토냐는 벙어리장갑이 왜 좋은지도 알려주었다. 벙어리장갑은 일반 장갑처럼 손가락 하나하나를 개별적으로 보온하는 것이 아니라, 손가락을 한데 모아 온기를 공유하게 해준다. 이는 체온이 떨어진 사람이 다른 열원이 없을 때 최후의 수단으로 다른 사람과 한 침낭에 들어가 몸을 덥히는 것과 같은 원리다. 벙어리장갑 속

손가락이나 침낭 속 두 사람이 공유하는 온기는 개별적인 온기의 총합을 능가한다.

∽

몇 년 후 의대에서 인체를 공부해보니 러시아에서의 경험이 더 잘 이해됐다. 날씨가 추울 때는 손가락과 발가락의 보온이 가장 어렵다. 다름 아닌 인체의 생김새 때문이다. 손발가락 부위는 구부러지고 말려들어가는 등 우리 몸 표면에서 가장 복잡한 형태를 이루고 있다. 가슴, 등, 배처럼 평평한 부위보다 표면적이 훨씬 넓어서 주변에 열을 빼앗기기 쉽다. 그러니 추위가 덮칠 때 가장 고통받는 부위가 손발가락이라는 것은 내가 익히 아는 바였다.

손발가락은 내장과 정반대 위치에 있기도 하다. 다시 말해, 우리 몸의 살 중 몸통에서 가장 멀리 떨어진 부위다. 흉부와 복부 내의 장기, 그중에서도 특히 심장과 간은 인체의 주요 발열 기관으로, 체온을 정상범위로 유지하는 역할을 한다. 심장과 간은 인체에서 가장 활동적인 기관으로, 끊임없이 돌아가면서 대사 반응의 열효율 한계에 따른 부산물로 열을 방출한다고 생화학 시간에 배웠다. 그 잉여열로 몸통에 흐르는 혈액이 덥혀지고, 혈액은 온기를 팔다리로 전달한다. 그러나 손발가락은 몸통에서 튀어나와 찬 공기에 노출되어 있는 우리 몸의 최말단부로, 온기가 도달하기 가장 어려운 곳이다.

예컨대 어둠 속에서 눈을 헤치고 걷는 것처럼 격렬한 신체 활동을 할 때, 근육은 몸을 움직이기 위해 열심히 일해야 한다. 이때 골반과 허벅지 윗부분을 연결하는 근육들은 장기들과 함께 열 생산에 나선다. 근육이 부지런히 움직이는 과정에서 부산물로 나오는 열이 내 몸을 덥혀주는 것이다. 자동차 엔진이 구동력 발생을 위해 휘발유를 연소시킬 때 엔진이 손댈 수 없을 만큼 뜨거워지는 것과 마찬가지다. 눈 속에서 내 손발가락이 편안했던 것은 대사 작용의 열효율이 완벽하지 않은 데 따른 부작용 덕분이었다.

손발가락에도 근육이 있지만, 보잘것없는 크기다. 부츠 안에서 발가락을 오므렸다 폈다 하거나 손가락으로 주먹을 쥐었다 폈다 하는 식으로 아무리 운동을 반복해도 발생하는 열은 미미하다. 실제로 손가락과 발가락을 움직이는 중간 근육은 대부분 더 위쪽의 종아리와 아래팔에 있지만 그 근육들도 몸을 덥히는 데는 한계가 있다. 다리이음뼈(골반대)에 붙은 근육 정도는 되어야 충분히 크다고 할 수 있고, 쌓인 눈을 헤치고 나아가는 정도의 격렬하고 힘든 운동을 해야 손발가락이 따뜻해질 만큼의 열이 생성된다.

혹한을 견딜 수 있도록 집을 설계하려면 사람의 몸처럼 중심부에서 온기를 발산시켜야 한다. 집 한가운데에 페치카가 있는 형태는 내가 자란 교외 지역에서 쓰던 장작 난로와 전혀 달랐다. 미국 가정의 벽난로는 구석에 있거나 벽에 붙어 있는 경우가 많다. 손발가락에서 열을 발생시켜 몸통으로 퍼져나가게 하려는 것과 마찬가지다. 미국에서 벽난로는 주로 낭만과 심미적 효과를 위한 것이어서 열의 대부분이 굴뚝으로 사라지지만, 러시아에서 페치카는 생존 도구다. 바냐가 가슴이나 배에 손을 갖다 대라고 가르쳐준 것은, 나뭇가지 모양을 한 우리 몸의 기본 형태를 극복하기 위한 방법이었다. 따뜻한 피가 팔다리를 지나 손발가락에 닿을 때까지 하세월을 굳이 기다려야 할 이유가 없다.

의대에서 혈액에 관해 배우고 나니, 혈액이 우리 몸 구석구석에 나르는 모든 영양소 중에서도 온기는 가장 중요한 성분에 속한다는 것을 알 수 있었다.

우리 몸이 외부 추위와의 맞대결에서 지면 동상에 걸린다. 살이 실제로 얼어붙는 것이다. 동상의 위험이 가장 큰 부위가 손가락과 발가락이다. 나는 러시아에서 다행히 손발가락이 무사했지만, 나중에 내가 본 환자들 중에는 그렇지 못한 사람이 많았다.

내가 알래스카에서 치료한 한 남성은 겨울에 스노모빌을 타고 툰드라를 가로지르다가 물가 기슭으로 미끄러져 스노모빌 앞머리가 얼음에 박혔다. 두 발이 얼음과 스노모빌 사이에 끼여 물속에 잠겼는데, 아무리 발버둥을 쳐도 빼낼 수가 없었다. 물에 잠긴 발이 급속도로 차가워지자 그의 몸은 몸통의 체온을 유지하기 위해 발로 가는 혈류를 조였다. 말단부가 차가워질 때 일반적으로 일어나는 생리적 반응이다. 발가락에서 차갑게 식은 피가 냉기를 몸통으로 되가져오면 내장이 차가워지므로 이를 막기 위한 것이다. 귀중한 온기가 허비되는 것을 방지하고 저체온증을 막는 데는 도움이 되었겠지만 발가락의 운명은 절망적이었다.

몇 시간 후 구조대가 그를 구출했을 때 발가락은 열 개 모두 꽁꽁 얼어 있었다. 며칠 만에 발가락은 검게 변했다. 죽은 살의 일반적인 색깔이다. 이윽고 나무가 말라 죽은 가지를 떨구듯 발가락은 쪼그라들어 몸에서 떨어져 나갔다. 그와 같은 극한 상황에서 손발가락은 소모품이 되고, 우리 몸은 더 중요한 장기와 생명을 지키기 위해 손발가락을 버린다. 나뭇가지는 다시 자라지만, 얼어 죽은 인체의 돌출 부위는 다시 자라지 않는다.

동상의 위험이 있는 것은 손발가락뿐만이 아니다. 귀, 코, 음경 등 몸통에서 바깥으로 튀어나온 돌출 부위는 모두 동상의 위험을 안고 있다. 음경은 안타깝게도 손발가락과 똑같이 위험스러운 모양새다. 손발가락처럼 굴곡진 표면 때문에 보온이 쉽지 않아서, 음경 동상의 대부분은 쌀쌀한 날씨에 조깅할 때처럼 지속적인 공기 흐름으로 음경이 한층 더 차가워지면서 발생한다. 반면 고환은 유일하게 몸 밖에 달려 있는 내부 장기인데도 동상으로부터 안전하다. 고환이 정자를 가장 잘 생산하려면 몸통보다 온도가 몇 도 낮아야 하는데, 음낭은 따뜻할 때는 축 처지고 추울 때는 오므라들어 몸과의 거리를 조절함으로써 적절한 상태를 유지한다. 손가락이나 발가락과 달리 고환은 강추위에 수축되어 스스로를 보호하는 기능이 있다.

∽

손가락과 발가락이 위험에 얼마나 많이 노출되어 있는지 절감한 것은 레지던트를 마치고 나서였다. 레지던트 시절 내 업무는 심장, 폐, 신장, 간 등 내장 질환이 주를 이루었다. 손발가락은 극히 일부 질환에서 지엽적인 역할에 머물렀다. 손가락이나 발가락 문제로 입원하는 환자는 드물어서, 나는 그쪽 질환을 다룬 경험이 거의 없었다. 또 수련 기간 중 외상에 관해서는 거의 배우지 않았기 때문에, 몸을 다친 환자를 어떻게 다루어야 하는지 전혀 모르는 채로 레지던트를 마쳤다. 생명과 직결되는 몸통이나 머리 부상도, 비교적 경미한 말단부 부상도 아는 게 없었다.

레지던트를 마치고 긴급진료에 종사하면서 손발가락 부상은 그야말로 무궁무진한 형태가 있다는 사실을 알게 되었다. 부분 절단, 파편이 깊숙이 박힌 경우, 개에 물린 상처, 손톱이 으깨진 부상 등 다양한 사례를 마주했다. 우리 몸 밖 세상의 모든 것이 손발가락에 위험해 보였다. 일상 속의 온갖 경미한 외상에 가장 많이 시달리는 신체 부위가 손가락과 발가락이다.

　손발가락의 화상은 흔한 일이었다. 어떤 아이는 손에 뜨거운 기름을 엎질러, 자기 티셔츠를 찢어 손가락에 동여매고 진료소를 찾아오기도 했다. 탈골이나 골절로 손발가락이 기이한 각도로 구부러진 채 찾아오는 환자도 있었다. 나는 재빠른 동작으로 뼈를 맞추는 법을 배웠다. 4륜 오토바이 사고로 엄지발가락이 짓눌린 10대 소년은 발가락 끝이 위로 똑바로 솟아 있었다. 나는 그 비정상적인 각도에 어리둥절해하면서 발가락에 국소마취제를 주사하고 복구를 시도했다. 알고 보니 발가락 끝이 갈라져 몸체에서 부분적으로 분리된 채 뒤틀린 상태였다. 오토바이를 나무에 너무 바짝 대고 몰다가 그리 된 것이다. 아마도 내가 있던 긴급진료소가 아닌 응급실로 갔어야 했는데, 내 이기적인 생각으로는 내게 와서 반가웠다.

　질환 하나하나가 다 새롭고 만만치 않았으며, 모두 배울 점이 있었다. 그전까지는 상상도 못 했던 손발가락 사고가 많았다. 나는 환자의 손가락이나 발가락 X선 검사 결과를 기다리는 동안 생전 처음 보는 사례에 적절히 대처하는 방법을 조사하곤 했다.

　더없이 새롭고 흥미진진한 세계가 내 앞에 펼쳐졌다. 일상적인 의료 현장 중에서도 가장 일상적인 신체 부위를 주로 다루는 현장이었다. 이전에 신부전, 간질환, 폐렴 등 내과 질환을 진단할 때는 눈에 보이지 않는 장기를 간접적으로 검진하기 위해 보통 혈액검사와 소변검사, 영상검사에 의존해야 했다. 그러나 손가락과 발가락은 내 감각을 사용해 직접 진찰할 수 있었다. 몸으로 직접 부딪치는 일이었고, 컴퓨터로 기록과 처방을 타이핑하는 일 외에 의사로서 손가락을 쓸 수 있게 되니 해방감이 느껴졌다.

이 실습 교육에는 부수적인 장점도 있었다. 친구나 가족이 일상에서 가벼운 상처를 입었을 때 조언해줄 수 있게 된 것이다. 다친 손가락을 부목으로 고정하는 요령, 즉시 응급실에 가야 하는 경계 징후, X선 검사를 보류해도 좋은 경우 등을 알게 되었다. 나는 긴급진료소에서 손발가락을 치료하면서 그 어느 때보다 실용적인 의술을 익히고 있다는 생각이 들었고, 의사로서 사람들에게 도움을 주고 있다는 느낌이 이전보다 확연하게 들었다.

대부분의 사람들처럼 나도 손가락으로 벌어먹고 산다. 손가락은 일상에서 꼭 필요한 기능을 워낙 많이 수행하고, 그래서 탈이기도 하다. 손은 물건을 잡고 조작할 수 있는 유일한 신체 부위여서, 우리는 손으로 세상과 접촉하고 상호작용한다. 문을 쾅 닫을 때, 뜨거운 냄비를 잡으려 할 때, 창문을 주먹으로 깰 때, 겉으로 온순해 보이는 개를 쓰다듬을 때 등 손가락은 수많은 상황에서 위험에 노출된다. 특히 외과의사들은 정교한 수술 작업에 손가락이 워낙 중요해서 손가락 하나하나에 상해보험을 들어놓았다는 이야기도

들었다. 하루 일과를 주로 컴퓨터 앞에서 보내는 사람이 많은데, 타이핑도 안전하지 않다. 과도한 사용으로 손목굴증후군 같은 손상을 입으면 손가락이 아프고 저리다. 손가락은 워낙 쓸모가 많다 보니 항상 위험에 노출되어 있다.

발가락도 쓰임새가 있다. 엄지발가락은 균형을 잡는 데 특히 도움이 되며, 걸을 때 땅을 밀어내는 역할을 한다. 우리는 걸을 때 발가락부터 앞으로 내밀기 때문에 발가락은 어디에 부딪치기 쉽다. 긴급진료 일을 하면서 알게 되었는데, 발가락 속에 이어져 있는 조그만 뼈들은 작은 힘에도 부러진다. 손발가락을 무사히 유지하려면 혹한 속에서 그렇듯 일상에서도 주의와 관리가 필요하다. 더군다나 손가락과 발가락은 우리 몸에서 가장 민감한 부위에 속한다. 인체 표면에서 신경종말이 가장 많이 밀집되어 있는 곳 중 하나다. 그래서 일상생활에서 일어나는 각종 손발가락 부상은 정말로 통증이 심하다.

나는 특히 손발톱 부상에 흥미를 느꼈고, 손발톱이 썰리거나 깨지거나 일부 또는 전체가 떨어져 나갔을 때 대처하는 방법을 금세 익혔다. 손발톱은 인간 손발가락의 독특한 부분이다. 날카로운 칼날이나 쾅 닫히는 자동차 문의 충격을 비껴가게 하는 보호판 구실을 하여, 밑의 연한 살이 다치지 않게 한다. 손발톱이 없다면 우리의 손끝과 발끝은 일상의 가벼운 외상이 끊임없이 반복되면서 차츰 닳아버릴 것이다. 우리 몸에는 동물의 발톱 같은 무기가 없고, 인간의 손톱은 피부를 찢을 수는 있지만 주로 방어하는 역할을 한다. 물론 방어에 늘 성공하는 것은 아니다.

게다가 손톱이 다른 어떤 부위보다 쉽게 초래하는 신체 손상이 있으니, 바로 자해다. 긴급진료소에는 손톱을 물어뜯어 온갖 탈이 생긴 환자들이 찾아왔다. 손끝에 농양이 생긴 경우도 있었고, 살점이 너무 많이 떨어져 나간 경우도 있었다. 나도 손톱을 물어뜯는 버릇이 있어서, 이로 자기 손가락을 못살게 구는 뇌의 그 묘한 습성을 너무나 잘 안다. 나는 환자를 손으로 워낙 자주 진찰하기에 보기 흉한 손을 내보이고 싶지 않아서, 맛이 쓴 매니큐어를 손톱에 발라 자해를 방지한다. 손발톱은 본래 손발가락의 부상을 막기 위한 것이지만 학대를 자초하기도 한다. 우리의 손가락과 발가락은 매일같이 세상의 풍파에 시달리는 것으로도 모자라, 신경증으로 인한 안달까지 받아주고 있다.

내가 각종 손발가락 질환을 진료하면서 얻은 가장 중요한 교훈은 온도를 확인해야 한다는 것이다. 어느 날 아침, 한 여성이 약혼

반지가 손에서 빠지지 않아 긴급진료소에 찾아왔다. 여성은 임신 후기였고, 몇 달 전부터 온몸이 점점 붓고 있었다. 그런데 그날 아침에 보니 왼손 약지가 유난히 퉁퉁 불어서, 반점이 총총히 난 자주색 소시지를 방불케 하는 모습이었다. 약지를 만져보니 다른 손가락보다 확연히 차가웠다. 손가락으로 흐르는 혈류가 막혔다는 결정적인 정보였다. 다이아몬드 반지가 지혈대 구실을 하여 손가락의 생명을 위협하고 있었던 것이다. 사람들은 손가락과 발가락에 장신구를 걸거나 약혼의 증표를 차곤 하는데, 때로는 그런 패물이 건강을 위협하기도 한다.

거의 모든 손발가락 질환을 검진할 때 가장 먼저 할 일은 손발가락의 온도 확인이다. 팔다리의 모든 부상도 마찬가지다. 사지의 말단인 손발가락이 따뜻하다면, 인체 조직의 건강상태에 대한 가장 기본적인 질문에 대답이 된다. 즉 피가 제대로 통하고 있다는 뜻이다. 그런데 이 여성의 손가락은 차가웠으므로 당장 조치해야 했다.

나는 반지를 빼내기 위해 모든 방법을 동원했다. 손가락에서 과도한 체액을 밀어내기 위해 손가락을 내 주먹으로 꽉 쥐었다. 주먹을 풀자 손가락이 쪼그라들어 있고 내 손자국이 남아 있었다. 그러나 반지는 꼼짝하지 않았다. 손가락에 외과용 윤활제를 발라봤다. 소용이 없었다. 유튜브에서 배운 요령대로 해봤다. 손가락을 실로 동여매고 실 끝을 반지 밑으로 통과시킨 다음 실을 당기면서 풀었다. 그래도 반지는 움직이지 않았다. 반지 절단기를 써야 할 때였다. 손가락을 보호하기 위해 반지 밑에 기구를 끼워 넣고 절단 휠을 돌렸다. 1분도 채 걸리지 않아 은빛 고리가 끊어졌고, 반지를 떼어내자 부풀었던 소시지가 바람이 빠지면서 자주색에서 분홍색으로 변했다. 몇 분 뒤에 손가락을 다시 만져보니 온기가 느껴졌다.

손발이 차다는 것은 몸통과 내장의 심각한 문제를 진단할 수 있는 단서가 되기도 한다. 내가 지금까지 만져본 가장 차가운 손가락의 주인은 분만후출혈로 피를 많이 흘리는 여성이었다. 병실에 들어가서 보니 여성은 얼굴이 창백하고 입술에 핏기가 하나도 없었다. 혈액 손실이 심각하다는 징후였다. 내 소개를 하고, 환자의 힘없는 손을 잡고 악수했다. 손가락이 얼음처럼 차가웠다. 산 사람의 살도 피를 빼앗기면 온기를 잃어 상상 이상으로 차가워진다. 여성은 안절부절못하며 어리둥절한 표정으로 주위를 두리번거리고 있었다. 섬망이 발생하고 손가락이 차가운 것은 모두 심혈관 쇼크의 징후였다.

몸 중심부의 페치카가 실온에서도 손끝을 따뜻하게 유지하지 못하고 있다는 것을 알 수 있었고, 잠시 후 여성은 응급수술로 생명을 살리기 위해 급히 이송되었다. 우리는 인사할 때나 애정을 표현할 때 손가락을 서로 맞대어 친밀감을 나눈다. 가장 말단의 신체 부위를 맞대면서 왠지 마음이 연결되는 기분을 느끼는 것이다. 그 간단한 동작을 통해 의사는 환자 몸통의 중요한 정보를 알 수 있다.

집과 마찬가지로 사람의 몸도 완벽히 균일하게 보온할 수는 없다. 신체 부위마다 체온은 큰 차이가 있어서, 따뜻한 몸통에 비해 손가락과 발가락은 보통 몇 도가 낮다. 날씨가 따뜻할 때는 그런 체온의 차이라든지 몸통과 손발의 밀접한 관계가 잘 실감되지 않지만, 추울 때는 뼈저리게 느껴진다.

손가락과 발가락은 자기를 지키는 능력이 약해서, 몸통에서 생산해 퍼뜨리는 온기에 전적으로 의존한다. 비좁은 몸통 속에서 바쁘게 움직이며 활발히 대사 활동을 하는 장기들이 우리 몸의 페치카인 셈이다. 손발가락은 우리 몸에서 가장 실용적인 부위이며, 때로는 소모품으로 버려지기도 가장 쉽다. 우리는 손발가락이 외부 세계의 위협과 맹공에 시달릴 때 그 쓸모를 새삼 절감한다.

나는 가벼운 동상을 입은 적이 한 번 있는데, 손가락도 발가락도 아니고 뺨에 생긴 동상이었다. 손발가락과 마찬가지로 광대뼈도 몸 밖으로 돌출해 있어 어느 정도 위험에 노출되어 있다. 스노슈즈를 신고 캐나다 온타리오주의 얼어붙은 호수를 건널 때였다. 바람을 맞으며 나아가고 있었는데, 얼굴에 밀랍 같은 흰 반점이 차츰 커지는 것을 알지 못했다. 갑자기 누가 양 뺨에 손가락을 갖다 대는 것이 느껴졌다. 일행 중 한 명이 알아차리고는 털 벙어리장갑 속에서 따뜻하게 데워진 손을 꺼내 내 뺨을 녹여준 것이다.

혈액
한 방울의 축복

레지던트 시절, 병원 약제과에 살아 있는 거머리가 있다는 소문을 듣고 농담이겠거니 생각했다. 나는 한 번도 거머리를 본 적이 없었고, 질병에 관해 제대로 아는 게 없던 시절에 의사들이 거머리를 치료에 썼다는 이야기만 알고 있었다.

수백 년 동안 의사들은 인체의 네 가지 체액이 불균형해지면 병이 생긴다는 이론을 믿었다. 영어로 '유머humor'라고 불린 이 체액은 사람 몸속에 흐른다고 하는, 막연하고 계량 불가능한 신비의 액체였다. 혈액, 점액, 황담즙, 흑담즙의 네 가지 체액 중 특히 혈액이 과다하면 두통에서 통풍, 정신질환에 이르기까지 만병의 원인이 된다고 생각했다. 그리고 '사혈瀉血'이라는 방법으로 치료해야 합당하다고 보았다. 사혈이란 칼로 환자의 정맥을 째서, 체액의 균형이 회복됐다고 의사가 판단할 때까지 피를 빼내는 것을 말한다.

야생에서 거머리를 채집해 환자의 몸에 붙이는 것은 칼로 피를 빼는 것보다 덜 극단적인 요법이었다. 거머리는 전 세계의 호수와 연못, 하천에 서식하는 민달팽이처럼 생긴 벌레로, 오로지 지나가는 사람이나 동물의 피를 빨아 영양을 얻는다. 거머리를 환자 몸에 붙여 피를 빼는 게 칼로 째는 것보다 덜 고통스러웠기에, 옛날 의사들은 환자의 상태에 따라 적절한 수의 거머리를 처방하곤 했다. 투여할 약의 밀리그램 수를 세는 것과 비슷했다.

중세 유럽에서는 거머리 요법이 워낙 일반적으로 처방되었기 때문에 일상에서 의사를 그냥 '리치leech', 즉 거머리라고 불렀으며, 의학 서적도 '리치북leechbook'이라고 일컬었다. 의사와 거머리는 '피를 빼야 병이 낫는다'는 오해에 기반한 의술의 기치 아래, 종을 초월한 독특한 관계를 맺고 있었다.

체액설과 사혈 요법은 건강과 질병에 관한 의학 지식이 발전하면서 자취를 감췄다. 우리 몸의 모든 체액을 통틀어 가장 필수적인 것이 혈액이다. 혈액은 몸 구석구석까지 흐르면서 모든 조직의 생명을 유지하는 데 반드시 필요한 영양소를 공급한다. 의도적으로 혈액을 몸에서 빼내면 빈혈이 일어난다. 조직에 산소를 운반해줄 적혈구가 몸속에 부족해지는 것이다. 의학 역사가들은 20세기까지만 해도 의사가 환자에게 도움을 주기보다 해를 입히는 경우가 더 많았을 것으로 추정하는데, 이는 사혈에 기인한 바가 적지 않았을 것이다.

나에게 거머리는 제대로 된 의학 지식이 없던 시절의 야만과 무지를 상징했다. 그런데 약제과에 거머리가 있다는 소문이 계속 들려오자 사실인지 직접 확인해봐야겠다고 생각했다. 약제과에 전화를 걸었다. 평소에는 투약 용량과 간격을 문의하려고 자주 전화했는데, 이번에는 거머리 소문이 사실이냐고 약사에게 물었다.

약사가 웃으며 대답했다. "네, 맞아요. 있어요."

내가 늘 환자에게 처방하는 알약, 가루약, 주사약과 함께 살아 있는 동물이 비치되어 있다니 흥미로운 일이 아닐 수 없었다. 약제과에는 화학치료제·면역조절제·항생제 등 인류가 발견한 최신·최강의 치료제가 구비되어 있는데, 그중에 살아 있는 동물이 있다는 것은 걸맞지 않아 보였다. 그것도 인간의 피를 탐한다는 독특한 특성 때문에 옛날에 치료에 쓰였던 기생동물이 말이다.

"어느 과에서 쓰는데요?"라고 물었다. 성형외과라는 대답이 돌아왔다.

더 자세히 알고 싶어서 대기 근무 중인 에드워드 코브레이 성형외과 전문의에게 바로 연락해보았다. 성형외과라고 하면 보통 코나 가슴의 모양을 바꿔주는 곳으로 알지만, 성형외과에서 기본적으로 하는 일은 "조직을 이동시키는 것"이라고 코브레이는 말한다. 이를테면 만성 상처나 화상 또는 수술로 인해 변형된 부위를 재건하기 위해 근육이나 피부를 재배치하는 것이다. 그런데 이식된 조직이 '생착'하려면, 즉 제대로 자리 잡으려면 피가 원활히 흘러야 하는데, 이때 거머리가 도움이 될 수 있다.

거머리 치료를 참관해도 되느냐고 물었더니, 아쉽게도 현재는 그 치료를 받는 환자가 없다고 했다. 이틀 후, 코브레이에게서 전화가 왔다. 전날 밤 손가락을 심하게 다친 환자가 왔는데, 손가락을 살리기 위해 거머리 요법을 시작했다는 것이다. 환자 이름은 마이클이라고 하면서 병실 번호를 알려주었다. 나는 서둘러 성형외과 병동으로 향했다.

혈액은 우리 몸의 생명을 유지하는 데 가장 중요한 역할을 하는 체액으로, 낭비하기 아까운 귀중한 물질이다. 우리 몸의 모든 부분, 모든 조직이 살아서 기능하기 위한 최소 요건은 혈액의 끊임없는 흐름이다. 심혈관계가 존재하는 이유가 그것이다. 심혈관계는 논밭에 물을 대듯 혈액을 우리 몸 곳곳에 대주는 일을 하는 계통이다. 혈액 공급이 잠깐이라도 끊기면 세포는 말라 죽기 시작한다. 메마른 흙에 뿌리 내린 식물이 수분 부족으로 죽는 것과 비슷하다. 심장은 신체 건강의 핵심이며, 심정지가 의료 분야를 통틀어 가장 시급한 응급상황인 이유는 바로 피가 흐르지 않기 때문이다. 인체의 죽음은 수조 개의 세포가 죽는 것이며, 세포는 피가 돌지 않을 때 가장 빨리 죽는다.

혈액은 우리 몸에서 가장 복잡한 체액이기도 하다. 혈액은 만능 수송 매체로서 온갖 영양분을 몸 곳곳에 전달한다. 혈액은 장을 통과하면서 음식에서 취해진 영양분을 흡수해 온몸 구석구석으로 나른다. 또한 혈액은 폐를 통과하면서 산소를 흡수해 특유의 붉은 색을 띤다. 혈액은 철분이 풍부하므로 산소를 만나면 쇳조각이 녹스는 것처럼 붉어지는 것이다. 신생아가 갓 숨을 쉬기 시작하면 피부가 분홍색으로 변하는 것도 같은 이유다. 녹슨 빛깔의 피가 온몸의 살에 흐르기 시작하면서 굶주린 세포에 산소를 전달하는 것이다. 혈액은 이후 녹이 제거되어 푸른빛으로 돌아오고, 다시 폐로 돌아가 녹스는 과정을 평생 반복한다.

혈액에는 단백질, 탄수화물, 지방, 염분, 미네랄, 세포 등 마치 뷔페처럼 다양한 성분이 들어 있어 우리 몸의 건강상태를 종합적으로 알 수 있다. 의사들이 검진할 때 흔히 혈액검사를 하는 이유다. 혈액을 분석하면 장기의 상태를 비롯해 호르몬의 균형, 체내의 감염 여부까지 신체에 관해 거의 모든 것을 알 수 있다. 혈액검사 결과는 숫자로 이루어진 암호와 같아서, 해독하면 환자의 건강 여부와 질환의 심각성을 파악할 수 있다. 오늘날 의사들은 혈액검사에 의존하여 수많은 질병을 진단하고 모니터링하고 있으니, 중세 때보다 환자의 피를 바라보는 관점이 많이 진보한 셈이다. 오늘날의 채혈은 주로 치료 목적이 아닌 진단 목적으로 이루어지며, 환자의 몸속을 꿰뚫어볼 수 있는 더없이 유용한 도구다.

혈액은 다양한 성분으로 이루어졌다는 그 특성 덕분에 의사에게 유용할 뿐 아니라 매우 영양가가 높다. 모체의 혈액은 임신 9개월 동안 자궁에서 자라는 태아에게 유일한 영양 공급원으로, 성장과 발달에 필요한 모든 것을 제공해준다. 성인에게도 동물의 피는 균형 잡힌 영양 공급원으로, 많은 문화권에서 주식의 자리를 차지하고 있다. 특히 극북 지역 원주민들에게 피에 함유된 비타민과 미네랄은 자연의 다른 음식에서 쉽게 얻을 수 없는 영양소다.

나는 러시아 캄차카에서 버스를 타고 가다가 북쪽 지방의 코랴크인들을 대상으로 선교활동을 했다는 정교회 신부와 이야기를 나눈 적이 있다. 그는 원주민 가족들에게 순록의 피를 마시지 말라고 아무리 가르쳐도 따르지 않는다고 불만을 토로했다. 순록의 피를 마시는 것은 코랴크인들의 오랜 관습이다.

신부의 말을 들으면서 여름에 내가 캄차카에서 모기 떼의 극성에 시달렸던 일이 떠올랐다. 모기는 사람의 피를 한 방울씩 빨아먹으며 귀중한 철분을 빼앗아간다. 빼앗긴 영양분을 보충하는 데는 동물의 피를 마시는 것이 유익할 것 같았다. 피는 최고의 완전식품 가운데 하나다. 그래서 모기는 물론 진드기, 빈대, 일부 흡혈박쥐 그리고 거머리가 피만 먹고 살 수 있는 것이다. 그중에서도 거머리가 치료에 쓰기 가장 편리한 이유가 있다. 거머리는 한 끼에 적당한 양의 피를 빨아 먹고, 날아가지 않으며, 냉장고에 몇 달 동안 쉽게 보관할 수 있다. 의사들이 옛날에 선호했던 것도, 오늘날까지 사용되고 있는 것도, 다 그런 이유에서다.

∽

마이클은 여느 때처럼 평온하게 하루 일과를 시작했다. 곧 끔찍한 유혈 사태가 닥치리라고는 꿈에도 생각하지 못했다. 버몬트주에서 건설노동자로 일하는 그는 집 주방에서 커피를 마시며 창문으로 뒷마당을 내다보고 있었다. 큰 단풍나무에 개를 묶어놓았는데, 가만히 보니 개의 뒷다리가 목줄에 엉켜 있었다. 마이클은 마당으로 나갔다. 일단 개 목걸이에서 목줄을 분리하고, 다리에 엉킨 줄을 풀어주려고 손을 뻗었다. 바로 그때, 개가 전속력으로 뛰쳐나갔다. 목줄이 마이클의 엄지손가락을 휘감아 한순간에 올가미처럼 조여들었다.

순식간에 엄지손가락이 손에 겨우 매달려 대롱거리고 있었고, 절단면에서 피가 쏟아져 나왔다. 최첨단 외과 기술과 고대의 의술을 결합한 치료 대장정이 시작되는 순간이었다.

아내가 그를 인근 응급실로 부리나케 데려갔다. 의료진은 지혈을 위해 손에 압박붕대를 단단히 동여매고 극심한 통증을 줄여주기 위해 진통제를 주사했다. 응급실 의사가 환부를 살펴보니 전문 외과의사에게 맡겨야 할 일이었기에, 환자를 보스턴의 매사추세츠 종합병원으로 이송시켰다.

코브레이는 마이클을 태운 구급차가 아직 한 시간 거리에 있을 때 호출을 받았다. 파란색 수술복과 수술모를 쓰고 병원 응급실에서 대기하고 있으니 구급대원들이 마이클을 구급 침대에 눕혀 들여왔다. 코브레이는 거의 절단되다시피 한 손가락에 칭칭 감긴 붕대를 조심스럽게 풀었다. 엄지손가락을 만져보니 차디찼고, 핏기가 전혀 없는 회색이었다. 환부를 살펴보니 혈관이 찢어져 있었다. 혈류를 한시바삐 회복시키지 않으면 엄지손가락을 살릴 수 없을 게 분명했다.

마이클은 수술실로 옮겨졌고, 코브레이와 수술 팀은 멸균 가운을 입고 확대경이 달린 헤드램프를 썼다. 처음 몇 번 절개하는 동안은 엄지손가락에서 피가 전혀 나지 않았다. 찢어진 동맥이 혈액을 공급하지 못하고 있다는 뜻이었다. 코브레이는 육안으로 잘 보이지 않는 가느다란 실로 동맥과 정맥을 모두 봉합했다. 그제야 비로소 손상 부위에 선홍빛 피가 차올라, 아래에 깔린 파란색 타월에 뚝뚝 떨어졌다. 오직 건강하게 살아 있는 살만이 피를 흘릴 수 있으니, 출혈은 생명력의 아이러니한 표출이다.

한 시간 넘게 걸려 수술이 끝나고 마이클은 성형외과 병동으로 옮겨졌다. 몇 시간 뒤에 코브레이가 찾아가 수술 결과를 점검하니 희비가 엇갈리는 상태였다. 손가락이 따뜻하고 피가 차 있는 것으로 보아 찢어졌던 동맥은 복구가 되어 있었다. 그러나 손가락이 심하게 붓고 자줏빛을 띠고 있었다. 정맥이 제구실을 하지 못한다는 뜻이었다.

코브레이에 따르면 동맥은 정맥보다 봉합하기 쉬운데, 혈관벽이 두껍고 튼튼한 덕분이다. 동맥의 혈관벽은 심장박동의 충격파를 견딜 수 있는 근섬유로 짜여 있다. 반면에 정맥은 가늘고 연약해서, 팽팽하게 당긴 봉합사의 장력을 버티지 못하는 경우가 많다. 게다가 정맥은 봉합에 성공해도 혈류가 느려 혈액이 응고되기 쉽다. 느리게 흐르는 물이나 고인 물이 빠르게 흐르는 물보다 잘 어는 것과 같다.

마이클의 엄지손가락은 피가 흘러들기는 하되 흘러나가지 못하고 있었다. 모든 살에는 들어오는 피가 있으면 나가는 피가 있어야 한다. 손가락에 피가 과도하게 몰린 울혈이 일어난 상태였는데, 이럴 때 최선의 치료법이 무엇인지 코브레이는 알고 있었다. 거머리 요법이다.

내가 마이클을 만난 것은 이튿날 아침 병실에서였다. 간호사의 목소리에 잠을 깬 그는 피곤하고 멍한 눈빛이었다. 개 목줄의 가혹한 장난으로 순식간에 닥친 날벼락 속에서 지친 데다 약기운 때문에 몽롱한 채 쪽잠밖에 자지 못한 듯했다. 내 소개를 하고 치료를 참관해도 좋은지 물었다. 그는 흔쾌히 허락했다.

간호사가 잠금쇠가 달린 빨간색 플라스틱 용기를 병실로 들고 왔다. 아무런 지시를 하지 않았는데 마이클이 팔을 쭉 뻗더니 다친 손을 침대 옆 탁자에 올렸다. 익숙한 절차인 듯했다. 손에는 피가 갈색으로 말라붙은 붕대 뭉치가 감겨 있고, 붕대 틈으로 통통 부은 엄지손가락이 삐죽 솟아 있었다. 엄지손가락 끝에는 가느다란 금속 핀 두 개가 삐져나와 있었다. 부서진 뼈와 봉합한 혈관을 고정해주는 핀들이었다. 덕분에 그의 엄지손가락은 아이러니하게도 '엄지 척' 제스처를 하고 있었다. 간호사가 빨간색 용기를 탁자 위 마이클의 손 옆에 올려놓았다.

간호사들이 '거머리 모텔'이라고 부르는 그 용기에는 그날 분량인 24마리의 거머리가 들어 있었다. 한 시간마다 한 마리씩 손가락에 붙여줄 녀석들이다. 거머리는 그날 아침 병원 약제과에서 성형외과 병동으로 직접 가져온 것이다. 일반 약은 보통 공기 압력을 이용해서 수송하는 기송관 시스템을 통해 약제과에서 병동으로 전달하는데, 거머리처럼 연약한 생물은 그렇게 거칠게 빨아들이는 방식으로 전달하기에 적합하지 않다. 거머리는 건강하고 배고픈 상태로 병동에 전달되어야 한다. 그도 그럴 것이, 거머리의 식욕이 곧 치료제로서의 효능이기 때문이다.

간호사는 허리를 숙여 환자의 엄지손가락을 살펴보았다. 엄지손가락 끝의 분홍색 살을 간호사가 장갑 낀 손가락으로 누르자 살이 순간적으로 희뿌예졌다가 곧바로 분홍색으로 되돌아왔다. 가느다란 모세혈관이 다시 채워진다는 것은 피가 엄지손가락에 잘 공급되고 있다는 신호였고, 거머리가 포식할 수 있다는 뜻이기도 했다.

간호사가 거머리 모텔의 잠금쇠를 풀고 가느다란 핀셋을 집어들었다. 핀셋을 플라스틱 통 속에 넣고 잠시 뒤적이다가 다시 꺼냈다. 핀셋의 반짝이는 금속 다리 사이에는 길이 7~8센티미터쯤 되는 리본 같은 것이 잡혀서 꿈틀거리고 있었다. 거머리는 민달팽이보다 훨씬 화려했다. 등에는 노란색과 올리브색 실로 정교하게 짠 듯한 무늬가 수놓여 있고, 양 옆구리에는 베이지색 줄이 죽 이어져 있었다. 거머리는 핀셋에서 빠져나가려고 하릴없이 몸을 배배 꼬았다 폈다 하고 있었다.

간호사가 거머리를 꽉 집고 환자의 엄지손가락 끝에 가져다 댔다. 피 냄새를 맡은 것이었을까, 거머리의 꿈틀거림이 더 격렬해졌다. 거머리가 입의 빨판으로 피부를 탐색하는 동안 마이클은 남의 일처럼 무덤덤하게 지켜보고 있었다. 간호사는 꼼지락대는 거머리를 나직한 소리로 응원했다.

드디어 거머리가 자리를 잡고 입을 피부에 박았다. 피의 첫맛에 만족했는지 거머리는 갑자기 잠잠해졌다. 마이클에게 아프냐고 물으니, 아무 느낌이 없다고 한다. 먹이를 삼키는 거머리의 몸이 연동운동으로 물결치기 시작하자 마이클은 고개를 다시 베개 위로 떨구었다.

간호사와 나는 15분 뒤에 병실로 돌아왔다. 간호사의 예상에 따르면 거머리가 식사를 거의 마쳤을 만한 시간이었다. 마이클은 잠들어 있고, 거머리는 땡땡하게 불어서 아까보다 두 배 이상 커진 몸으로 여전히 식사 중이었다. 간호사는 핀셋을 꺼내 들고, 거머리가 피부에서 입을 떼자마자 붙잡았다. 완벽한 타이밍이었다.

간호사가 이야기하기를, 그 전날에는 병실에 돌아와서 보니 핏자국이 침대 발치에서 시작해 병실의 흰색 바닥을 가로질러 화장실까지 구불구불 이어져 있었다고 한다. 핏자국을 따라간 끝에 변기 뒤에 가만히 숨어 있는 거머리를 발견했다고. 나는 거머리가 원래 사는 서식지처럼 어둡고 물이 있는 곳을 찾아가 쉬면서 소화를 시키고 있었던 게 아닐까 생각했다.

몸을 숙여 마이클의 엄지손가락을 자세히 살펴봤다. 아까보다 부기가 현저히 가라앉았고, 자줏빛이 돌던 색깔도 선명한 분홍색으로 변했다. 수술 이후 마이클의 엄지손가락에는 중세 의사들이 환자의 몸 전체에 발생했다고 잘못 보았던 문제가 실제로 있었다. 피가 너무 많았던 것이다. 울혈된 조직은 잘 낫지 않는다. 거머리를 이용하면 손상된 정맥이 며칠에 걸쳐 자라나는 동안 넘치는 피를 빼줄 수 있다.

코브레이의 의료 팀은 거머리 요법을 한 시간 단위로 사흘 동안 꾸준히 시행했고, 그 후 엄지손가락 정맥이 살아나기 시작하자 이틀에 걸쳐 서서히 빈도를 줄여갔다. 거머리 요법 때문에 마이클은 빈혈이 왔지만(역사적으로 수많은 환자들이 그랬던 것처럼), 당시 상황은 몸의 다른 부분을 희생해서라도 일단 피를 빼야 하는 드문 경우였다. 몇 번의 수혈로 빈혈은 쉽게 치료되었다. 마침내 거머리 요법은 완전히 중단됐고, 마이클의 엄지손가락은 스스로 혈류를 처리할 수 있게 되었다. 마이클은 버몬트의 집으로 퇴원해 몇 달 동안 요양하면서 물리치료를 받았다.

6개월 뒤에 마이클에게 연락해보았다. 일터에 복귀했고, 집 주변 산에서 다시 스키를 탄다고 했다. 스키 폴을 잡는 데는 아무 문제가 없고, 다만 엄지손가락이 예전만큼 추위를 잘 견디지는 못한다고 한다. 따뜻한 피가 엄지손가락까지 가려면 흉터투성이 혈관을 지나야 하니 그건 평생 어쩔 수 없는 일이지만, 그래도 엄지손가락을 살려서 다행이었다.

거머리 요법이 효과가 있는 것은 울혈된 조직에서 피를 빼주기 때문인데, 사실 그 효과의 핵심은 거머리가 빨아 먹는 피에 있는 게 아니다. 거머리가 식사를 마치고 떨어져 나가면 물린 상처에서 계속 피가 난다. 고대부터 의사와 동물학자들이 잘 알고 있던 사실이다. 종래의 거머리 요법이 20세기 초에 폐기된 후에도 거머리는 바로 그 특성 덕분에 의학적으로 꾸준히 주목받았고, 의사들의 치료 방식을 결정적으로 바꿔놓았다.

현대 의학을 탄생시킨 지식 혁명이 일어난 것은 병리학자들이 시신 부검을 통해 질병의 원인이 체액이 아니라 종양, 감염, 장기 부전에 있다는 사실을 알게 되면서였다. 병리학자들은 또한 혈전이 몹시 치명적이라는 사실을 알게 되었다. 물론 혈액의 응고는 반드시 필요하다. 피가 굳지 않는다면 종이에 살짝 베거나 코피만 나도 생명이 위험해질 것이다. 그러나 혈관 속에서 혈전이 비정상적으로 형성되면 심근경색, 뇌졸중, 폐색전증 등 무척 치명적이고 흔한 여러 질병이 야기된다. 과학자들은 그 사실을 깨달으면서 혈전을 치료하고 예방할 수 있는 약물을 찾아 나섰고, 거머리에서 해당 성분을 발견했다.

거머리에 물린 상처를 집중적으로 연구한 결과, 거머리의 침에 히루딘이라는 강력한 항응고 성분이 들어 있다는 사실이 밝혀졌다. 거머리는 히루딘이 피의 응고를 막아주는 덕분에 피를 더 오래 섭취할 수 있다. 거머리가 떨어져 나간 후에도 상처에 남아 있는 침 때문에 피가 계속 흐르는데, 그 양은 의료용 거머리의 한 끼 평균 식사량인 5밀리리터보다 훨씬 많다. 성형외과에서 시행하는 거머리 요법의 효과는 대부분 그렇게 피가 추가로 빠지는 덕분이다. 인간은 거머리의 침을 연구한 끝에 20세기 초에 거머리 머리를 갈아 만든 추출물로 최초의 항응고제를 상용화하기에 이른다.

지금 내가 하는 내과 진료의 상당 부분은 혈전 예방과 치료를 위해 환자의 피가 잘 굳지 않게 하는 일이고, 쓸 수 있는 항응고제의 종류는 점점 다양해지고 있다. 히루딘 유도체는 지금도 널리 사용되며, 내가 의대를 졸업한 뒤 불과 10년 동안 여러 종의 항응고제가 새로 상용화했다. 오늘날 혈전으로 유발되는 무수한 질병을 치료할 수단은 과거 어느 때보다 많지만, 그 첫걸음이 되어준 것은 거머리다.

놀랄 일은 아니다. 기생생물은 치료제의 재료로 완벽한 후보다. 기생생물은 숙주에 빌붙어 살아가는 생물이라, 인체의 방어를 뚫고 영양분을 빼앗는 재주가 있다. 우리의 약점을 기회 삼아 자신의 영양을 얻는 것이다. 거머리는 아득한 옛날부터 인간을 비롯한 동물과 함께 살면서 대대손손 피를 빨며 진화해오는 과정에서 그 침이 혈액의 정상적인 응고를 막는 특유의 기능을 얻었다. 유구한 세월 동안 거머리가 인간을 물 때마다 그 침은 인간의 피와 함께 흘렀으니, 인간과 거머리의 체액이 한데 섞이는 그 현상은 기생체와 숙주의 밀접한 관계를 상징적으로 보여준다. 그 같은 자연의 실험실에서 거머리는 인체의 생리를 조작하고 약점을 공략해 자신에게 필요한 것을 뽑아내는 약리학적 능력을 발달시킬 수 있었다.

의사도 정확히 똑같은 방식으로 살아가는 직업이다. 내가 환자에게 처방하는 약도 환자 몸의 생화학적 특성을 변화시키게 되어 있다. 하나같이 건강을 회복시키거나 증상을 완화하기 위해 인체의 생리를 조작하는 약들이다. 내가 환자에게 항응고제를 처방하는 것은 거머리와 마찬가지로 환자의 혈액을 조작하는 행위다. 내가 의사로서 쓰는 수단은 기생생물이 쓰는 수단과 크게 다르지 않다. 때로는 완전히 똑같은 수단을 쓰기도 한다. 그리고 미래에는 살아 있는 거머리로 더욱 다양한 질병을 치료할 수 있다는 사실이 밝혀질지도 모른다.

나는 의학의 미래를 생각해보면서, 오늘날의 의료 방식을 완전히 바꿔놓을 혁명은 무엇일까 궁금해하곤 한다. 오늘날의 의료 행위 중 야만적이라고 여겨질 부분은 어떤 것일까? 분명 여러 가지가 있을 것이다. 내 추측으로는, 미래의 의사들은 21세기 초의 의사들이 체액설이 폐기된 지 한 세기가 지났는데도 여전히 사람 몸에서 피를 마구 뽑았다는 사실에 경악하지 않을까 싶다. 나를 비롯한 의사들은 환자에게서 피를 너무 많이 뽑는다는 비판을 피할 수 없다. 불필요한 검사를 하는 경우가 많아서 장기 입원 환자는 채혈만으로 빈혈에 걸리기도 한다. 미래에 피 한 방울로 모든 검사를 할 수 있게 되면, 현대의 의사들은 예전과 크게 다를 바 없이 야만적이고 거머리 같은 존재로 비칠 것이다.

의학은 끊임없이 발전하려고 노력하며, 특히 자연을 항상 배움의 원천으로 삼고 있지만, 그 역사는 시행착오로 점철되어 있다. 생명을 구하거나 팔다리를 살리는 최신 의술이 과거의 실수에서 비롯되기도 하고, 오래전에 폐기됐던 치료법이 다시 부상하기도 한다. 의사들은 앞으로도 늘 자연을 지침 삼아 질병의 치유법을 배워나갈 것이다. 억만년 동안 재주를 갈고닦은 생물에게서 우리가 인간 혈액의 조작 방법을 처음 배웠던 것처럼.

감사의 말

수십 년 동안 많은 이들에게 도움을 받은 덕택에 이 책이 나올 수 있었다. 해부 실습에 몸을 제공해준 남성부터 내가 지금까지 검진한 모든 환자들에 이르기까지, 인체에 관해 더없이 많은 가르침을 주었던 분들에게 감사한 마음이다.

내가 의사로 일하는 데 지대한 영향을 끼친 의사가 몇 분 있다. 내게 의사라는 직업의 의미를 처음 깨우쳐준 래리 와이즈버그 선생과 윌리엄 서키스 선생, 내 진로 선택에 큰 영향을 준 짐 위더스 선생 그리고 의사 한 사람이 얼마나 막대한 선을 행할 수 있는지 몸소 보여준 잭 프레거 선생이다.

자연을 탐험하는 여정에서 나를 가르쳐주고 이끌어준 분들이 많지만, 마크 거센만큼 중요했던 사람은 없다. 야생 식용식물을 식별하고 활을 만드는 법을 가르쳐주었을 뿐 아니라, 인간과 자연의 관계에 대해 깊은 통찰을 내게 전해주었다. 또 내게 여행하는 법을 가르쳐주어 내 삶의 방향을 바꿔놓은 마리아 티샤흐니우크와 극한 지역, 특이한 음식, 여행기를 향한 내 관심을 한층 북돋워준 래리 밀먼에게 감사의 말을 전한다. 그 밖에도 내 시야를 넓혀준 분들이 많다. 레슬리 밴 겔더, 톰 브라운 주니어, 안토니나 쿨리아소프, 이반 쿨리아소프, 허먼 아소크, 스티브 브릴, 짐 리그스, 맷 리처즈, 킬린 머론, 데이브 머론, 크레이그 조지, 글렌 시언, 앤 젠슨, N. 스튜어트 해리스, 워런 제이폴, '거머리 여인', 톰 헤네시, 카하비 이상굴라, 비베크 크리슈난, 서니 제인 그리고 뭄바이에서 만났던 의대생들 모두에게 감사드린다.

원고를 쓰는 과정에서 샌드라 바크가 편집과 구성에 큰 도움을 주었다. 프로젝트를 맡아 전 과정을 이끌어준 로런 비트릭과 이 책의 가치를 믿어준 플랫아이언북스의 노아 에이커, 세라 머피, 메건 린치, 밥 밀러에게 감사드린다. 처음 이 책을 쓰도록 부추겨준 출판 에이전트 제프 실버먼에게도 고마움을 전한다. 일라이 킨티시, 브렛 몰, 비비언 라이스먼, 벤저민 유드코프, 테이머 라이스먼, 대니얼 플리스가 고맙게도 원고를 읽고 귀중한 피드백을 주었다.

이 책을 쓰기 위해서 각계각층 수많은 이들에게 초면에 연락해 엉뚱한 주제에 관해 희한한 질문을 잔뜩 던져야 했다. 귀중한 시간을 내준 분들에게 진심으로 감사드린다. 특이한 음식에 관한 이야기를 해준 아리 밀러, 키키 아라니타, 아이리스 캐츠너, 샌드라 몰,

에이글로 게이라, 신시아 그레이버, 니콜라 트윌리, 닐 유드코프, 제니퍼 커비. 고지대 의료 교육을 해준 부다 바스니앗, 켄 재프렌 선생. 대변·지방·점액 등등에 대한 유별난 의문을 해결해준 에반젤리아 벨라스, 리비 호먼, 에드워드 코브레이, 데이비드 딘지스, 존 매기니스, 리 캐플런, 더글러스 캐츠, 토마시 스트리엡스키, 카하비 이상굴라, 스리람 마치네니, 폴 잰미, 호세인 사데기, 무사 유네시, 샬럿 누스바움, 다니엘라 크로신스키, 세라 길핀 선생. 그리고 배관 설비를 비롯해 병실 수면, 종교, 식품법에 이르는 온갖 분야의 특이한 질문을 흔쾌히 받아준 리처드 블레이크슬리, 데이비드 웨이트, 아니 호턴, 시어도어 루저, 오언 패터슨, 앵커 캘라, 니메시 베스왈라, 율리아 슬로노바, 데이비드 반스, 토미 헤인, 버나드 키네인, 마저리 브래버드에게 감사드린다. 흡인과 관련해 고견을 준 매릴린 자이델, 인터뷰 진행을 도와준 타네스와르 반드하리, 소니아 베커, 앨리버 데이에게도 고마움을 전한다.

유대법을 잘 설명해준 예후다 웩슬러, 샤이아 웩슬러, 차이아 웩슬러, 슐로모 웩슬러 랍비에게 감사드린다. 폐 관련 연방정부 기록을 검색하는 과정에서 펜실베이니아대학교 법률 사서 수전 궐티어와 미국 농무부의 커스틴 넬슨, 애슐리 존슨에게 도움을 받았다. 쿠퍼 의과대학의 수전 캐버노도 옛 문헌과 관련해 도움을 주었고, 로런 스타인펠드, 헬렌 오시슬로스키는 법률 자문을 제공해주었다.

그리고 마지막으로, 애나가 아니었더라면 이 책은 세상의 빛을 볼 수 없었을 것이다. 나의 버팀목이자 편집자, 내 인생의 동반자이자 뮤즈인 애나를 향한 고마움을 이 지면의 글로는 이루 다 표현할 수 없다. 우리가 만난 이후 늘 그랬듯이, 애나 덕분에 평정심과 집중력과 분별력을 꾸준히 유지할 수 있었다. 애나의 끝없는 사랑과 격려에 영원히 고마울 따름이다.

1. 목구멍

- 25쪽 "그렇지만 튜브를 통해 위장에 넣어준 음식물도 식도로 역류할 가능성이 있기 때문에, 폐로 들어가 숨을 막거나 폐렴을 일으킬 수 있다": Finucane TE and Bynum JPW, "Use of tube feeding to prevent aspiration pneumonia", *Lancet*, 348(9039), 1996.11.23, pp.1421~1424; James A, Kapur K and Hawthorne AB, "Long-term outcome of percutaneous endoscopic gastrostomy feeding in patients with dysphagic stroke", *Age Ageing*, 27(6), 1998.11, p.671.

- 31쪽 "연구에 따르면 의사들은 자신이 말기 환자가 되면 공격적 치료를 포기하려는 경향이 높은데": Periyakoil VS, Neri E, Fong A and Kraemer H, "Do unto others: doctors' personal end-of-life resuscitation preferences and their attitudes toward advance directives", *PLoS ONE*, 9(5), 2014, p.e98246.

3. 대변

- 74쪽 "그런데 인도에서는 설사로 인한 탈수로 해마다 약 30만 명의 아동이 사망한다는 사실을 알고 크게 놀랐다": Lakshminarayanan S and Jayalakshmy R, "Diarrheal disease among children in India: current scenario and future perspectives", *J Nat Sci Biol Med*, 6(1), 2015.1~6, pp.24~28; Million Death Study Collaborators, "Causes of neonatal and child mortality in India: nationally representative mortality survey", *Lancet*, 376(9755), 2010.11.27, pp.1853~1860.

4. 생식기

- **91쪽** "그러나 연구에 따르면 그 리듬이 매우 일정한 여성이라 할지라도 달의 위상 변화와 일치하는 경우는 많지 않다": Pochobradsky J, "Independence of human menstruation on lunar phases and days of the week", *Am J Obstet Gynecol*, 118(8), 1974.4.15, p.1136; Gunn DL, Jenkin PM and Gunn AL, "Menstrual periodicity: Statistical observations on a large sample of normal cases", *J Obstet Gynecol Br Emp*, 44, 1937.10, p.839.

- **91쪽** "함께 생활하는 여성들의 월경주기가 일치한다는 설도 연구 결과와 잘 부합하지 않는 것으로 나타난다": Ziomkiewicz A, "Menstrual synchrony: Fact or artifact?" *Hum Nat*, 17(4), 2006.12, pp.419~432; Yang Z and Schank JC, "Women do not synchronize their menstrual cycles", *Hum Nat*, 17(4), 2006.12, pp.433~477.

6. 솔방울샘

- **124쪽** "연구에 따르면, 광원을 꾸준히 밝게 유지하는 것보다 동이 틀 때처럼 조도를 서서히 높이는 것이 몸의 24시간 주기 리듬을 변화시키는 데 효과적인 신호로 작용한다": Gabel V, Maire M and Reichert CF et al, "Effects of artificial dawn and morning blue light on daytime cognitive performance, well-being, cortisol and melatonin levels", *Chronobiol Int*, 30(8), 2013.10, pp.988~997.

- **128쪽** "수면이 부족한 환자는 심혈관질환, 비만, 당뇨병 등 각종 질환이 더 악화한다": HoevenaarBlom MP, Spijkerman AM, Kromhout D and Verschuren WM, "Sufficient sleep duration contributes to lower cardiovascular disease risk in addition to four traditional lifestyle factors: The MORGEN study", *Eur J Prev Cardiol*, 21(11), 2014, p.1367; Knutson KL, Van Cauter E and

Rathouz PJ et al, "Association between sleep and blood pressure in midlife: The CARDIA sleep study", *Arch Intern Med*, 169(11), 2009.6.8, p.1055; King CR, Knutson KL, Rathouz PJ, Sidney S, Liu K and Lauderdale DS, "Short sleep duration and incident coronary artery calcification", *JAMA*, 300(24), 2008.12.24, p.2859; Lao XQ, Liu X and Deng HB et al, "Sleep quality, sleep duration, and the risk of coronary heart disease: A prospective cohort study with 60,586 adults", *J Clin Sleep Med*, 14(1), 2018.1.15, p.109; Sabanayagam C and Shankar A, "Sleep duration and cardiovascular disease: Results from the National Health Interview Survey", *Sleep*, 33(8), 2010, p.1037; Patel SR and Hu FB, "Short sleep duration and weight gain: a systematic review", *Obesity*(Silver Spring), 16(3), 2008.3, pp.643~653; Cappuccio FP, Taggart FM and Kandala NB et al, "Meta-analysis of short sleep duration and obesity in children and adults", *Sleep*, 31(5), 2008.5, p.619; Spiegel K, Tasali E, Penev P and Van Cauter E, "Brief communication: Sleep curtailment in healthy young men is associated with decreased leptin levels, elevated ghrelin levels, and increased hunger and appetite", *Ann Intern Med*, 141(11), 2004.12.7, p.846; Greer SM, Goldstein AN and Walker MP, "The impact of sleep deprivation on food desire in the human brain", *Nat Commun*, 4, 2013.8.13., p.2259; Cappuccio FP, D'Elia L, Strazzullo P and Miller MA, "Quantity and quality of sleep and incidence of type 2 diabetes: A systematic review and meta-analysis", *Diabetes Care*, 33(2), 2010.2, pp.414~420.

• 136쪽 "솔방울샘이 우리 몸에 미치는 광범위한 여파는 아직 규명되지 않은 점이 많다. 멜라토닌이 면역체계에 작용해 감염에 대한 면역력을 높여준다는 연구도 있고": Guerrero JM and Reiter RJ, "Melatonin immune system relationships", *Curr Top Med Chem*, 2(2), 2002.2, pp.167~179; Besedovsky L, Lange T and Born J, "Sleep and immune function", *Pflugers Arch*, 463(1), 2012.1, pp.121~137; Spiegel K, Sheridan JF and Van Cauter E, "Effect of sleep deprivation on response to immunization", *JAMA*, 288(12), 2002.9.25, pp.1471~1472; Cohen S, Doyle WJ, Alper CM, Janicki-Deverts D and

Turner RB, "Sleep habits and susceptibility to the common cold", *Arch Intern Med*, 169(1), 2009.1.12, p.62; Rechtschaffen A, Bergmann BM, Everson CA, Kushida CA and Gilliland MA, "Sleep deprivation in the rat: Integration and discussion of the findings", *Sleep*, 12(1), 1989.2, p.68; Rechtschaffen A and Bergmann BM, "Sleep deprivation in the rat: An update of the 1989 paper", *Sleep*, 25(1), 2002.2.1, pp.18~24.

- **136쪽** "더 나아가 종양을 억제하는 특성이 있다고 하는 연구도 있다": Bartsch H and Bartsch C, "Effect of melatonin on experimental tumors under different photoperiods and times of administration", *J Neural Transm*, 52, 1981, pp.269~279; Lissoni P, Chilelli M and Villa S et al, "Five years survival in metastatic non-small cell lung cancer patients treated with chemotherapy alone or chemotherapy and melatonin: A randomized trial", *J Pineal Res*, 35, 2003.8, pp.12~15.

7. 뇌

- **143쪽** "뇌가 쪼그라든다는 것은 그리 달갑지 않은 소식 같지만, 고지대에서는 이 점이 있다. 부풀 수 있는 여유 공간이 더 넓다는 것. 그래서 나이 많은 사람이 젊고 건강한 사람보다 고소증을 덜 앓는 경우가 많다": Honigman B, Theis MK and Koziol-McLain J et al, "Acute mountain sickness in a general tourist population at moderate altitudes", *Ann Intern Med*, 120(8), 1994.4.15, p.698; Hackett PH, Rennie D and Levine HD, "The incidence, importance, and prophylaxis of acute mountain sickness", *Lancet*, 2(7996), 1976.11.27., pp.1149~1155.

- **146쪽** "높은 고도는 이 부위에도 큰 영향을 끼친다. 산소 농도가 낮아지면 짜증이 쉽게 나는 것으로 알려져 있다": Shukitt-Hale B and Lieberman HR, "The effect of altitude on cognitive performance and mood states. In: Marriott BM, Carlson SJ, eds", *Nutritional Needs in Cold and In High-Altitude Environments: Applications for Military Personnel in Field Operation*, Washington, DC: Institute of Medicine (US) Committee on Military Nutrition Research, National Academies Press, 1996(www.ncbi.nlm.nih.gov/books/NBK232882).

• **146쪽** "높은 고도에서는 대뇌피질이 기능장애를 일으켜 주의력, 학습력, 기억력, 의사결정능력에 문제가 생길 수 있다": Pun M, Guadagni V and Bettauer KM et al, "Effects on cognitive functioning of acute, subacute and repeated exposures to high altitude", *Front Physiol*, 9, 2018.8.21, p.1131.

10. 지방

• **203쪽** "평균적인 미국 성인은 체내에 지방이 계속 쌓이면서 해마다 몇 킬로그램씩 체중이 는다": Dutton GR, Kim Y and Jacobs FR et al, "25-year weight gain in a racially balanced sample of U.S. adults: The CARDIA study", *Obesity*, 24(9), 2016.9, pp.1962~1968.

• **212쪽** "최근 연구에 따르면 극북 지역 원주민은 특정한 유전적 적응 덕분에 바다 포유류의 지방에 많이 함유된 오메가3 지방산을 몸에서 더 잘 활용할 수 있다": Fumagalli M, Moltke I and Grarup N et al, "Greenlandic Inuit show genetic signatures of diet and climate adaptation", *Science*, 349(6254), 2015.9.18., pp.1343~1347.

11. 폐

• **223쪽** "1969년, 미국 농무부는 가축의 허파가 인간의 식용으로 적합한지 여부를 결정하기 위한 연구에 착수했다": 9 C.F.R. § 310, 325 (lungs).

• **224쪽** "그러나 인간의 식용으로 허파는 수유기의 젖샘과 함께 미국 농무부의 매우 짧은 블랙리스트에 올라 있다": 9 C.F.R. § 310.17 (mammary glands).

• **232쪽** "과거에는 코셔 판정을 위해 18종의 부위를 검사하며 온갖 결함을 찾았지만, 수백 년간 경험이 쌓이면서 폐를 검사하는 것이 단연 가장 효과적임을 알 수 있었다": Shulchan Aruch, Code of Jewish Law, Yoreh De'ah, 39:1, www. sefaria.org/Shulchan_Arukh%2C_Yoreh_De'ah.39?lang=bi(접속일: 2020.8.18)

14. 손발가락

• **286쪽** "음경은 안타깝게도 손발가락과 똑같이 위험스러운 모양새다. 손발가락처럼 굴곡진 표면 때문에 보온이 쉽지 않아서, 음경 동상의 대부분은 쌀쌀한 날씨에 조깅할 때처럼 지속적인 공기 흐름으로 음경이 한층 더 차가워지면서 발생한다":

Hershkowitz M. "Penile frostbite, an unforeseen hazard of jogging", *N Engl J Med*, 296(3), 1977.1.20, p.178.

15. 혈액

- **295쪽** "혈액, 점액, 황담즙, 흑담즙의 네 가지 체액 중 특히 혈액이 과다하면 두통에서 통풍, 정신질환에 이르기까지 만병의 원인이 된다고 생각했다": The Editors of Encyclopaedia Britannica, "Leech", *Encyclopedia Britannica*, http://www.britannica.com/animal/leech(접속일: 2020.8.18).

- **296쪽** "중세 유럽에서는 거머리 요법이 워낙 일반적으로 처방되었기 때문에 일상에서 의사를 그냥 '리치', 즉 거머리라고 불렀으며, 의학 서적도 '리치북'이라고 일컬었다": Magner LM, *A History of Medicine*, 2nd ed, New York: Informa Healthcare, 2007.

- **296쪽** "의학 역사가들은 20세기까지만 해도 의사가 환자에게 도움을 주기보다 해를 입히는 경우가 더 많았을 것으로 추정하는데": Wootton D, *Bad Medicine: Doctors Doing Harm Since Hippocrates*, New York: Oxford University Press, 2007; Kang L, *Quackery: A Brief History of the Worst Ways to Cure Everything*, New York: Workman Publishing, 2017.

- **308쪽** "거머리가 떨어져 나간 후에도 상처에 남아 있는 침 때문에 피가 계속 흐르는데, 그 양은 의료용 거머리의 한 끼 평균 식사량인 5밀리리터보다 훨씬 많다." Mode of Action, Leeches USA, http://www.leechesusa.com/information/mode-of-action(접속일: 2020.8.25).

- **308쪽** "인간은 거머리의 침을 연구한 끝에 20세기 초에 거머리 머리를 갈아 만든 추출물로 최초의 항응고제를 상용화하기에 이른다": Nowak G and Schrör K, "Hirudin: the long and stony way from an anticoagulant peptide in the saliva of medicinal leech to a recombinant drug and beyond. A historical piece", *Thromb Haemost*, 98(1), 2007.7, pp.116~119; Jacobj C, Verfahren zur Darstellung des die Blutgerinnung aufhebenden Bestandtheiles des Blutegels. D.R.P., 1902, Patent Nr. 136103, Klasse 30h/204. Jacobj C. Über hirudin. *Dtsch Med Wochenschr*. 33, 1904, pp.1786~1787.

The unseen body

삶은
몸 안에
있다